AF830520

böhlau

Marianne Klemun, Hubert D. Szemethy und
Fritz Blakolmer (Hg.)

# Science Tracing: Spuren und Zeichen im öffentlichen Raum

Kulturhistorisches Wissen der Universität Wien

BÖHLAU VERLAG WIEN KÖLN

Veröffentlicht mit freundlicher Unterstützung durch:
MA 7, Kulturabteilung der Stadt Wien
Dekanat der Historisch-Kulturwissenschaftlichen Fakultät der Universität Wien

Bibliografische Information der Deutschen Nationalbibliothek:
Die Deutsche Nationalbibliothek verzeichnet diese Publikation
in der Deutschen Nationalbibliografie; detaillierte bibliografische Daten
sind im Internet über http://dnb.d-nb.de abrufbar.

Umschlagabbildung: Andreas A. Jähnig, Spuren des Menschen (Bronzemedaille 1998).
Münzkabinett, Staatliche Museen zu Berlin, 18246788. Aufnahmen durch Reinhard Saczewski

© 2021 Böhlau Verlag, Zeltgasse 1, A-1080 Wien, ein Imprint der Brill-Gruppe
(Koninklijke Brill NV, Leiden, Niederlande; Brill USA Inc., Boston MA, USA; Brill Asia Pte Ltd, Singapore; Brill Deutschland GmbH, Paderborn, Deutschland; Brill Österreich GmbH, Wien, Österreich)
Koninklijke Brill NV umfasst die Imprints Brill, Brill Nijhoff, Brill Hotei, Brill Schöningh, Brill Fink, Brill mentis, Vandenhoeck & Ruprecht, Böhlau, Verlag Antike und V&R unipress.
Alle Rechte vorbehalten. Das Werk und seine Teile sind urheberrechtlich geschützt. Jede Verwertung in anderen als den gesetzlich zugelassenen Fällen bedarf der vorherigen schriftlichen Einwilligung des Verlages.

Einbandgestaltung: Michael Haderer, Wien
Satz: Michael Rauscher, Wien
Druck und Bindung: Hubert & Co. BuchPartner, Göttingen
Gedruckt auf chlor- und säurefrei gebleichtem Papier
Printed in the EU

**Vandenhoeck & Ruprecht Verlage | www.vandenhoeck-ruprecht-verlage.com**

ISBN 978-3-205-21391-8

# Inhalt

# Geisteswissenschaften im öffentlichen Raum

Geisteswissenschaftliche Forschung widmet sich historischen, ökonomischen, sozialen, kulturellen und ästhetischen Fragen und Problemzusammenhängen, die grundlegend für das Verständnis von Individuen, sozialen Gruppen und Gesellschaften, von Praktiken und Diskursen in Vergangenheit, Gegenwart und Zukunft sind. Die gesellschaftliche Relevanz liegt wesentlich in der theoretischen Fundierung und kritischen Evaluierung von Begriffen, Definitionen und Interpretationsmodellen, von Geschichtsbildern, Traditionen und Erinnerungskulturen und ist etwa in Lehramtsstudien und Lehrerbildung, in den Medien und der Politikberatung, aber auch in Museen, Ausgrabungen und Gedenkstätten oder in der Denkmalpflege unmittelbar anschaulich. In anderen Bereichen bleiben Zusammenhänge und Wechselwirkungen eher unter der Oberfläche, und zentrale Argumente sind an entlegener und manchmal überraschender Stelle zu finden. Das scheinbar Marginale muss in den Zusammenhang gestellt, das allzu Offensichtliche hinterfragt und neu bewertet werden. Anders als in den Naturwissenschaften bedeuten Innovation und Fortschritt in den Geisteswissenschaften auch die fortwährende Übersetzung und Aktualisierung des Vergangenen in der Gegenwart. Mit neuen Fragestellungen und neuen theoretischen und methodischen Zugängen müssen Texte, Bilder und Objekte, müssen Praktiken und Diskurse immer wieder neu gelesen und in einen Gegenwartsbezug gesetzt werden. Klimawandel und kollabierende Ökosysteme, Technikfolgen und Resourcenwettbewerb, Geschlechter- und Identitätsdiskurse, Kulturtransfer und Migration, multikulturelle Gesellschaften und Globalisierung bestimmen aktuelle politische Debatten und haben zugleich eine lange Vorgeschichte. Historische Perspektiven und Deutungshorizonte aufzuzeigen, gehört zu den vordringlichen Aufgaben der Geisteswissenschaften. Das gilt auch für Themen, die auf den ersten Blick weit entfernt zu liegen scheinen, wie die aktuelle Corona-Pandemie oder die kontrovers geführten Diskussionen um die Künstliche Intelligenz. Auch das sind keine rein medizinischen oder technologischen Fragen, sondern gesamtgesellschaftliche Herausforderungen, deren kollektive Bewältigung von einem Blick auf historische Präzedenzfälle, auf Krisenszenarien und Strategien ihrer Bewältigung profitieren kann.

Die Historisch-Kulturwissenschaftliche Fakultät der Universität Wien gehört zu den größten und traditionsreichsten ihrer Art und umfasst insgesamt 15 Institute und ein Zentrum für transdisziplinäre historisch-kulturwissenschaftliche Studien. Die Forschungsfelder reichen von der Urgeschichte bis in die Gegenwart und bedienen sich einer Vielzahl theoretischer und methodischer Zugänge, um durch die Analyse von Texten, Bildern und Objekten menschliche Lebenswelten zu ergründen. Gerade durch die Weite des thematischen und chronologischen Horizonts und die Offenheit und Diversität der Fragestellungen wirken diese Forschungen in eine Vielzahl aktueller Debatten hinein.

Der vorliegende Band vereint Beiträge von Kolleginnen und Kollegen aus fast allen Instituten der Historisch-Kulturwissenschaftliche Fakultät. Sie begeben sich auf Spurensuche in Wien und machen anhand von Korrespondenzen und Publikationen, von Fotografien und Filmen, von Ausgrabungen und Ausstellungen, von Inschriften und Straßenschildern, von Epitaphien und Denkmälern geisteswissenschaftliche Forschung und ihre Präsenz im öffentlichen Raum sichtbar. Dabei werden Haupt- und Nebenwege, bekannte und weniger bekannte Protagonistinnen und Protagonisten, deutlich sichtbare Zeichen und eher verschüttete Überlieferungen in den Blick genommen und durch Kontextualisierung, Deutung und Übersetzung neu erschlossen. Mein herzlicher Dank gilt den Initiatorinnen und Initiatoren des Projektes und allen Kolleginnen und Kollegen, die zu seinem Gelingen beigetragen haben. Die Beiträge zeigen auch, wie produktiv Kooperationen innerhalb der Fakultät und die Verbindung von historischen und kulturwissenschaftlichen, von text-, bild- und objektbasierten Ansätzen sein können.

Sebastian Schütze

# Danksagung

Dieser Band geht auf eine Initiative der ›Fakultätsgruppe Öffentlichkeitsarbeit‹, einer Gruppe von Lehrenden und Forschenden an der Historisch-Kulturwissenschaftlichen Fakultät der Universität Wien, zurück. Seit dem Jahr 2007 kümmert sie sich mit unterschiedlichen Aktivitäten und in wechselnden Formaten (Vorträge, Podiumsdiskussionen, Blog, Ausstellungen) um die Öffentlichkeitspräsenz dieser Einrichtung. In der vorliegenden Publikation geht es um die Frage, wie aus der Sicht der kulturwissenschaftlichen und historischen Fächer sowie aus ihrer Geschichte heraus auf den Stadtraum Wien geblickt werden kann, konkreter: welche materiellen Spuren dieser Fächer sich im öffentlichen Raum identifizieren lassen. Dabei ist ein Großteil der 15 Institute unserer Fakultät durch ein vielseitiges Spektrum an unterschiedlichen Einzelstudien von insgesamt 15 Autorinnen und Autoren vertreten, denen wir ganz herzlich für ihr Mitwirken an diesem Band danken. Nicht vergessen wollen wir, dass zu Beginn des noch vagen Vorhabens Herbert Nikitsch maßgeblich an der konkreten Idee mitwirkte, wofür wir ihm sehr dankbar sind.

Unser Buchprojekt fand bei Univ.-Prof. Dr. Sebastian Schütze, Dekan der Historisch-Kulturwissenschaftlichen Fakultät der Universität Wien, Gefallen. Für die ideelle und finanzielle Unterstützung danken wir ihm und auch dem Dekanatsleiter Herbert Kamleitner, MA, wie auch der Stadt Wien / MA 7 (Wissenschafts- und Forschungsförderung).

Frau Mag. Eva Buchberger und dem Verlag verdanken wir die bereitwillige und umsichtige Realisierung dieses Projektes.

Wir wünschen den Leserinnen und Lesern dieses Bandes eine anregende Reise auf historischen Spuren zu den oft unerwarteten Erinnerungsorten unserer Wissenschaftsfächer in Wien.

Die HerausgeberInnen
Marianne Klemun, Hubert D. Szemethy und Fritz Blakolmer

Marianne Klemun

# Spuren und Zeichen im öffentlichen Raum

## Kulturhistorisches Wissen der Universität Wien. Eine Einleitung

Wo ist eigentlich das Wissen, das an einer Universität bzw. an einer Fakultät, dem organisatorischen Rahmen zusammengehöriger Fächer, produziert wird, könnte man ganz simpel fragen. Landläufig verorten wir es in Köpfen, Büchern, Artikeln, im Internet, in Notizbüchern und Listen, wo es gespeichert wird. Auch denken wir an konkrete Räume, Hörsäle und Konferenzzimmer, das Radio und andere Medien, in Zeiten der Corona-Pandemie mehr und mehr an Videokonferenzen und Filme, durch die Wissen verbreitet wird. Wissenselemente lassen sich selbstverständlich nicht nur an Behältern und Medien der Vermittlung festmachen. Weitaus komplexer überwindet Wissen in modifizierter Form diese Speicher, weil Wissen eben immer mobil ist und befördert wird. In den gesellschaftlich-politischen Bezug eindringend, schreibt es sich in neue Zusammenhänge ein: nicht bloß im linearen Transfer von einem Ort zum anderen; es bewegt sich nicht nur über Netzwerke, sondern es zirkuliert. Wechselwirkungen sind die Basis all dieser verschlungenen Wege des produzierten Wissens, das wir bewusst infolge der Erinnerung auf einzelne Punkte seiner Ausstrahlung, etwa auf eine organisatorische Einheit oder ein Zeichen, zurückführen. Es verkörpert sich in einem Gebäude, einem Objekt, einem Wissensbestand und Zeichen, in Rekonfigurationen als materielle Artikulationen. Diese schreiben wir Fächern zu und sehen einzelne Wissensphänomene zusammenhängend und in einzelnen Dingen oder Fachbeständen ausgeprägt. Das kann eine Pyramide, ein Positionspapier oder das Bild eines Forschers oder einer Forscherin sein, eine zurückgelassene Pflanze aus einem Universitätsbüro, ein bewusst in Erinnerung an einen Gelehrten gepflanzter Baum, Straßenbezeichnungen, Medaillen und Büsten, die alle auf Tätigkeiten, Lebensläufe und deren Kontexte sowie auf Ehrenbezeugungen verweisen. Die Palette ist weitläufig und eng zugleich.

Ausgangspunkt unserer Überlegungen zum vorliegenden Buch ist jedenfalls die Tatsache, dass universitäre Wissenschaft (und ihre jeweiligen Fächer) ›Spuren‹ im gesellschaftlichen Umfeld hinterlassen – und zwar ›Spuren‹ auch im ganz materiellen Sinn. Wir denken hier vor allem an ›Spuren‹ im öffentlichen Raum, also an konkrete Erinnerungsorte, in denen sich die Geschichte, bestimmte Perspektiven oder Wissensbestände eines Faches (bzw. seiner Vertreterinnen und Vertreter) materialisieren und dokumentieren. Konkret geht es um jene Fakultät, die an der Universität Wien die historisch-kulturwissenschaftlichen Fächer bündelt und Wissen im Lebensraum der Stadt hinterlässt, in ihren spezifischen Geschichten manifestiert.

Wissenselemente sind im Umlauf, schreiben sich ein, verteilen sich, dynamisieren vorhandenes Wissen, werden auf neue Weise wirksam, verändern sich unterwegs und werden erinnert. So landen sie auch im öffentlichen Raum, bewusst oder zufällig gestaltet, und hinterlassen sichtbare Markierungen. Diese sind keineswegs als Abbild eindrücklich, nein, es braucht sprichwörtlich die Fährtenleser und Fährtenleserinnen – in unserem Sammelband sind es dem Fach nahe stehende Kolleginnen und Kollegen –, die sich kenntnisgesättigt und ihrer wissenschaftlichen Sozialisierung entsprechend auf Fährtensuche durch die Stadt Wien begeben. Das Objekt (Spur) und die Angelegenheit des Spurenlesens gehen eine enge, fundamentale Beziehung miteinander ein, denn das Letztere konzentriert sich nicht nur darauf, wie die Spuren eigentlich einst gemacht wurden, sondern auf ihre mögliche Deutung und Bedeutung heute.

Das Wort »Spur« (lat. vestigium) kommt vom althochdeutschen »spor« und meint ursprünglich »Fußabdruck«. In Form von Materialablagerungen, so die verbreitete Definition, ist damit ein Hinweis gemeint, dass ein Lebewesen, ein Objekt oder ein Wissensbestand an einem Ort gewesen ist. Oft denkt man konkret an die kulturelle »Hinterlassenschaft« einer Fortbewegung im Boden, eine Bahn, ein verbliebenes Zeichen, ein Merkmal oder einen Überrest, oder man denkt metaphorisch an die Aktivität eines forschenden Individuums oder eine Wissensthematik, deren Spur sich außerhalb der forschenden Community noch mehr oder weniger stark abzeichnet. Die Wortbedeutung von »Spur« ist weitläufig, wenn wir etwa im entferntesten Sinne an die Technik, an Spurbreiten (Bahn), die Stellung der Räder bei einem Gefährt (Spureinstellung) oder an die Kriminalistik denken, wenn Kriminologen und Kriminolginnen dem Täter auf der Spur sind. Es drängt sich auch die Assoziation auf, dass es sich bloß um eine sehr kleine Menge, eine Prise, handelt.

Anhaltspunkte und Hinweise führen zum Wissen, und solche werden die Autorinnen und Autoren der hier versammelten Texte in ihrer unterschiedlichen Spuraufnahme nachgehen. Sie werden auch den Nebenwegen folgen, auf Kreuzungen stoßen und sich Ver(w)irrungen stellen. Zarte Fäden werden jeweils zum spezifischen Fach gezogen, auf Rahmungen und Querverweisen basierend, die auf charakteristische fachspezifische Entwicklungen in Wien abzielen.

Beteiligen wir uns an einer solchen Ausspähung zunächst aus der Sicht zweier Vertreterinnen der Ägyptologie an der Universität Wien, Irmgard Hein und Kristina Hutter. Die altägyptischen Nekropolen und die Ägyptomanie nähren seit Jahrhunderten die Faszination für dieses Fach in Europa. Wir finden deshalb auch – kaum überraschend – Obelisken und Pyramiden als beliebte Bauform am Wiener Zentralfriedhof häufig reformuliert. Was einst den Königen vorbehalten war, ist seit der Renaissance auch den Bürgern zugänglich. Doch dass uns die Pyramide in Wien auch an das in der Augustinerkirche angebrachte Kenotaph von Erzherzogin Marie Christine von Sachsen-Teschen (der Tochter Maria Theresias, Gattin des Mäzens Herzog Albert von Sachsen-Teschen, dem die heutige Albertina ihre Existenz verdankt) führt, stellt einen weiteren Konnex zur Ägyptologie als Fach her. Sie verbindet Wissen über das Nachleben der ägyptischen Pyramiden als Teil funerärer Privatbauten mit der Geschichte der Habsburger und verweist uns auch an einen Ort, die Albertina, an der die Ägyptologie als Institut der Universität Wien 1923 institutionell tatsächlich ihren Anfang nahm. Von diesem Gebäude ausgehend wurde die »Wiener Schule« der Ägyptologie aufgebaut, die mit der geselligen ›Totenbuchrunde‹ auch ein öffentliches Forum in Wien bildete. Außeruniversitäre Lokalitäten, an denen sich die ›Totenbuchrunde‹ traf – besonders das Palais Stonborough in der Kundmanngasse sowie die legendäre Tee-Ecke in der Frankgasse 1 –, verblieben im kollektiven Wiener ägyptologischen Gedächtnis als Spezifikum, das auf die philologisch-religionswissenschaftliche Forschung rekurrierte. In der Folge bewegte sich die Ägyptologie in Wien auch in Richtung Archäologie, und das Jubiläumsfest aus Anlass des Institutsumzugs in das sog. Archäologiezentrum in der Franz-Klein-Gasse 1 (1190 Wien) im Jahre 2014 gedachte der reichen Geschichte: 140 Jahre Lehrstuhl für Ägyptologie, 90 Jahre Institut für Ägyptologie, 75 Jahre in der Frankgasse 1 (1090 Wien), der ehemaligen Wohnung des Dichters Arthur Schnitzler.

Begeben wir uns mit dem Judaisten Gerhard Langer auf den Judenplatz in Wien, wo nicht nur das von Rachel Whiteread 1995 entworfene Mahnmal für die österreichischen jüdischen Opfer der Shoah, ferner ein 1935 errichtetes, von den Nationalsozialisten eingeschmolzenes und 1965 wiedererrichtetes Lessingdenkmal den Ort beherrschen, sondern auch das barocke Gebäude der Böhmischen Hofkanzlei, heute Sitz des Verwaltungsgerichtshofs. Gerechtigkeit und Recht sowie Toleranz, die unverzichtbaren Grundlagen einer offenen Gesellschaft, treffen hier besonders sinnfällig aufeinander. Denn hier im Zentrum der einstigen jüdischen Gemeinde Wiens ereignete sich 1420/21 infolge besonders theologisch begründeter Judenfeindschaft ein schreckliches Judenpogrom. Auf

Überreste der ehemaligen Synagoge stieß man überraschend 1995 bei der Vorbereitung des Mahnmals. Erst 1998 jedoch wurde von dem Wiener Erzbischof Schönborn schließlich eine vom Judaisten Kurt Schubert inhaltlich beeinflusste »neue« Tafel enthüllt, die eine Entschuldigung für die Beteiligung der Katholiken an der Judenverfolgung enthält. Es wären noch weitere Bezüge an diesem so geschichtsträchtigen Ort zu erwähnen, denen sich Langer in seinem Beitrag widmet, doch ein Aspekt von größerer Tragweite ist ihm besonders wichtig: die öffentliche Debatte in den Zeitungen sowohl über die Beteiligung der Kirche am Antijudaismus als auch deren Mitschuld am Holocaust. Auch wenn diese Auseinandersetzung nicht direkt zur Textgestaltung der »neuen« Tafel führte, bereitete sie doch einen Diskurs vor, in dem sich Langer als damaliger Präsident des Koordinierungsausschusses für christlich-jüdische Zusammenarbeit Gehör verschaffte. Dazu zählt auch ein Positionspapier des Ausschusses, in dem es um Handreichungen von Seiten des Vatikans ging, damit auch dieser seine eigene Rolle an der Judenverfolgung bedenke und sich dafür als mitverantwortlich deklariere. Dass sich die universitäre judaistische Forschung in Wien ihrer gesellschaftlichen Aufgabe stellt, gegen Antisemitismus jeder Art in der Öffentlichkeit vorzugehen, lässt sich angesichts der Bezüge zur »neuen« Tafel am Judenplatz in aller Dichte vergegenwärtigen.

Warum, so könnte man sich fragen, bezieht sich Fritz Blakolmer in seinem Beitrag auf eine unscheinbare Topfpflanze und eine Parkplatane, wenn er das Lebenswerk zweier Protagonisten der Klassischen Archäologie in Wien thematisiert? Gäbe es da nicht genug andere Objekte, wie etwa den von Hedwig Kenner (1910–1993) verfassten Band des *Corpus Vasorum Antiquorum* zu Vasen im Kunsthistorischen Museum und Jürgen Borchhardts (*1936) Entdeckung des Heroons (Grabmonument einer zum Heros erhobenen Persönlichkeit) des lykischen Königs *Perikle* auf dem Burgberg von Limyra im Südwesten der Türkei? Pflanzen eignen sich bekanntlich ganz besonders, auf Facetten einer Persönlichkeit bildlich konzentriert anzuspielen. Bei den zwei Protagonisten, welche die Klassische Archäologie der Nachkriegszeit prägten, sind es zum einen die unscheinbare Blume im Topf, die aus dem Besitz der Ordinaria Kenner in die Pflege eines Institutsangehörigen überging, einer exzellenten Vertreterin ihres Faches, die sich die Leitung des Instituts als Frau einst an einer doch noch völlig von Männern dominierten Fakultät nicht zutraute. Ganz anders der bürokratieferne Professor Borchhardt, Kenners Nachfolger, der trotz seiner Abneigung gegenüber Bürokratie die Neuformierung der Klassischen Archäologie als eigenes Institut 1984 erfolgreich betrieb. Beiden Wissenschaftlern waren kulturmorphologische Fragen der Physiognomik und Mimik in der Antike wichtig.

Im Fall der bis 1983 wirkenden Ordinaria, 1942 habilitiert, ging das »Erblühen« des Faches über alle politischen Umbrüche hinweg vonstatten, gleich der bescheidenen Blume, die den Tod ihrer Besitzerin bis heute überlebte. Für Jürgen Borchhardt bildete Klassische Archäologie, wie er es in Gesprächen betonte, »die Wissenschaft vom Menschen, die Wissenschaft vom Leben, dreidimensionale Alte Geschichte.« Die immergrüne Widmung der Stadt Wien mit einer vitalen ahornblättrigen Platane im Park vor dem Institut, anlässlich seiner Pensionierung im Jahr 2001 gepflanzt und bald »Borchhardts Baum« genannt, scheint aus den dargelegten Gründen doch auf Spuren seines ebenfalls vitalen Verständnisses des Faches zu verweisen.

Dass falsche Fakten in der Öffentlichkeit schwer auszulöschen sind, bestätigt Ekkehard Webers Studie über Markus Antonius und Kaiser Mark Aurel (Marcus Aurelius Antoninus), die beide im öffentlichen Gedächtnis mit Wien in Verbindung gebracht werden. Weber widerlegt als Historiker der Alten Geschichte die verbreitete Annahme, dass Kaiser Mark Aurel (geboren 121 n. Chr., Regierungszeit 161 – 180) in Wien verstorben sei. Im ersten Bezirk ist Mark Aurel in einer Straßenbenennung seit 1886 sogar prominent verewigt. In dieser Straße befindet sich an einem 1891 im Stil des charakteristischen Historismus der Gründerzeit errichteten Haus im dritten Stock außen ein Standbild des Kaisers. Die Spurenlese in römischen Quellen nach der Ortsangabe bei Gewährsleuten, die selbst nur die Spuren mindestens zwei Jahrhunderte später dokumentierten, offenbarte verballhornte Angaben, die im Falle des Historikers Tertullian zu einem Ort »bei Sirmium«, heute Sremska Mitrovica in Serbien, etwa 75 km westlich von Belgrad, führten, womit das Faktum früherer Fehleinschätzungen von Wien als Sterbeort widerlegt ist. Doch rumort in Wien ein weiteres Missverständnis, welches die seit 1900 neben der Sezession befindliche Figurengruppe anbelangt. Im »Volksmund« wird sie »Löwenfiaker« genannt. Schon Josef Weinheber widmete der Verwechslung ein Couplet. Es geht um das wohl einzige Mark Anton gewidmete Denkmal und nicht um Kaiser Mark Aurel. Der Wagen selbst ist auch kein römischer Streitwagen, ebenso wenig ein Triumphwagen, vielmehr wurde er vermutlich nach einem spätantiken Vorbild gestaltet. Beide prominente Römer, so Weber, haben eigentlich mit Wien direkt nichts zu tun, doch machen sie die Alte Geschichte im öffentlichen Raum sichtbar, wenn auch diese Präsenz einer Korrektur der Fachleute bedarf. Zirkulation von ungenauen Wissensbeständen ist es nicht, die einem Monument eine völlig falsche Einordnung verleiht; es sind eher die Narrationen, die an sie geknüpft werden. Mit einer 2005 angebrachten Beschriftung an der Figurengruppe sind nun alle Unklarheiten vor Ort aus der Welt geräumt.

Dem »Archaeologisch-epigraphischen Seminar« und seinen ersten Vertretern widmet Hubert Szemethy seinen Beitrag und konzentriert sich dabei auf Medaillen und Skulpturen. Erstere können sprichwörtlich zur Hand sein und von Hand zu Hand gereicht werden. Skulpturen jedoch sind erstarrt zum Denkmal und werden trotz ihrer Mächtigkeit dennoch gern übersehen. Die kurze Dienstzeit zweier Ordinarien in Wien evozierte bei deren Schülern das Bedürfnis, dem Faktum mittels einer Medaille ein Gesicht zu geben. Anlässlich des Ausscheidens Alexander Conzes (1831–1914) nach kurzer Tätigkeit (1876) und Otto Hirschfelds (1843–1922) nach wenigen Jahren (1885) wurde den nach Berlin ziehenden ersten Ordinarien der Klassischen Archäologie bzw. der Alten Geschichte an der Wiener Universität von den Studenten je eine Medaille gewidmet. Solche Medaillen waren nicht Unikate, sondern auch die Spender konnten in weniger exklusiver Ausführung die Stücke erwerben, die allen, die ein solches Exemplar besaßen, eine Zugehörigkeit verlieh. Es war Conze, dem schon zeitlebens zusätzlich auch eine Gipsbüste am Institut zugeeignet wurde. Seinem Nachfolger Otto Benndorf (1838–1907) jedoch wurde nach seinem Ableben eine Bronzebüste bestimmt, die mit der Gründung der Außenstelle des k.k. Archäologischen Instituts in Athen 1898 einherging, noch bevor ihm auf Initiative eines Kollegen im Jahre 1914 im Arkadenhof der Universität Wien eine Büste zugedacht wurde, die aber erst 1929 zur Aufstellung kam. Andere Vertreter des Faches, wie etwa Eugen Bormann (1842–1917), erhielten nur einen Eintrag auf einer Ehrentafel, und auch deren Anbringung erfolgte erst in der Zeit zwischen 1957 und 1965. Weit dankbarer zeigte sich diesbezüglich die Stadt Klosterneuburg, wo Bormann die letzten Jahre verbracht hatte und auch seine Beerdigung stattfand. Nicht nur die Grabstätten sind bleibende Monumente, wie auch jene Otto Benndorfs am Dornbacher Friedhof, auch Begräbnisse selbst fanden als Ereignisse infolge der hohen öffentlichen Wertschätzung der Professoren in der Öffentlichkeit Eingang in die Presse. Darüber hinaus erhielten sie durch Straßenbenennungen besondere Erinnerungsorte im öffentlichen Raum.

Birgit Bühler, eine Vertreterin der Frühgeschichtsforschung in Wien, leitet uns ebenfalls zu Begräbnisstätten, wobei die archäologische Bearbeitung dieser Entdeckung eines der größten awarenzeitlichen Gräberfelder Österreichs im Bereich der heutigen Csokorgasse 1983 zur Namensgebung einer nahe dem Grabungsort gelegenen Straße, der Awarenstraße, führte. Gräberfunde als Überreste dienen als zentrale Quellen der Frühgeschichtsforschung, um die reiternomadische Kultur der Awaren analysieren zu können, einer Kultur, die 250 Jahre lang (568 – ca. 800) die Geschichte Mitteleuropas entscheidend prägte. Nun sind diese Bodenfunde, wie Bühler betont, keineswegs ein Abbild des Alltags der

Awaren, sondern Folge einer selektiven Auswahl der Beigaben durch die Angehörigen, allenfalls durch Raubgrabungen beeinträchtigt, und sind somit lediglich als Spuren des Abwesenden zu deuten, deren spezifische Verweisfunktion zu reflektieren ist. Die zentrale Rolle des Pferdes zeigt sich in dieser Kultur besonders durch die Pferdemitbestattung. Fragen nach den Reitgewohnheiten und der Belastung der Tiere werden im Fach mittels osteologischer Studien beantwortet, indem Spuren von Arthrosen an Knochen Aussagen zu dieser ambitionierten Thematik erlauben. Grabbeigaben in Form von Tieren wie Habicht, Hahn, Hund und Ziege erweitern unser Wissen über das Spektrum an Lebensgewohnheiten. Doch existieren auch Spuren dieser Reiternomaden in unserer Gegenwart? In der modernen Freizeitkultur wird man fündig, was die Massenware der »Reiterbögen« belegt. Im Unterschied zu heute jedoch waren awarische Reiterbögen ein qualitativ hochwertiges Produkt, das in einem komplexen Herstellungsprozess aus unterschiedlichen organischen Materialien angefertigt wurde. In die Welt der awarischen Steigbügel und Gürtelschnallen führt uns diese in Wien betriebene Forschung, die awarische Reiterkrieger als erste berittene Streitmacht definiert, was beim Anblick des Straßennamens »Awarenstraße« evoziert wird.

»Undeutliche Spuren zwischen West und Ost« beschäftigen den Historiker Thomas Wallnig beim Anblick von Sebastian Tengnagels (1573–1636) Epitaph, das an der Außenwand des Chores des Stephansdoms angebracht ist und eine aussagekräftige Inschrift trägt. Ihre Anknüpfungspunkte, denen Wallnig bezogen auf die Biographie eines in treuen Diensten dreier Kaiser stehenden polyglotten Bibliothekars folgt, öffnen weite zeitliche wie auch räumliche Horizonte. Sie führen uns in die Welt der Handschriften, Bücher und Gelehrtenkorrespondenzen, die ihrerseits aus unterschiedlichen Kontexten und Räumen stammen, und das in einer der wohl bedeutendsten Akkumulationsphasen von umfassender späthumanistischer Wissenserweiterung und -intensivierung. Die Anknüpfungspunkte dienten der Orientierung zwischen theologisch-politisierten Debatten, den politischen Machtansprüchen der österreichischen Habsburger, dem Schriftenbesitz über den neuen mächtigen Feind im Osten, das Osmanische Reich. In der Inschrift wird uns Tengnagel als Kenner von nicht weniger als 15 Sprachen präsentiert. Es besteht kein Zweifel, wir haben es mit einem Intellektuellen zu tun, der in Zeiten weltanschaulicher und religiöser Radikalisierung Wissen in Form von Handschriften und Büchern sammelte, erweiterte, verwaltete, katalogisierte und auch je nach Bedarf vermittelte. In seine Zeit als Hofbibliothekar (1624) fällt auch der kaiserliche Erlass zur Abgabe eines Pflichtexemplars aller im Reich gedruckten Bücher. Die Hofbibliothek wurde nicht nur als Sammelbecken habsburgischer Politik verstanden, sondern als Wissenszentrum für das Heilige Römische Reich. Tengnagels Korrespondenz, rund 1000 Schreiben an ihn, sind zusammen mit anderen Materialien in der Österreichischen Nationalbibliothek erhalten. Seine Arbeitsweise ist uns heute auch deshalb zugänglich, weil er sich durch Randnotizen verewigte. So manche Querverbindung wird noch gezogen werden können im Kosmos des flotierenden, in Spuren der Randglossen reflektierten Wissens. So tangierte in dieser Zeit die philologisch-historische Lektüre der Bibel kulturhistorische Fragen zu den Religionen des Alten Orients; die Kulte der Israeliten avancierten neben dem theologischen Interesse zur historischen Reflexion und kritischen Auseinandersetzung.

Warum enthält ein zentrales Monument Maria Theresias, das zwischen den beiden der Natur und Kunst gewidmeten Staatsmuseen thront, auch die Statue des Joseph Hilarus Eckhel (1737–1798), fragt sich Simone Killen in ihrem Beitrag zur Numismatik. Es handelte sich um einen Exjesuiten, der sich auf Reisen nach Italien Fachwissen zu Münzen erworben und auch Sammlungen von Maria Theresias Sohn Leopold, dem späteren Kaiser Leopold II., geordnet hatte. Als die höfische Münzsammlung neu aufgestellt wurde, fand sich für ihn ein Platz, und 1774 wurde er mit dem weltweit ersten numismatischen Lehrstuhl an der Universität Wien betraut und schließlich auch Nachfolger des Leiters des höfischen Münzkabinetts. Eckhels neuartige Ordnungskriterien der Münzen basierten nicht mehr nur auf der Größe, sondern zogen Chronologie, Material und die räumliche Dimension als weitere Kategorien heran. Im Zeitalter der Klassifikationswut stand er sodann an der Spitze einer Professionalisierung, die sich vom Laientum abhob und seinen internationalen Ruf begründete. Die Basis für eine Tradition an der Universität war damit geschaffen, die ein Alleinstellungsmerkmal impliziert: So ist die Existenz eines eigenen Instituts für Numismatik seit 1965 heute weltweit einzigartig, und die Spur des heutigen Instituts führt auf den glanzvollen Beginn durch Joseph Eckhel zurück.

Das Denkmal Maria Theresias, die Königin umgeben von zahlreichen Reiterfiguren und Staatsvertretern, wurde allerdings erst 90 Jahre nach Eckhels Tod errichtet. Entscheidend wirkte bei der Beratung der Direktor des k.k. Staatsarchives Alfred von Arneth, der den Wissenschaften eine besondere Achtung zollte. Das Monument ist Teil einer imperialen Denkmalentwicklung. Maria Theresia in ihrer Regentschaft, basierend auf den Säulen der Reform, verweist durch ihren Rückbezug auf die *mater magna* des Imperiums auf vergangene Stabilität. Nicht weit vom Denkmal entfernt, im Kunsthistorischen Museum, ist ein Porträt von Eckhel erhalten; 1870 wurde eine Numismatische Gesellschaft gegründet, und Personen, die sich um die Numismatik verdient gemacht haben, werden – kaum überraschend – mit einer Eckhel-Medaille geehrt. Bleibt nur noch zu erwähnen, dass auch eine Straße Eckhels Namen trägt, ebenso ein Vortragsformat für Nachwuchswissenschaftler, das sich als »Eckhels Erben« bezeichnet.

Auf der Suche nach österreichischen Historikern im Straßenbild der Stadt Wien kundschaftet Daniel Luger, dem Institut für Österreichische Geschichtsforschung zugehörig, nicht nur die Gässchen selbst aus, sondern durchstöbert archivalische Anträge und Diskussionen, die mit der Vergabe eines Straßennamens verbunden sind. Sehr schnell ergibt sich die Feststellung, dass Historiker in der Inneren Stadt keine Chance hatten, sehr wohl aber an der Peripherie. Als Antragsteller erwies sich der Verband Österreichischer Geschichtsvereine (VÖG, heute: »Verband Österreichischer Historiker und Geschichtsvereine«) in Person zweier Absolventen des Instituts für Österreichische Geschichtsforschung: August Loehr, Honorarprofessor für Numismatik und Geldgeschichte des Mittelalters und der Neuzeit wie auch Mitinitiator und langjähriger geschäftsführender Vizepräsident des VÖG, sowie Hanns Leo Mikoletzky, Generalsekretär dieses Verbandes, Leiter des Finanz- und Hofkammerarchivs und später außerordentlicher Professor für Geschichte des Mittelalters und Quellenkunde an der Universität Wien. Dieser Gesamtverband hatte sich 1948 am Institut für Österreichische Geschichtsforschung formiert und vertrat auch das Ziel, die österreichische Geschichtsforschung in der Öffentlichkeit zu positionieren. Zudem spielte die bevorstehende Hundertjahrfeier des Instituts für Österreichische Geschichtsforschung ebenfalls eine zentrale Rolle. Straßenschilder schienen sich als Besetzung des öffentlichen Raumes aufs Beste zu eignen. In der nördlichen Peripherie der Stadt Wien stellt Luger eine Konzentration fest, in der sogenannten »Großfeldsiedlung«, einer kommunalen Wohnbauanlage im 21. Wiener Gemeindebezirk, die ab dem Jahr 1966 als größte Stadtrandsiedlung des peripheren Wohnbauprogramms der Stadt Wien (»Satellitenstädte«) zwischen dem historischen Ortskern von Leopoldau und der nach Mähren führenden alten Nordbahnstrecke errichtet wurde. Luger interessieren jedoch nicht nur jene Wissenschaftler, nach denen in diesem ›Historikerviertel‹ Straßen benannt wurden, sondern auch jene Vertreter, die, wiewohl sie auch in die engere Auswahl gekommen waren, vorerst noch übergangen wurden. So kommen Spuren ins Spiel, die auf der Negation basieren. Die zweite Vorschlagswelle stand unter der Ägide der Akademie der Wissenschaften in der Zeit nach 1971.

Wo taucht der Name Hertha Firnbergs (1909–1994) in ihrer Wirkungsstadt Wien auf, fragt sich die Zeithistorikerin Maria Wirth. Schließlich handelt es sich um eine der prominentesten sozialdemokratischen Politikerinnen der Nachkriegsgeschichte, die 1970 bis 1983 ein eigenes Wissenschaftsministerium aufbaute und als Initiatorin des Universitäts-Organisationsgesetzes (UOG) 1975 gilt, welches die Mitsprache der Studierenden und des Mittelbaus an den Universitäten ermöglichte und die Universitäten öffnete. Zudem war Hertha Firnberg, bevor sie in die Politik wechselte, selbst auch als Nachwuchswissenschaftlerin an der Universität Wien tätig, was Wirth in ihrer Spurensuche basierend auf Archivalien nachzeichnet. Neben den vielen Bildungseinrichtungen, die heute Firnbergs Namen tragen, war dies auch, Firnbergs Engagement angemessen, bei einem spezifischen Programm für Frauen des Fonds zur Förderung der wissenschaftlichen Forschung der Fall. Beide, sowohl das UOG wie auch das Förderprogramm, hatten fast drei Jahrzehnte Bestand.

Als Teil des Universitätsgesetzes (UOG 1975) ist die Einrichtung von Arbeitskreisen für Gleichbehandlungsfragen, die bis heute bestehen und bei der Personalauswahl für die Bevorzugung von Wissenschaftlerinnen gegenüber Männern bei gleicher Qualifikation sorgen, von eklatanter bleibender Bedeutung für den Einstieg von Frauen in eine wissenschaftliche Karriere nach der Dissertation. Firnberg selbst musste es persönlich erfahren, dass an der Juridischen Fakultät noch Ressentiments gegenüber Frauen im Studium existierten. Deshalb wechselte sie an die Geschichte und verfasste hier ihre alsbald auch publizierte Dissertation (1935). Ihre kurze Diensterfahrung eröffnete ihr keine Chance für ein Bleiben an der Universität Wien. Als Frauenpolitikerin und Wissenschaftsministerin setzte sie neue Maßstäbe. Hertha Firnbergs Eifer, die Anliegen der Frauen und die Wissenschaft reformierend zu bündeln, hatte äußerst positive Folgen für die nächsten Generationen von Wissenschaftlerinnen, letztlich auch für alle in diesem Band versammelten Autorinnen, die sich emanzipatorischen Fragen in ihrer Forschung stellen.

Die wohl größte Ambivalenz zwischen der Leistung einer Wissenschaftlerin im Dienste der Öffentlichkeit und deren Niederschlag in der Gelehrten-Memoria ist bezüglich Renate Wagner-Rieger (1921–1980) zu erkennen. Dieser Kunsthistorikerin, die sich wie keine andere vor ihr in Österreich der Erhaltung der Baudenkmäler in der Nachkriegszeit verschrieb, ist bisher kein einziges Denkmal gesetzt worden, so Ingeborg Schemper-Sparholz in ihrem Beitrag. Lediglich ein Tor im neuerrichteten Universitätscampus wurde 1989 nach ihr benannt. Doch vertreten all die erhaltenen Gebäude in der Stadt, die wie das Ronacher oder das Palais Ferstel vor dem Abbruch standen und für deren Erhalt sich Wagner-Rieger professionell einsetzte, ihre Leistung weit besser als ein Denkmal unter vielen in einem Arkadenhof der Wiener Universität, dessen Serie an Männerbüsten ohnehin die ursprüngliche Ausschließung von Frauen dokumentiert. Wagner-Riegers elfbändiges Werk zur Wiener Ringstraße ist ebenso ein »Monument«, wie auch das von ihr geleitete Projekt der Rehabilitierung des

Historismus. Ihre Leistungen wurden nach ihrer Habilitierung bereits 1971 mit einem eigens für sie geschaffenen Lehrstuhl für österreichische Kunstgeschichte gewürdigt. Jedoch bedeutete das nicht ihre Beschränkung auf Österreich, sondern vielmehr eine international geachtete Publikationstätigkeit.

Der Verein für Geschichte der Stadt Wien hatte bereits 1978 ihre Arbeiten mit der Theodor-Ritter von Karajan-Medaille ausgezeichnet, und nicht überraschend war es die zuvor erörterte Bundesministerin Hertha Firnberg, welche ihr die Medaille für Verdienste um den Denkmalschutz überreichte. Inmitten einer Porträtgalerie in einem Hörsaal des Instituts für Kunstgeschichte sehen wir Wagner-Rieger als einzige Frau neben ihren durchwegs männlichen Kollegen des Instituts, allesamt Institutsvorstände; in der Sammlung von *Metzlers Kunsthistoriker Lexikon* findet sie ihren prominenten Eintrag (1999). Wagner-Riegers heute noch erhaltenen, akribisch gefüllten Karteikästchen wie auch das Ringstraßenarchiv sind beredtes materielles Zeugnis ihrer Arbeitsweise, ihr Engagement führte 1972 zum Altstadterhaltungsgesetz. Auch Protestmärsche der Studierenden gegen den Abriss von Gebäuden könnten auf ihr Konto gutgeschrieben werden. Die Biographie füllt die Lücke und vermag weitaus dichter das Wirken Wagner-Riegers im wahrsten Sinne des Wortes im und für den öffentlichen Raum der Stadt Wien zu vermitteln.

Institutsgeschichten erfreuen sich großer Beliebtheit, anlässlich von Jubiläen schaffen sie Identität und machen Wurzeln sichtbar, bringen Fäden zusammen. Doch so manche anstehende Festschrift kann mitunter auch alte Gewissheiten über Bord werfen, wie uns Marija Wakounig für die Ursprünge des Instituts für Osteuropäische Geschichte in ihrem Beitrag erläutert. Oft stehen gleich mehrere Kandidaten als ›Gründer‹ zur Auswahl, abhängig davon, was man perspektivisch als zentral für eine Gründung ansieht. Diese wurde dem vermögenden Franz de Paula von und zu Liechtenstein (1853–1938), so die ältere Geschichte, weder von seinem sehr ehrgeizigen Protegé Uebersberger eingeredet, noch hat dieser den großen Südosteuropaforscher Jireček für die Leitung »seines« Instituts übergangen. Wakounig als Kennerin der Liechtenstein'schen Korrespondenz und verschiedener Archivalien, die Liechtensteins vielfältige Tätigkeiten im Dienste der Wissenschaft nachvollziehen lassen, argumentiert, dass die Idee der Erforschung der russischen Geschichte und auch einer Institutionalisierung derselben ihren Ausgang bereits Mitte der 1890er Jahre in St. Petersburg genommen hatte. Der richtige Mann am richtigen Ort beschäftigte sich als der wohl geschickteste Diplomat am heißesten Parkett Europas intensiv mit der Geschichte Russlands, die er auch als Voraussetzung für die Diplomatie einschätzte. »Die grundlegende Erforschung der russischen Geschichte war das entscheidende *initial incentive* für die Idee und letztlich auch für die Institutionalisierung der Osteuropäischen Geschichte in Wien 1907«, so Wakounig. Aussagen Liechtensteins, dass Russland und die russische Geschichte dem westeuropäischen Publikum meist nur durch tendenziöse, gehässige, oft mit unglaublicher Ignoranz geschriebene Werke zugänglich seien, unterstreichen Liechtensteins Engagement, jenseits eines rein politischen Kalküls. Als anlässlich des ›20-Jahr-Jubiläums des Campus 1998–2018‹ eine Ergänzung der Ahnengalerie des Instituts für Osteuropäische Geschichte vorgenommen wurde, sollten auch die Bildunterschriften geändert werden. Alte Spuren der Zuschreibung in den ursprünglichen Bildunterschriften wurden entfernt, neue eingraviert, das Palimpsest der Argumentation ist jedoch nur in diesem Band nachlesebar.

Die landläufige Assoziation des Phänomens Spur, nämlich tatsächlich dem Täter auf der Spur zu folgen, realisiert der Text von Claudia Theune, einer Vertreterin der Urgeschichte und Historischen Archäologie, die ihre Erfahrung als Beraterin eines Kriminalfilms thematisiert, in dem moderne archäologische Methoden die Kriminaltechnik bereichern. So mutiert die kriminologische Spurensuche in eine archäologische und umgekehrt. In der »Tatort«-Folge mit dem Titel »Grenzfall« aus dem Jahr 2015 sind Arbeitsweisen der Grabung und Auswertungsstrategien der Archäologie zwar keine Täter, doch sind sie prominent als Akteure in die Rahmenhandlung eingebettet. Die Grabung an einer neolithischen Siedlung im Waldviertel wird zum Schauplatz der Indizienführung. Denn ein toter Hund wird gemeinsam mit Perlmutt aufgefunden, einem Material, das erst nach der Entdeckung Amerikas aus dem Westatlantik in Europa auftaucht, womit die Indizien zum eigentlichen Fall der Spionage führen. Dieser beruht auf einer realen Geschichte der Nachkriegszeit, der Spitzeltätigkeit österreichischer Bürger im Dienst des Ostblocks. Was hat das aber mit dem Fach Urgeschichte der Universität Wien zu tun? Das im Jahr 2015 begangene 650-jährige Jubiläum brachte viele Events, die an die breitere Öffentlichkeit gerichtet waren, um die Bedeutung der Universität Wien zu popularisieren. Ein Film mit einer Publikumsreichweite von etwa 10 Millionen kann zweifelsfrei als erfolgreich verstanden werden. Es klingt recht einfach, wenn die archäologische Expertise in der Öffentlichkeit ankommen soll, dass nichts in der Archäologie unvergänglicher sei als ein Loch, dass Archäologinnen und Archäologen sehr gut Eingrabungen aller Art zeitlich und kontextuell verorten können. Diese Erklärung fand in einer Schlüsselszene Eingang in das Drehbuch, in das auch die archäologische Expertise einfloss.

Die Autorinnen und Autoren in unserem Sammelband haben ganz unterschiedliche Objekte herangezogen, die sie auf ihren gedanklichen Wanderungen in Kontexte ihrer jeweiligen Forschungsinstitution stellten, 13 Institute der seit 2004 bestehenden Historisch-Kulturwissenschaftlichen Fakultät werden angesprochen. Sie haben unterschiedlichste Spuren sichtbar gemacht, jene Sichtbarkeit hergestellt, die sich gleichzeitig der Sichtbarkeit wieder entzieht. Die Spuren, so die Philosophin Sybille Krämer im 2007 erschienenen Buch ›Spurenlesen als Orientierungstechnik und Wissenskunst‹ (2007, S. 15), »zeigen nicht das Abwesende, sondern vielmehr dessen Abwesen*heit*.« Sie macht diese Distanz bewusst, welche die Autorinnen und Autoren wieder in ihre gedankliche Nähe rückten. Viele der behandelten Objekte, wie die Straßennamen, die Medaillen, Epitaphe und Grabmäler, evozieren das kulturelle Gedächtnis und die kollektive Identität wissenschaftlicher Gemeinschaften. Immer dienen die Memorialobjekte der Orientierung, ihre Interpretation entsteht jedoch auf der Basis gelenkter bewusster Aufmerksamkeit. Zeitenbrüche stellen sich ein – und, wie in den Artikeln von Langer und Wirth nachgezeichnet, ist nicht nur das Verhältnis von Vergangenheit und Gegenwart Teil des Regimes, sondern auch jenes zwischen Gegenwart und Zukunft. Stumme Dinge sind zum Sprechen gebracht worden, die unterschiedlichen Objekte, wie der Baum im Park, die Medaillen, die Steigbügel, der Krimi und die Straßennamen, bekommen einen erzählten Ort, der jeweils auf das an der Historisch-Kulturwissenschaftlichen Fakultät produzierte Wissen rekurriert.

Irmgard Hein und Kristina Hutter

# Erinnerungsorte der Ägyptologie in Wien

## Zwischen Wissenschaft, Weltgeschichte und kultureller Imagination

Die Frage nach den Erinnerungsorten eines Faches impliziert zugleich auch die Frage nach dessen Bedeutungsradius und Einflussbereich in der Wahrnehmung des öffentlichen Auges sowie die Frage nach den Errungenschaften der Akteure und Akteurinnen im Diskurs der gegebenen Forschungslandschaft. Suchte man nach sichtbaren Spuren der ägyptologischen Disziplin in Wien unter dem Kriterium des explizit und bewusst geäußerten Andenkens, ob im materiellen, symbolischen oder funktionalen Sinn, so drängt sich der Gedanke auf, dass Erinnerungsorte, die der ägyptologischen Präsenz und Aktivität in den vergangenen bald 150 Jahren Fachgeschichte in Wien gedenken, eher bescheiden zu sein scheinen.[1] Konkret sichtbare Erinnerungen der Ägyptologie sind im öffentlichen Raum der Stadt Wien nämlich kaum vorhanden. Bei genauer Betrachtung erschließt sich aber eine Erinnerungswelt, die ihr Andenken weniger durch reale Denkmäler bewahrt, sondern vielmehr in medialen Zwischenräumen sozialer Interaktion und Geschichtsschreibung anzusiedeln ist und deren Spuren im öffentlichen Erinnerungsraum durch die Dynamik der Zeitgeschehnisse oftmals verwischt, vergessen oder umgedacht wurden.

Um sich dennoch dem öffentlich sichtbaren Andenken des Faches zu nähern, versucht dieser Artikel Entstehungsprozesse ägyptologischer Erinnerungsorte aus zwei Perspektiven zu beleuchten. Der eine Blickwinkel resultiert aus den Verdichtungen der Wissenschaftlichkeit einer ägyptologischen Beschäftigung und richtet den Fokus primär auf die Geschichte der ehemaligen Institutsräume, die über bedeutende Räume der Stadtgeschichte Wiens hinaus vor allem in der Gedächtniskultur der ägyptologischen Fachgeschichte als Bühne vergangener Errungenschaften und Identitätsbildungen bewahrt wurden. Die zweite Perspektive zeigt kulturelle Umgangsformen mit Produkten prä- bzw. nicht-ägypto-

1 Pierre Nora, Les lieux de mémoire, Paris 1984. – Patrick Schmidt, Zwischen Medien und Topoi. Die Lieux de Mémoire und die Medialität des kulturellen Gedächtnisses, in: Astrid Erll/Ansgar Nünning (Hg.), Medien des kollektiven Gedächtnisses. Konstruktivität, Historizität, Kulturspezifizität, Berlin/New York 2004, S. 25–43.

logischer Auseinandersetzungen mit dem Alten Ägypten auf, die bevorzugt eine räumliche Bezugsnähe zu den nachstehend erwähnten Institutsräumen aufweisen. Letzteres steht zwar in einem Spannungsverhältnis zur ägyptologischen Disziplin, befindet sich jedoch als Interessensfeld kulturwissenschaftlicher Betrachtung im Hinblick auf kulturelle Ent- bzw. Rekontextualisierungen, Verräumlichungen von Imaginationsprozessen und Adaptionen veränderter Gedächtnisformen durchaus im Brennpunkt verschiedener kulturhistorischer Fächer. Da solche komplexen kulturellen Umgangsformen prinzipiell dort entstehen, wo Phänomene aus ihrer Zweckbestimmung entwurzelt und in neue kontextgebundene Räume reintegriert werden, spannen sie einen weiten Bogen von ägyptologischer Öffentlichkeitsarbeit über Ägyptisierungsprozesse bis hin zu Artikulationen der Ägyptomanie. Gerade in einem Fach wie der Ägyptologie, das auf ein Erbe jahrhundert-, gar jahrtausendlanger Faszination am Alten Ägypten zurückblickt und das auf verschiedenen Wegen stets im Bewusstsein und Sichtbarkeitsfeld der Öffentlichkeit weilt, kann ein wechselseitiges Zusammenspiel der beiden Perspektiven auf Entstehungsprozesse ägyptologischer Erinnerungsorte eine sich gegenseitig reflektierende, scheinbar unzusammenhängende, aber jedenfalls anekdotenhafte Geschichtsschreibung hervorbringen.

Zu Jahresbeginn 2014, am 31. Jänner, fand in den damaligen Räumlichkeiten des Instituts für Ägyptologie (Frankgasse 1, 1090 Wien) eine große Jubiläumsfeier statt. Dass hierbei zum Teil mit einem Jahr Verspätung eines dreifachen Jubiläums gedacht wurde, war dem damals bevorstehenden Umzug des Instituts im Februar 2014 geschuldet, der auch mitgefeiert werden sollte. Gegenstand der Feier waren drei Geburtstage: 140 Jahre Lehrstuhl für Ägyptologie, 90 Jahre Institut für Ägyptologie, 75 Jahre Frankgasse 1 (1090 Wien) und eine Übersiedlung: aus den denkmalgeschützten Räumen in das Archäologiezentrum in der Franz-Klein-Gasse 1 (1190 Wien). In dieser Jubiläumsfeier traf die Historisierung von Raum auf Verräumlichung der ägyptologischen Geschichte in Wien derart prägnant aufeinander, dass die Feierlichkeit selbst zu einem Erinnerungsort im kollektiven Gedächtnis der Wiener ägyptologischen Community wurde – zumindest der anwesenden Generationen. Sie markiert einen Knotenpunkt auf der historischen Landkarte des Faches, wobei die damals noch bevorstehende Dramatik der Übersiedlung gleichzeitig die Dynamik der im Blickpunkt stehenden Rückschau auf geschichtliche Ereignisse und Fortschritte des Faches verstärkte und dem Andenken eine greifbar gewordene sowie paradoxe Temporalität und Vergänglichkeit verlieh. Mit Nostalgie und Aufbruchsstimmung sollte in der Frankgasse 1 der Geschichte gedacht werden, um sich zugleich in diese einzureihen.

## Die Vorzeichen der Erinnerungsorte

Anlässlich der Sonderausstellung »Pharaonen und Fremde – Dynastien im Dunkel«, einer Zusammenarbeit des Historischen Museums der Stadt Wien, des Österreichischen Archäologischen Instituts in Kairo und der Universität Wien, stellte die Restauratorin Mag. Rudolfine Seeber in Zusammenarbeit mit dem Kunstgießer Mag. Helfried Karner 1994 eine Replik der sog. 400-Jahr-Stele her, deren Original aus der Zeit Ramses' II., um ca. 1250 v. Chr., 19. Dynastie, stammt und 1863 von Auguste Mariette in Tanis gefunden worden war.[2] Das Original befindet sich im Ägyptischen Museum Kairo, während die Replik nach der Sonderausstellung im Wiener Rathaus einen neuen Aufstellungsort zugewiesen bekam, nämlich bemerkenswerterweise den Eingangsbereich desselben Gebäudes, in dem 20 Jahre später, 2014, auch das Institut für Ägyptologie sein neues Zuhause finden sollte (Abb. 1). In diesem prächtigen Gebäude am Währinger Park, das 1917 nach Plänen von Alfred Keller für die damalige Hochschule für Welthandel fertiggestellt wurde[3], sind seit 1982 (nachdem die spätere Wirtschaftsuniversität ins Universitätszentrum Althanstraße übersiedelt war) verschiedene archäologisch orientierte Institute der Historisch-Kulturwissenschaftlichen Fakultät sowie das Österreichische Archäologische Institut untergebracht.

Blickt man auf die Anfänge der ägyptologischen Institutsgeschichte zurück, die besonders mit der Orientalistik und Afrikanistik sowie intensiven Sprachstudien verbunden war, so wird deutlich, wie sich der Schwerpunkt des Instituts vom philologischen über den religionsgeschichtlichen hin zum archäologischen verlagert hat. Obwohl es nur dank früher Ausgrabungen und Ägyptenexpeditionen möglich war, Quellentexte für die Pionierphase der Sprachforscher zur Verfügung zu stellen, ist die Geburtsstunde der Ägyptologie dennoch an sprachliche Fortschritte in der Entzifferungsgeschichte der Hieroglyphenschrift und an systematische Spracherschließung gebunden. Das Entstehungsumfeld ver-

2 Manfred Bietak, Abguß der 400-Jahr-Stele, in: Irmgard Hein (Red.), Pharaonen und Fremde. Dynastien im Dunkel. Katalog der 194. Sonderausstellung des Historischen Museums der Stadt Wien in Zusammenarbeit mit dem Ägyptologischen Institut der Universität Wien und dem Österreichischen Archäologischen Institut Kairo, Rathaus Wien, Volkshalle, 8. Sept.–23. Okt. 1994, Wien 1994, S. 279–281 Kat.Nr. 391. – Karner Kosco, Restauratoren in Wien, https://www.restauratoren.wien/index.html (abgerufen am 26.1.2019).

3 Bundesdenkmalamt (Hg.), Dehio-Handbuch. Die Kunstdenkmäler Österreichs. Wien, X. bis XIX. und XXI. bis XXIII. Bezirk, Wien 1996, S. 548f. – Alois Brusatti, 70 Jahre Hochschule für Welthandel in Wien. Tradition und Zukunft, Wien 1968.

Abb. 1: Abguss der 400-Jahr-Stele, im Original Rosengranit, H 220 cm, B 120 cm, T 50–63 cm. Ramses II., 19. Dynastie, Tanis.

schiedener ägyptologischer Einrichtungen lag darüber hinaus meist im Bereich bestehender ›orientalischer‹ Forschungsstätten mit starken sprachlichen Schwerpunkten. Dies führte dazu, dass in der ägyptologischen Pionierzeit oftmals philologische Forschungen im Mittelpunkt standen, während archäologische Tätigkeiten mehr an archäologische Institutionen gebunden waren. In Wien wurde das Ägyptologische Institut besonders seit 1979 konsequent der Archäologie geöffnet, als Dieter Arnold, vom Deutschen Archäologischen Institut in Kairo kommend, als Ordinarius die Leitung des Wiener Instituts übernahm.[4] Der über drei Jahrzehnte später stattfindende Umzug in das Archäologiezentrum der Universität Wien war somit auch ein fortführender Akt einer expliziteren und formalen Ausrichtung hin zu den archäologischen Institutionen in Wien.

Lange bevor das Institut für Ägyptologie seinen heutigen Standort in der Franz-Klein-Gasse erhielt, gab es im selben 19. Wiener Bezirk in Grinzing (Un-

4 Hinzu kam der Umstand, dass sich die Fächer Ägyptologie und Afrikanistik zu Beginn der Amtszeit von Dieter Arnold trennten, nachdem am 30. März 1978 das Institut für Afrikanistik gegründet wurde und die Adresse Doblhoffgasse 5 (1010 Wien) erhielt. s. dazu Erich Sommerauer, Die Afrikanistik in Österreich, 1824–1992, 2010, S. 11, http://www.afrikanistik.at/pdf/themen/historisch.pdf (abgerufen am 26.1.2019).

tersievering) bereits tatsächlich einen Vorboten. Am 16. April 1935 und nach einer kurzen Umbenennung in der Kriegszeit wiederholt am 15. April 1947 wurde im Gemeinderatsausschuss für Kultur die Reinischgasse nach dem Ägyptologen und Afrikanisten Simon Leo Reinisch (1832–1919) benannt.[5] Leo Reinisch gilt als Begründer der Ägyptologie und Afrikanistik in Österreich.[6] Er beschäftige sich im Auftrag des Kaiserhauses bzw. des Erzherzogs Maximilian, des späteren Kaisers von Mexiko (1864–1867), bereits in den 1850er- und 1860er-Jahren mit altägyptischen Altertümern und erforschte indigene Sprachen in Mittelamerika, was aber mit der tragischen Exekution Maximilians 1867 in Querétaro in Mexiko eingestellt werden musste. Erst danach begann in Wien Reinischs akademische Laufbahn. Er beschäftigte sich vor allem mit afrikanischen Sprachen und war an der Universität Wien ab 1861 Privatdozent, ab 1868 außerordentlicher Professor und ab 1873 ordentlicher Universitätsprofessor und erster Lehrstuhlinhaber für ägyptische Sprache und Altertumskunde. 1884 wurde er wirkliches Mitglied der Kaiserlichen Akademie der Wissenschaften und im Jahr 1896 zum Rektor der Wiener Universität gewählt. In seiner Zeit war die Ägyptologie als Teil der Orientalistik und Indogermanistik in zwei Räumen im Parterre des 1884 eröffneten Hauptgebäudes der Universität untergebracht.[7]

Als der spätere Lehrstuhlinhaber Hermann Junker einen Ruf zurück nach Deutschland ablehnte, verlangte er im Ausgleich eine neue Lehr- und Forschungsstätte an der Universität Wien, woraufhin 1923 das Institut für Ägyptologie und Afrikanistik begründet und in der Albertina (Palais Erzherzog Albrecht bzw. Augustinerbastei) untergebracht wurde.[8] Das Institut befand sich dort im zweiten Stock des Gebäudes, zu dem der Weg vorbei an zwei flankie-

5 Felix Czeike, Historisches Lexikon Wien, Band 4, Wien 1995, S. 653. In den Jahren von 1938 bis 1947 hieß die Verkehrsfläche Langbehngasse nach Julius Langbehn.

6 Gerhard Böhm/Gertrud Thausing, Reinisch Simon Leo. Ägyptologe und Afrikanist, in: Österreichisches Biographisches Lexikon 1815–1950, Band 9, Wien 1988, S. 50f. – Warren R. Dawson/Eric P. Uphill/Maurice L. Bierbrier, Who was Who in Egyptology, London 1995, S. 351. – Hans Günther Mukarovsky, Leo Reinisch. Werk und Erbe. Aufsatzsammlung, Wien 1987. – Rainer Voigt, Reinisch, Simon Leo, in: Neue Deutsche Biographie, Band 21, Berlin 2003, S. 372f. – Clemens Gütl, Von der Orientforschung zur Wiener Ägyptologie und Afrikanistik, in: Hermann Junker. Eine Spurensuche im Schatten der österreichischen Ägyptologie und Afrikanistik. Göttingen 2017, S. 13–37, bes. S. 18–23.

7 Die Geschichte des Instituts, https://egyptology.univie.ac.at/ueber-uns/geschichte-des-instituts/ (abgerufen am 26.1.2019).

8 Gertrud Thausing, Tarudet. Ein Leben für die Ägyptologie, Graz 1989, S. 24. – Erich Sommerauer, Die Afrikanistik in Österreich, 1824–1992, 2010, S. 8, http://www.afrikanistik.at/pdf/themen/historisch.pdf (abgerufen am 26.1.2019).

Abb. 2: Pyramiden-Kenotaph für Erzherzogin Marie Christine in der Wiener Augustinerkirche, entworfen 1798 bis 1805 von Antonio Canova.

renden griechischen Sphingen entlang der »Sphinx-Stiege« führte.[9] Aus einem der Institutsräume fiel der Blick auf den Augustinerhof der Augustinerkirche. Dass hier einmal die Ursprünge der Wiener Ägyptologie liegen würden, hätte die Geschichte trotz der Sphinx-Stiege nicht vorhersagen können. Jedoch hatte womöglich der bedeutende italienische Bildhauer Antonio Canova eine Vorahnung, als er anlässlich des Todes von Erzherzogin Marie Christine von Sachsen-Teschen im Auftrag ihres Ehemannes, des Kunstsammlers und Begründers der Albertina, Herzog Albert von Sachsen-Teschen, für sie von 1798 bis 1805 ein Grabmonument in Form eines pyramidalen Kenotaphs entwarf, das in derselben Augustinerkirche neben dem Palais des Herzogs seinen Standplatz erhielt (Abb. 2).[10] Die Pyramide ist im Alten Ägypten eine der wichtigsten architektonischen Grabformen. Sie war ursprünglich dem königlichen Grabbau vorbehal-

9 Thausing 1989, S. 11.

10 Selma Krasa, Antonio Canovas Denkmal der Erzherzogin Marie Christine, in: Albertina Studien 1967/68, S. 67–134. – Alexandra Matzner, Antonio Canova. Grabdenkmal für Erzherzogin Marie Christine, 2014, https://artinwords.de/antonio-canova-das-grabmal-fuer-erzherzogin-marie-christine-von-sachsen-teschen/ (abgerufen am 26.1.2019).

ten und wurde als Bauform etwa ab der frühen 18. Dynastie, ca. um 1550 v. Chr., von königlichen Familienmitgliedern, hohen Beamten, aber auch von höheren Arbeitern in der Privatgrabarchitektur eingesetzt.[11] Funeräre Privatbauten, die eine Pyramide inkorporieren, sind im Alten Ägypten von Saqqara bis Gebel Barkal, flussaufwärts nahe dem 4. Katarakt (heute Sudan), belegt und weisen architektonisch zwei Typen auf: Der eine Typus enthält in seinem Inneren eine begehbare Kapelle, der andere ist als dekoratives Element über der Eingangsfassade des Grabbaus errichtet und nicht zugänglich.[12] Die ersten Pyramiden in Europa tauchen in Rom gegen Ende der römischen Republik auf und werden während der römischen Kaiserzeit zu einer häufigen Grabform wohlhabender Persönlichkeiten entlang Roms wichtigster Straßen, von denen heute lediglich noch die Pyramide des Caius Cestius aus dem 1. Jahrhundert v. Chr. zu bewundern ist.[13] Die engen Kontakte und besonders die militärische Eroberung Ägyptens in der Zeit des Augustus wirkten als Katalysator für Ägyptisierungen besonders in künstlerischer und religiöser Manifestationsgestalt. Dabei galt als Vorbild nicht lediglich die monumentale pharaonische Vergangenheit, vielmehr wurde Inspiration aus weniger monumentalen pyramidalen Bauformen geschöpft (wie sie etwa bei den Privatgräbern der Arbeitersiedlung von Deir el-Medina vorliegen) oder aus zeitnah produzierten Beispielen, besonders den nubischen Pyramiden der Könige in Napata und Meroe im heutigen Sudan, die dort erst etwa in der Mitte des 4. Jahrhunderts n. Chr. aus der funerären Architektur verschwanden.[14] Während der Renaissance wurden in Italien Pyramiden als Grabform neuerlich in die Grabarchitektur eingeführt.[15] Später beschrieb Cesare Ripa in seiner *Iconologia* von 1613 die Pyramide als Symbol der Ewigkeit und des Ruhmes des Verstorbenen.[16] Diese Pyramiden haben aber außer der äußeren pyramidalen Erscheinungsform und dem funerären Aufstellungskontext keine weiteren ägyptisierenden Elemente.

11 Peter Jánosi, Die Pyramiden. Mythos und Archäologie, München 2004, S. 118–120.

12 Ebd., S. 118.

13 Carla Alfano, Pyramids in Rome, in: Göttinger Miszellen. Beiträge zur ägyptologischen Diskussion 121, 1991, S. 7–17.

14 Ebd., S. 13. – James Stevens Curl, The Egyptian Revival. Ancient Egypt as the Inspiration for Design Motifs in the West, London/New York 2005, S. 39f. – Jánosi 2004, S. 122.

15 Eines der bekanntesten Pyramidengrabmäler befindet sich heute in der Cappella Chigi in der Basilica Santa Maria del Popolo in Rom, für dessen Entwurf Agostino Chigi bereits 1512 Raffael beauftragte.

16 Cesare Ripa, Iconologia, Siena 1613, S. 296–299. – Matzner 2014.

Abb. 3: Detail des Pyramiden-Kenotaphs für Erzherzogin Marie Christine in der Wiener Augustinerkirche.

Bemerkenswert ist jedoch ein Detail auf dem pyramidalen Kenotaph in der Augustinerkirche: Um das Bildrelief der Herzogin, das im oberen Teil der Pyramide angebracht ist, wurde ein Uroboros (schwanzverzehrende Schlange) gearbeitet (Abb. 3). Dieses Motiv ist ein wichtiger Diskurspunkt innerhalb der Ägyptologie besonders im Hinblick auf dessen Ursprünge im Rahmen der altägyptischen Religion und weiterer Ausformungen entlang der Überlieferungsgeschichte. Während wir seine ikonographische Ausformung bereits seit den frühen Phasen der ägyptischen Geschichte zurückverfolgen können, ist dessen Bedeutungsprägung, die besonders mit Prinzipien einer zeitlichen Unendlichkeit oder gerne auch mit der immerwährenden Rückkehr des solaren Jahreszyklus in Zusammenhang gebracht wird, vielmehr ein Produkt nach-pharaonischer Einwirkung, die außer bei lateinischen Autoren besonders stark in der italienischen Renaissance rezipiert wurde – eine Prägung, die den ägyptologischen Diskurs heute noch beeinflusst.[17]

Die Institutsräume, die Hermann Junker 1923 im obersten Stock des Palais Erzherzog Albrecht als Institut zugewiesen bekam, verminderten sich unter der Institutsleitung von Wilhelm Czermak noch vor Kriegsbeginn zugunsten

17 Dana Michael Reemes, The Egyptian Ouroboros. An Iconological and Theological Study, phil. Diss. Los Angeles 2015.

Abb. 4: Wilhelm Czermak (1889–1953), Rektor 1952/53. Czermaks Profil wurde von seinen Studierenden gerne mit der Mumie von Ramses II. verglichen.

der Nationalbibliothek[18], bis schließlich nach Kriegsbeginn die Albertina die Räume als Magazin für die Musiksammlung beanspruchte und das Institut für Ägyptologie und Afrikanistik 1938 in eine von Adolf Loos eingerichtete Altbauwohnung in der Frankgasse 1 übersiedelte.[19] Am 15. April 1945 fand in diesen Räumlichkeiten das erste Treffen von Universitätsprofessoren nach Ende des Zweiten Weltkrieges statt, zu dem Zweck der Wiedereröffnung der Universität Wien nach den Kriegsjahren. Eine Tafel an der Außenfassade des Gebäudes beim Eingang gedenkt dieses Ereignisses.[20] Wilhelm Czermak, damaliger Professor

18 Thausing 1989, S. 37.

19 Ebd., S. 47.

20 Ebd., S. 65. – Die Wiedereröffnung der Universität Wien und der Umgang mit dem Nationalsozialismus nach Kriegsende 1945, https://geschichte.univie.ac.at/de/themen/die-wiedereroeffnung-der-universitaet-wien-und-der-umgang-mit-dem-nationalsozialismus-nach (abgerufen am 26.01.2019). – Julia Budka/Claus Jurman, Hermann Junker. Ein deutsch-österreichisches Forscherleben zwischen Pyramiden, Kreuz und Hakenkreuz, in: Susanne Bickel/Hans-Werner Fischer-Elfert/Antonio Loprieno/Sebastian Richter (Hg.), Ägyptologen und Ägyptologien zwischen Kaiserreich und Gründung der beiden deutschen Staaten, in: Zeitschrift für Ägyptische Sprache und Altertumskunde, Beiheft 1, Berlin 2013, S. 299–331.

für Ägyptologie (Abb. 4), wurde nach Kriegsende wirkliches Mitglied der Österreichischen Akademie der Wissenschaften und zum Dekan der Philosophischen Fakultät gewählt; er behielt die Funktion bis 1947 und wurde schließlich 1952 Rektor der Universität Wien, eine Funktion, die er bis zu seinem Tod im März des Folgejahres ausüben konnte.[21] Wilhelm Czermak unternahm zahlreiche Sprachstudien (darunter zu Kordofan-Nubisch, Somali, Ewe, allen ägyptischen Sprachstufen von Altägyptisch bis Koptisch). Langsam verschob sich sein Interesse hin zu Sprachpsychologie und Religionswissenschaften, und er strebte danach, den Sprachgeist einer Sprache sowie einen einheitlichen Ursprung von Sprachen als Ordnungsprinzipien zu erfassen, wobei er davon ausging, dass Worte nicht lediglich Begriffe sind, sondern Ideen mit inhärenter kosmischer Potenz verkörpern.[22] Auf diesen Überlegungen baute ein damals sehr aktiver Interessenskreis auf, der von Wilhelm Czermak und später, ab 1953, von seiner Lehrstuhlnachfolgerin Gertrud Thausing angeführt wurde, der sich intensiv mit der altägyptischen Religionsphilosophie auseinandersetzte und Angehörige der Wiener Gesellschaft anzog, ein Interessenskreis, dessen Aktivitäten später zum von Gertrud Thausing geprägten Begriff der ›Wiener Schule‹ führte.

## Die ›Wiener Schule‹ – das fiktive Eigenleben eines anspruchsvollen Konzeptes

Das Konstrukt einer ›Wiener Schule‹ hatte innerhalb der ägyptologischen Gedächtniskultur in Wien durch den Wandel der Forschungsschwerpunkte entlang der Institutsgeschichte öfters verschiedene Konnotationen hervorgebracht. Sprachforscher wie Helmut Satzinger verbinden mit der ›Wiener Schule‹ bevorzugt die Ära der großen Sprachforscher, namentlich ist dabei »Czermaks Wiener Schule« gemeint, aus dessen Umkreis große Namen hervorgegangen sind. Die wichtigsten Vertreter sind der Semitist, Berberologe und Hamitosemitist Ernst Zyhlarz, der führende Koptologe seiner Zeit Walter C. Till, die Altsüdarabienforscherin Maria Höfner, der Afrikanist Johannes Lukas, die Ägyptologin und Czermaks Lehrstuhlnachfolgerin Gertrud Thausing, der Semitist und zugleich

21 Wilhelm Czermak, o. Prof. Dr. phil., https://geschichte.univie.ac.at/de/personen/wilhelm-czermak-o-prof-dr-phil (abgerufen am 26.1.2019). – Erich Sommerauer, Wilhelm Czermak, 2010, http://www.afrikanistik.at/pdf/personen/czermak_wilhelm.pdf (abgerufen am 26.1.2019).

22 Erich Sommerauer, Wilhelm Czermak, 2010, S. 2, http://www.afrikanistik.at/pdf/personen/czermak_wilhelm.pdf (abgerufen am 26.1.2019).

führende Autorität speziell für die äthio-semitischen Sprachen Wolf Leslau, der Semitist, Berberologe und Hamitosemitist Otto Rössler, der Ägyptologe, Berberologe und Hamitosemitist Werner Vycichl, der Professor für Afrikanistik in Wien Hans G. Mukarovsky, der Koptologe und Fachmann für Altkoptisch und Gnosis Robert Haardt, die Ägyptologen Hans Goedicke und Erich Winter sowie der führende Tschadist Herrmann Jungraithmayr.[23]

Wilhelm Czermak stand aber auch als antreibende Forscherpersönlichkeit hinter denjenigen Strömungen, die Gertrud Thausing später als ›Wiener Schule‹ bezeichnete. Hier war es besonders das Interesse an Sprachphilosophie und altägyptischer Religion, das die Aktivitäten und Denkströme der Wiener Ägyptologie im Konstrukt der ›Wiener Schule‹ beeinflussten. Tatsächlich wirkt diese vergangene religionsphilosophisch orientierte Prägung des Ägyptologischen Instituts, die zu seiner Zeit die klügsten Köpfe anzog, heute nur mehr wie ein unnahbares Relikt aus einer anderen Zeit und einer anderen Wissenschaftlichkeit. Versucht man jedoch diese Aktivitäten näher zu fassen, so wird deutlich, dass dieses so bedeutende Phänomen der Wiener Ägyptologie selbst bereits lange einen unnahbaren Schleier an Fiktion um sich kreiert hat:

> One of the most intriguing aspects of Viennese Egyptology of the last century were the activities of what was called in German the ›Wiener Totenbuchkommission‹ [...]. Virtually, anybody who at that time came in contact with the then Institute of Egyptology and African Studies became at some point in his career aware of this Circle and the impact it had on many areas of Viennese Egyptology. Everybody had heard of it, but nobody really knew what it was. [...] There was no real body of information. References were passed on in a kind of institute ›oral tradition‹.[24]

Diese ›Wiener Totenbuchkommission‹, bekannt auch als ›Totenbuchrunde‹, die den Aktivitätskern von Thausings ›Wiener Schule‹ ausmachte, hinterließ schließlich kaum schriftliche Quellen und Veröffentlichungen, noch kümmerte sie sich um ausreichende Aufklärungen; Andeutungen und Hinweise waren aber omnipräsent, ob in Übungen, Vorlesungen oder Diskussionen. Was war aber der Diskussionsgegenstand der ›Wiener Totenbuchrunde‹? Das ägyptische Toten-

23 Helmut Satzinger, Ägyptologie und Afrikanistik in Wien, https://www.slideshare.net/helmutsatzinger/gyptologie-und-afrikanistik-in-wien-presentation (abgerufen am 26.1.2019).

24 James Goff, The Viennese Circle for the Study of the Egyptian Book of the Dead. A Dialogue with the Ineffable, Vortrag gehalten auf der Konferenz Egypt and Austria XII, 17.–22.9.2018, Universität Zagreb, Kroatien.

buch ist eine Sammlung von Sprüchen, die meistens auf Papyrusrollen verfasst und den Verstorbenen ins Grab gelegt wurde. Die Spruchinhalte befassen sich mit dem Leben nach dem Tod und sollen den Verstorbenen im Jenseits zum Leben befähigen und durch die jenseitigen Gefilde zum gewünschten Zielort führen. Die dabei thematisch dominierende jenseitige Sphäre wie auch der regelmäßige Fundkontext in Friedhöfen machen diese Texte zu einem der bedeutendsten funerären Textkorpora im Alten Ägypten. Wilhelm Czermak, der damalige Institutsvorstand, hatte jedoch die Vorstellung, dass diese Texte einen breiteren Anwendungsbereich besaßen, der über den exklusiven Gebrauch als Grabbeigabe hinaus geht und dessen zentraler Gegenstand als »the visionary entry into supernatural realms or dimensions and, consequently, the face to face encounter with these realms« beschrieben wurde.[25] Unter Gertrud Thausing setzten sich solche Gedankenströme fort und wirkten über die Grenzen der ›Totenbuchrunde‹ in viele Gebiete der universitären Auseinandersetzung mit dem Alten Ägypten hinein:

> There is another aspect of the Institute that I'd like to share now. It seemed to me at the time – this is now my personal impression – that there was somehow a two-track system at work at the Institute. Whether one was fully conscious of it, I can't say. But it was somehow very reminiscent of a Platonic academy. On the one hand, there was the usual business of Egyptology, on the other, a kind of akróasis, an ancient term that would describe an attentive listening – attentive dialogue and conversation. On the one hand, you took part in an exoteric world, which was freely discussed and studied, and then there were the ›unwritten teachings‹ that were never really committed to paper, but passed on in dialogue form.[26]

Dieser Umstand entzog dem Interessenskreis eine Ausdifferenzierungsmöglichkeit ihres Wirkungsgrades und trug dazu bei, dass eine zielstrebig gerichtete Auseinandersetzung mit dem »abgehobenen Geistlichen«[27] durch das Fehlen an wissenschaftlicher Medialität sowie kommunikativer Klarheit und Zugänglichkeit zur Fiktionsbildung des eigenen Images beitrug. Es waren aber vor allem die Orte, an denen sich die ›Totenbuchrunde‹ traf – besonders das Palais Stonbo-

25 Ebd.

26 James Goff, Thausing – Report, Vortrag gehalten auf der Konferenz Egypt and Austria XI, 20.–24.9.2016, Kunsthistorisches Museum Wien.

27 Aus dem Gespräch mit Herrn ao. Univ.-Prof. HR Doz. Dr. Helmut Satzinger, 17.01.2019, am Institut für Ägyptologie.

Abb. 5: Das Wittgenstein-Haus (einst Palais Stonborough), Kundmanngasse, 1030 Wien.

rough in der Kundmanngasse sowie die legendäre Tee-Ecke in der Frankgasse 1, welche die Aktivitäten der ›Totenbuchrunde‹ im Wiener ägyptologischen Gedächtnis zu Erinnerungsorten werden ließen.

Begonnen hatte alles auf Initiative von Dr. Jerome Stonborough, einem sehr interessierten Hörer der Ägyptologie in den 1930er-Jahren, als er Wilhelm Czermak ersuchte, einen wöchentlichen Leseabend mit fortgeschrittenen Hörern und Doktoren des Instituts zu veranstalten.[28] Diesen Vorschlag griff Czermak mit Freude auf, während auf Wunsch von Gertrud Thausing Totenbuchtexte gelesen wurden. Stonborough war eine äußerst interessante Persönlichkeit, ein Geisteswissenschafter, der auch Medizin studiert hatte, bevor er sich später intensiv mit Ägyptologie auseinandersetzte; ein Amerikaner, der aus einer vermögenden Industriellenfamilie stammte und einen bedeutenden Bekanntenkreis besaß. Er war verheiratet mit Margaret Stonborough-Wittgenstein, der Schwester von Ludwig Wittgenstein, der zwischen 1926 und 1928 gemeinsam mit Paul Engelmann, einem ehemaligen Schüler von Adolf Loos (der zufällig die Institutsräume in der Frankgasse 1 eingerichtet hatte), das Palais Stonborough,

28 Thausing 1989, S. 32f.

oder wie es heute bekannt ist: das Wittgenstein-Haus, im 3. Bezirk entwarf und errichtete (Abb. 5).[29]

Hier im Palais Stonborough traf die ›Totenbuchrunde‹ jeden Dienstagabend im »Arbeitszimmer des Hausherrn« ein, um für zwei Stunden das Totenbuch zu lesen, gefolgt von Brötchen, Tee und Sekt im ›grünen‹ Speisezimmer.[30] Als sich die politische Lage stark verschärfte, mussten viele Mitglieder der ›Totenbuchrunde‹ ins Ausland fliehen. Die Aktivitäten des Lesekreises kamen aber trotz schwieriger Lage nicht zum Stillstand, sondern fanden für kurze Zeit eine neue Unterkunft in der Argentinierstraße bei Marianne von Werther, einem der Mitglieder des Lesekreises, die jedoch selbst bald nach England flüchtete. Als zu Kriegsbeginn ein Ortswechsel des Instituts in die Frankgasse 1 erfolgte, bekam die ›Totenbuchrunde‹ abermals ein neues Zuhause in der legendären Tee-Ecke des Vorstandszimmers, dem Dreh- und Angelpunkt des damaligen Instituts und zugleich dem Ort, an dem solche religionsphilosophischen Gedankenströmungen später ihren Ausklang finden sollten.[31]

## »Es lebe der Zentralfriedhof« – Schauplätze kultureller Imagination

Die Verankerung altägyptischer Bilder und Motive in entkontextualisierten Umgebungen neuer Kulturprägungen unterliegen einem steten Wandlungsprozess, in dem Rekontextualisierungen, Adaptionen, Faszinationen und Imaginationen altägyptischer Quellen als bedeutungstragende Elemente im neu gegebenen und stets definierten Zusammenhang wiedererscheinen. Sinnbilder solcher Prozesse stellen vor allem Sphingen, Pyramiden und Obelisken dar. Besonders gerne verbinden sich solche ägyptisierende Elemente mit Gedenkstätten und Grabbauten, wofür es am Zentralfriedhof in Wien eine Reihe von Beispielen für die Rekontextualisierung ägyptischer Bauformen und Symbolik gibt. So wurde für Alois Negrelli, Ritter von Moldelbe[32], von dem die maßgeblichen Pläne für die Erbauung des Suezkanals stammen, die Form eines Naos als Ehrengrabmal gewählt, für

29 Margret Greiner, Margaret Stonborough-Wittgenstein. Grande Dame der Wiener Moderne, Wien 2018. – Ursula Prokop, Margaret Stonborough-Wittgenstein. Bauherrin, Intellektuelle, Mäzenin, Wien/Köln/Weimar 2005. 1975 wurde das Haus von der bulgarischen Botschaft erworben und instandgesetzt. Heute befindet sich dort das Bulgarische Kulturinstitut Haus Wittgenstein.

30 Thausing 1989, S. 33.

31 Goff 2018.

32 Alois Negrelli, Ritter von Moldelbe, 1799–1858, s. Diego Caltana, Architektenlexikon, http://www.architektenlexikon.at/de/1191.htm# (abgerufen am 18.2.2019).

Abb. 6: Gedenkstätte der Stadt Wien für die Opfer des Ersten Weltkrieges in Pylonform am Zentralfriedhof.

den seinerseits ein Vorbild in dem Naos von Edfu[33] von Nektanebos II. gefunden werden kann. Wir finden aber auch die Adaption der Pylonform[34], die im Alten Ägypten in beeindruckender monumentaler Form oft die Eingangsbereiche von Tempeln, und somit zu sakralen Räumen, markiert, welche am Zentralfriedhof für die Gestaltung eines Gedenkmales der Gefallenen der Stadt Wien des Ersten Weltkrieges (Abb. 6) eingesetzt wurde.

Am weitaus häufigsten begegnet man jedoch der Übernahme der Obeliskenform als Grabdenkmal, die besonders häufig auch für Ehrengräber oder Gedenkstätten von Gefallenen in vielen Ortsfriedhöfen gewählt wurde. Der Obelisk als Bauform hat einen quadratischen Grundriss mit aufstrebenden, sich linear nach oben verjüngenden Seitenkanten, die üblicherweise in einem Pyramidion, gelegentlich mit Metallverkleidung, enden. Er entspringt in Ägypten dem Sonnenkult. Ursprünglich stand er als singuläres Objekt im Zentrum des Tempels von Heliopolis und war im Alten Reich in der 5. Dynastie Symbol des

33 Ehrengrab seit 1929: Gruppe 32 A, Nummer 23. Zum Naos von Edfu s. Bertha Porter/Rosalind Moss, Topographical Bibliography of Ancient Egyptian Hieroglyphic Texts, Reliefs and Paintings, Vol. VI, Upper Egyptian Chief Temples, Oxford 1939, S. 146.

34 Dieter Arnold, The Encyclopedia of Ancient Egyptian Architecture, London 2003, S. 183.

Kultgeschehens in den Sonnenheiligtümern bei Sakkara.[35] Später wurden Obelisken meist paarweise in Tempelbereichen flankierend zu beiden Seiten eines Prozessionsweges als hochaufragendes Symbol des Sonnengottes Ra (oder auch Amun-Ra) eingesetzt, die Form des hochaufragenden Steins gilt als geometrisierte Darstellung eines Sonnenstrahles. Ägyptische Obelisken wurden bereits in der römischen Antike mit der Anziehungskraft der Sonnensymbolik in Verbindung gebracht, und in weiterer Folge wurde bereits unter Augustus ein Obelisk aus Ägypten nach Rom verbracht.[36] In funerären Kontexten sind Obelisken aus Ägypten nur gelegentlich belegt, z.B. in der Nekropole von Qubbet el-Hawa bei Assuan, wo vor dem Eingang zu einem Felsgrab kleinformatige Obelisken aufgestellt waren. Der Form selbst wohnt auch gerade durch die Verknüpfung mit dem solaren Aspekt eine starke Konnotation hinsichtlich der Wiedergeburt inne, welche ihrerseits mit dem sogenannten *Benu*-Vogel oder Phönix, also einem mythischen Vogel, der sich selbst rekreiert, verknüpft ist.

Der Symbolik der Bauform des Obelisken begegnet man heute bei vielen Prominentengräbern verschiedener Genres, von Politikern über Schriftsteller bis zu Komponisten wie Beethoven (Abb. 7 und 8).

Die im Alten Ägypten dem Sonnenlauf innewohnende Symbolik der Wiedergeburt, die sich in einem Obelisken manifestiert, hat auch als Inspiration für die Gestaltung des vom Steinmetzmeister und Bildhauer Erwin Zechmeister aus Hollabrunn entworfenen und ausgeführten Grabes des österreichischen Popstars Falco[37] gedient. Auf dem schmalen Grabbereich hat er einen drei Meter hohen monolithen Obelisk aus rotem afrikanischen Granit[38] als Teil einer Grabskulptur plaziert. Hier ist der Obelisk ein rezentes Beispiel der Adaption eines fast 5000 Jahre alten Ikons, »das dem Himmel entgegenstrebt und vom irdischen in die geistige Sphäre überleiten soll.«[39]

---

35 Der Obelisk aus dem Sonnenheiligtum des Niuserre in Abusir, ca. 2450 v. Chr., war kein Monolith, wie die späteren bekannten Beispiele aus der 12. (ca. 19./18. Jh. v. Chr) oder aus der 18. Dynastie (ca. 1550–1300 v. Chr.). Vgl. dazu Labib Habachi, The Obelisks of Egypt. Skyscrapers of the Past, Kairo 1988, 4. Auflage, Kairo 1988, S. 4–14. – Arnold 2003, S. 165f.

36 Erik Iversen, Obelisks in Exile. Bd. 1, Kopenhagen 1969, S. 15–17. – Curl 2005, S. 22–30.

37 Johann Hölzel, Künstlername »Falco«, 1957–1998; s. https://falco.net/falco-net-infos/zur-person-johann-hoelzel-kuenstlername-falco (abgerufen am 8.3.2019). Das Grab befindet sich am Zentralfriedhof Gruppe 40, Nr. 64.

38 E. Zechmeister hat bewusst einen Granit mit möglichst intensiver roter Färbung gewählt, der im vorliegenden Fall vermutlich aus Südafrika stammt. Die rote Farbe steht für den Charakter des Künstlers als brennende, mächtige, repräsentative Farbe (telefonische Auskunft vom 26.8.2019).

39 Zitat nach Zechmeister, 26.8.2019.

Abb. 7: Ehrengrab Ludwig van Beethovens am Wiener Zentralfriedhof.

Abb. 8: Obelisk am Ehrengrab von Falco am Wiener Zentralfriedhof.

Die Präsenz altägyptischer Symbolik ist jedenfalls unbestritten auf vielen Friedhöfen. Auch wenn manche Formen einen entkontextualisierten Bedeutungswandel durchlaufen haben, so beinhalten sie immer noch inhaltliche Anknüpfungspunkte an altägyptische Gedanken und werden zu Erinnerungsorten in zweifacher Hinsicht: einmal um bestimmte zeitnähere Abläufe zu kommemorieren; zum Zweiten sind damit auch Inhalte aus der fernen Vergangenheit Ägyptens, mit der sich das Fach der Ägyptologie in wissenschaftlicher Form auseinandersetzt, in der Gegenwart sichtbar.

Gerhard Langer

# Die »neue« Tafel am Judenplatz

Der folgende Beitrag versteht sich als sehr persönliches Statement zu einem kleinen, aber wichtigen und keineswegs unkritisch zu würdigenden Text im öffentlichen Raum.

Spaziert man heute über den Judenplatz in Wien, so fällt wohl gleich das imposante, von Rachel Whiteread entworfene Mahnmal für die österreichischen jüdischen Opfer der Shoah ins Auge (Abb. 1). Diese nach außen gekehrte abgeschlossene Bibliothek voll versteinerter Bücher, die ihren Inhalt verbergen, symbolisiert in meinen Augen nicht nur die toten Juden selbst, sondern auch die mit ihnen gestorbene Tradition, das Leben in und durch die Bücher, die Weisheit der Jahrhunderte. Damit ist es zweifellos ein Denkmal, das weit über die Shoah hinaus auf die jüdische Identität verweist, ein Thema, mit dem sich die Judaistik naturgemäß beschäftigt.

Meine Assoziation, wenn ich an dem Denkmal vorbei gehe, ist die wunderbare Erzählung *Buchmendel* von Stefan Zweig, ein großartiger Abgesang an die Welt des osteuropäischen Judentums. Bei Whiteread sind die Regale mit scheinbar unzähligen Ausgaben eines Buches bestückt, die einerseits wohl für die große Zahl der Opfer und ihre Lebensgeschichte stehen, andererseits auch auf eindringliche Weise die gemeinsame Wurzel des Judentums im schriftlichen und mündlichen »Buch« widerspiegeln, in den einerseits sichtbaren und andererseits verborgenen Elementen der Offenbarung Gottes.

Der Name von Zweigs Protagonisten, Mendel, ist die jiddische Form des hebräischen Nachum, was »tröstend« bedeutet. Buch-Mendel sitzt tagein, tagaus im selben Café Gluck – Symbol des alten Österreich wie der deutsch-jüdischen Symbiose gleichzeitig – und verkörpert gerade in diesem Mikrokosmos, der sich um ihn, von ihm unbemerkt, wandelt, den immer anwesenden und von Erscheinungsform und Auftreten dennoch als ewig Wandernder geschilderten Ahasver[1], versunken in die Welt der Bücher, über die er alles weiß, ohne ihres Inhalts zu achten, »denn alle Phänomene des Daseins begannen für ihn

1 Hier nicht im antisemitischen Sinne verstanden, sondern in der jüdischen Selbstaneignung. Vgl. dazu Alfred Bodenheimer, Wandernde Schatten: Ahasver, Moses und die Authentizität der jüdischen Moderne, Göttingen 2002.

Abb. 1: Mahnmal für die Opfer der Shoah am Judenplatz, Wien, von Rachel Whiteread.

erst wirklich zu werden, wenn sie in Lettern sich umgossen, wenn sie in einem Buch sich gesammelt und gleichsam sterilisiert hatten.«[2] So huldigt Zweig in *Buchmendel* dem von ihm mit Faszination wahrgenommenen traditionellen Judentum, das das alte Geheimnis des sich mehr und mehr entziehenden Gottes bewahrt, der sich im »Text« offenbart. Man braucht dazu nicht in mystische Tiefen einzudringen, um das Geheimnis des Textes als Ausdruck des ›verborgenen‹ Gottes zu verstehen, das schon in den rabbinischen Schriften deutlich wird. Whitereads Werk erinnert mich daran, ist für mich gleichzeitig Mahnmal und Symbol der zu Stein gewordenen Unzugänglichkeit, das Geheimnis des Textes je in letzter Tiefe ergründen zu können. Zweigs Verherrlichung des Buches und sein tiefer Respekt vor den Bewahrern des Textes, den vom Schicksal gebeutelten und oftmals ihrer Heimat vertriebenen Juden, ist hier deutlich zu spüren. Wunderbar schildert er es einmal in seinem *Dank an die Bücher*: »Doch wenn die Hand euch befreit, wenn das Herz euch berührt, so sprengt ihr unsichtbar

2 Stefan Zweig, Buchmendel (1929), in: Kleine Chronik. Vier Erzählungen, Leipzig o. J, S. 70.

Abb. 2: Lessingdenkmal am Judenplatz, Wien.

die werktäglichen Räume und wie im feurigen Wagen führt euer Wort uns aus Enge ins Ewige empor.«[3]

Bei Whitereads Denkmal zieht es mich jedoch weniger in die – von mystischen Spekulationen aufgeladenen – himmlischen Hallen, sondern in die Tiefe, unter das Denkmal, wo die mittelalterliche Synagoge ›verborgen‹, aber heute als Teil des großartigen Museums am Judenplatz zugänglich ist. Bevor man das Museum betritt, fallen am Judenplatz vor allem das große Lessingdenkmal von 1931/32 (enthüllt 1935) – von den Nazis eingeschmolzen und schließlich vom einstigen Künstler Siegfried Charoux in den 1960er-Jahren noch einmal errichtet (Abb. 2), oder die Böhmische Hofkanzlei nach den Plänen von Fischer von Erlach und Matthias Gerl auf, heute Sitz des Verwaltungsgerichtshofs. Gerechtigkeit und Recht sowie die Toleranz, zwei wunderbar sich ergänzende und in der Geschichte nie einfach zu habende Grundpfeiler einer Gesellschaft, werden hier vortrefflich auf engem Raum zusammengeführt.

3 Stefan Zweig, Dank an die Bücher (zuerst in: Almanach auf das Jahr 1926, Wien 1925, S. 13f.), in: Begegnungen mit Menschen, Büchern, Städten, Wien u.a. 1937, S. 477f., hier S. 478.

Doch zurück zum Mahnmal. Wie gesagt steht man bei ihm über der imposanten Synagoge, die 1995 ausgegraben und in den Folgejahren archäologisch untersucht wurde. Zu ihr kommt man über das Museum. Steht man vor den beeindruckenden Resten, ertönt im Hintergrund ein Ausschnitt aus der »Wiener Gesera«, einer vermutlich zeitgenössischen Quelle zur Vertreibung und Vernichtung der Juden 1420/21, bei der die jüdische Gemeinde der Zeit ein Ende nahm. Die Gründe für diese von Herzog Albrecht angeordneten Vorgänge liegen sicher nicht im später vorgebrachten Vorwurf des Hostienfrevels, wie u.a. Wissenschaftlerinnen und Wissenschaftler des Instituts für jüdische Geschichte Österreichs (etwa Martha Keil, Birgit Wiedl), der Geschichte (Christian Lackner) oder der Theologie (Karl-Heinz Steinmetz untersuchte die Verwicklungen der Theologie in die Ereignisse) herausgearbeitet haben, sondern waren wohl Ergebnis einer Mischung aus Geldgier, der Auseinandersetzung mit den Hussiten und einem von Theologen mitbefeuerten Antijudaismus.[4]

Über den Tod der Juden 1421 schrieb der jüdische Chronist in der *Wiener Gesera* einst:

> Wie nun die Juden zum Brandhaus geführt wurden, hoben sie an zu tanzen und zu springen, als ob es zur Hochzeit ginge. Unter lauten Zurufen und Trostworten zueinander baten sie sich gegenseitig um Vergebung und erhofften sich ein glückliches Jenseits.[5]

In der Asche suchten christliche Studenten nach Gold und Silber. Für die Juden war Österreich fortan zum »Blutland« geworden und ist als solches in die Literatur eingegangen. Die Christen haben ihre Version nachdrücklich auf dem Haus »Zum großen Jordan« wiedergegeben. Dieses Gebäude am Judenplatz 2 gehörte vor 1421 einem Juden namens Hocz, später erhielt es Georg Jordan, der es 1497 erneuerte und mit einem Wappen versah, welches im Motiv an die Taufe Jesu am Jordan erinnert (Abb. 3). Auf ihr heißt es nach wie vor:

---

4 Vgl. jüngst auch Petr Elbel/Wolfram Ziegler, Am schwarczen suntag mardert man dieselben juden, all die zaigten vill guets an under der erden…. Die Wiener Gesera: eine Neubetrachtung, in: Helmut Teufel/Pavel Kocman/Milan Řepa, Tagungsband »Avigdor, Benesch, Gitl« – Juden in Böhmen, Mähren und Schlesien im Mittelalter. Samuel Steinherz zum Gedenken (1857 Güssing – 1942 Theresienstadt), 27.–29.11.2012, Brünn, Essen 2016, S. 201–268.

5 Samuel Krauss, Die Wiener Geserah vom Jahre 1421, Wien/Leipzig 1920, online abrufbar: https://ia902507.us.archive.org/31/items/diewienergeserahookrauuoft/diewienergeserahookrauuoft.pdf (2.7.2019), S. 111.

Abb. 3: Wappen und Inschrift am Haus »Zum großen Jordan«, Judenplatz 2, Wien.

Flumina Jordani terguntur labe malisque corpora cum cedit, quod latet omne nefas. Sic flamma assurgens totam furibunda per urbem 1421 Hebraeum purgat crimina saeva canum. Deucalioneis mundus purgatur ab undis sicque iterum poenas igne furiente luit.« – »Durch die Fluten des Jordan wurden die Leiber von Schmutz und Übel gereinigt. Alles weicht, was verborgen ist und sündhaft. So erhob sich (im Jahre) 1421 die Flamme des Hasses, wütete durch die ganze Stadt und sühnte die furchtbaren Verbrechen der Hebräerhunde. Wie damals die Welt durch die Deukalionischen Fluten (Sintflut) gereinigt wurde, so sind durch das Wüten des Feuers alle Strafen verbüßt. (Übersetzung https://de.wikipedia.org/wiki/Judenplatz)

Darin spiegeln sich jahrhundertealte Urteile über die Juden und theologische Haltungen wider. Das Wasser – vor allem der Taufe – symbolisiert und bewirkt die drastische Veränderung des Menschen, seine Reinigung und Abkehr von der alten, sündigen Existenz. Das Feuer wiederum steht als Konsequenz des Scheiterns im Raum, hat aber dabei ebenfalls eine reinigende Wirkung. Denn beim Aspekt des Gerichts mag man einerseits an Höllenstrafen denken, aber auch an das Fegefeuer als reinigend läuternde Kraft im Gerichts- und Jenseitsspektakel. Als Teil des Gerichts ist das Feuer allgegenwärtig in Predigt, theologischer

Lehraussage und im Bildprogramm. Thomas von Aquin etwa, der bedeutendste scholastische Gelehrte, lässt keinen Zweifel daran, dass »das Feuer, durch das die Körper der Verdammten nach der Auferstehung gepeinigt werden, [...] körperlich ist; denn auf den Körper kann nur die körperliche Strafe passend angewandt werden.«[6] Das Verbrennen als ein läuternder Akt der Sündenvergebung also. Dieses Verbrennen war keineswegs nur auf die Juden Wiens beschränkt. František Graus schreibt in seinem wichtigen Werk zum 14. Jh. »Pest – Geißler – Judenmorde«:

> Zuweilen geschah 1348–1350 der Judenmord weder durch ein Gerichtsverfahren noch durch eine »Volksaktion«: Der Landesherr befahl kurzerhand, die Juden in seinem Land zu verbrennen, oder man konnte durch massiven Druck (ev. mit Berufung auf den Landfrieden) Judenmorde erzwingen (wie im Elsaß).[7]

Nicht selten ist dieses Verbrennen verbunden mit Vorwürfen im Bereich des religiösen ›Fehlverhaltens‹, mit Hinweisen auf Hostienschändung oder Blutbeschuldigung. So auch bei den in Österreich bekannten Fällen. Hier noch ein Beispiel aus Salzburg:

> [...] am 6. Juli des gleichen Jahres [d. i. 1404) werden sämtliche in Salzburg und Hallein lebenden Juden durch Soldaten und Schergen des Erzbischofs gefangengenommen und unter der Beschuldigung, Hostien und Kirchengeräte geschändet zu haben, in stinkende Kerker geworfen. Nach kurzem Prozeß, bei dem ein christlicher Dieb von Kirchengut die Juden der ihnen zur Last gelegten Verbrechen beschuldigt und in dessen Verlauf sie schrecklichste Qualen und Torturen zu erleiden haben, wird die ganze Judenschaft Salzburgs und Halleins zum Scheiterhaufen geschleppt und – wie uns als Hauptquelle das Registrum Eberhardi fromm erzählt – »ad majorem gloriam Die« zu Staub und Asche verbrannt. Von der Verbrennung ausgenommen werden nur etwa 25 Kinder unter elf Jahren, ein paar schwangere Frauen und ein »Magnus judäus« (worunter nicht etwa ein angesehener, sondern offenbar ein sehr reicher Jude zu verstehen ist), der sich der besonderen Gunst des Erzbischofs erfreut haben dürfte.[8]

6 Adolf Hoffmann, Thomas von Aquin: Die letzten Dinge (Supplement 87-99) (Die deutsche Thomas-Ausgabe, vollständig Lateinisch-Deutsch 36), Heidelberg/Graz 1961, S. 298.

7 František Graus, Pest – Geißler – Judenmorde. Das 14. Jahrhundert als Krisenzeit, Göttingen 1987, S. 384.

8 Salzburgs wiederaufgebaute Synagoge, Festschrift zur Einweihung, Salzburg 1968, S. 82f.

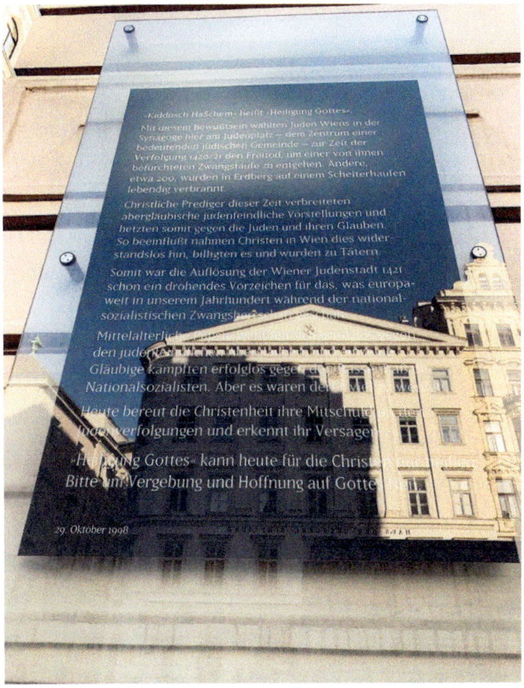


Abb. 4: Gedenktafel am Judenplatz, Wien.

Jahrhunderte später hat der Nationalsozialismus auf einer Basis aufbauen können, die lange vor dem nationalen und rassistischen Ideologisieren da war. Er konnte an ein christliches Vorbild anschließen, das über zwei Jahrtausende Juden als Gottesmörder betrachtete und – wenn man es für nötig erachtete – dem ›Feuer der Reinigung‹ übergab. Es sollte bis ins Jahr 1997 dauern, ehe die katholische Kirchenleitung Wiens eine Tafel in Auftrag gab, die unter Federführung von Univ.-Prof. Dr. Kurt Schubert ein neues Bild von den Vorgängen auf dem Judenplatz zeichnen sollte, ein Bild, das dokumentieren wollte, dass die Kirche endlich bereit war, das Judentum nicht als Masse von Gottesmördern zu sehen, als Feinde Christi und als von Gott verfluchte Kreaturen, deren Vernichtung – wenn schon nicht unterstützt – so doch auch nicht vehement bekämpft wurde. Erst 30 Jahre nach dem 2. Vatikanischen Konzil, bei dem man endlich von der Lehre des Gottesmordes Abstand nahm, sollte eine Tafel an das Leid der Juden hier erinnern.

Am 29. Oktober 1998 wurde am Judenplatz von Kardinal Schönborn eine Tafel (Abb. 4) mit folgendem Text feierlich enthüllt:

›Kiddusch HaSchem‹ heißt ›Heiligung Gottes‹. Mit diesem Bewusstsein wählten Juden Wiens in der Synagoge hier am Judenplatz – dem Zentrum einer bedeutenden

> jüdischen Gemeinde – zur Zeit der Verfolgung 1420/21 den Freitod, um einer von ihnen befürchteten Zwangstaufe zu entgehen. Andere, etwa 200, wurden in Erdberg auf einem Scheiterhaufen lebendig verbrannt. Christliche Prediger dieser Zeit verbreiteten abergläubische judenfeindliche Vorstellungen und hetzten somit gegen die Juden und ihren Glauben. So beeinflusst nahmen die Christen in Wien dies widerstandslos hin, billigten es und wurden zu Tätern. Somit war die Auflösung der Wiener Judenstadt 1421 schon ein drohendes Vorzeichen für das, was europaweit in unserem Jahrhundert während der nationalsozialistischen Zwangsherrschaft geschah. Mittelalterliche Päpste wandten sich erfolglos gegen den judenfeindlichen Aberglauben, und einzelne Gläubige kämpften erfolglos gegen den Rassenhass der Nationalsozialisten. Aber es waren derer viel zu wenige. Heute bereut die Christenheit ihre Mitschuld an den Judenverfolgungen und erkennt ihr Versagen. ›Heiligung Gottes‹ kann heute für die Christen nur heißen: ›Bitte um Vergebung und Hoffnung auf Gottes Heil.‹

Der Text dieser Tafel geht, wie schon erwähnt, auf den Gründer des Instituts für Judaistik, Univ.-Prof. Dr. Kurt Schubert, zurück. Ihm war der jüdisch-christliche Dialog, der Kampf gegen den Antijudaismus und Antisemitismus und die Beschäftigung mit dem österreichischen Judentum ein besonderes Anliegen.

Die Tafel reflektiert eine längere Diskussion, bei der ich als damaliger Präsident des Koordinierungsausschusses für christlich-jüdische Zusammenarbeit und als für Judaistik zuständiger Professor in Salzburg beteiligt war. Der Zusammenhang ist leider bis heute keineswegs allen Menschen geläufig, die über den eindrucksvollen Wiener Judenplatz schlendern.

Ich erinnere mich an eine Reihe von Gesprächen mit Kurt Schubert und ebenso an eine Reihe von Diskussionen um den Wortlaut. Dabei war Kurt Schubert wesentlich vorsichtiger als ich, der ich damals, Mitte 30, unter anderem auch in einer Fernsehsendung ziemlich deutlich die Rolle der katholischen Kirche mit ihrem Beitrag zum Antijudaismus negativ darstellte. Kurt Schubert war bemüht, die Unterscheidung zwischen rassischem Antisemitismus und christlichem Antijudaismus zu treffen, wobei er gelegentlich sogar den österreichischen Ständestaat verteidigte. Schubert genoss stets meine Hochachtung, hier jedoch schieden sich unsere Geister. Heute würde ich von mir behaupten, dass ich durchaus übers Ziel hinausschoss, als ich in einer Pressekonferenz erklärte: »Katholizismus und Antisemitismus waren austauschbar«.[9] Anlass dieser Aussage war jedoch eigentlich gar nicht die Tafel am Judenplatz, sondern ein Positionspapier des Koordinierungsausschusses für christlich-jüdische Zusam-

9 Dazu erschien ein Artikel in der Tageszeitung »Der Standard« vom 22. Oktober 1997, S. 8.

menarbeit, das u.a. auch von Erika Weinzierl, Johannes Dantine, Alfred Raddatz und Kurt Lüthi mitgetragen wurde, und in dem es um Handreichungen für den Vatikan ging, um die eigene Rolle an der Judenverfolgung zu reflektieren und sich dafür mitverantwortlich zu erklären. »Die katholische Kirche bekennt, aufgrund theologisch begründeter Judenfeindschaft schuldig geworden zu sein«, hieß es in dem Positionspapier. Und: »Die Kirche muß ihre Mitschuld einbekennen. Die schweigende Hinnahme antijüdischer Ausschreitungen durch das kirchliche Lehramt bewog die Mehrheit der Christinnen und Christen, selbst in pogromartigen Exzessen nichts zu sehen, wogegen sie von ihrem Glauben her zu Protest und Widerstand aufgerufen würden«. Ich hatte damals gesagt: »Hitler hätte keine Chance gehabt, wenn sich die Christen mit derselben Vehemenz für die Juden eingesetzt hätten, wie sie es für den Verbleib der Kreuze in den Schulen gemacht haben.« In der Zeitung *Die Presse* war schließlich am selben Tag[10] meine Aussage zu lesen: »Die Kirche ist nicht direkt schuld am Genozid. Aber sie ist hauptverantwortlich für eine antisemitische Tradition, die tief in den Menschen verwurzelt war.« Und Schubert schloss: »Ich denke, daß es weniger um die Shoah als um das Problem christliche Kirche und Antisemitismus insgesamt gehen wird – eine viel schmerzvollere Thematik.«

Der Text und das damit verbundene Anliegen waren zwar ursprünglich nicht direkt auf eine Tafel am Judenplatz hin gerichtet, doch war genau sie das logische Ergebnis der Auseinandersetzung mit der Frage nach der (Mit-)Schuld der Kirche(n) an der Schoah.[11] Er ist meines Erachtens nicht scharf genug, aber er war für die Zeit durchaus mutig und das Bestmögliche. Meine scharfen Bemerkungen zum Zusammenspiel von Kirche und Nationalsozialismus hatten damals auch eine Nachfrage des stets ungemein aktiven und in so vielerlei Hinsicht herausragend innovativen Weihbischofs Helmut Krätzl zur Folge. Der heute 90-jährige hatte mich brieflich ersucht, meine Haltung an Beispielen zu erhär-

10 22. Oktober 1997, S. 6.

11 Das Dokument des Vatikan fiel danach relativ ernüchternd aus. Siehe dazu meinen Beitrag: »Ent-Schuldigung« statt Schuldbekenntnis. Eine Stellungnahme zum vatikanischen Dokument »Wir gedenken: eine Reflexion über die Shoa«, Bibel und Liturgie 71 (1998) S. 146–151. An anderer Stelle schrieb ich: »1998 schließlich machte die umstrittene Vatikanerklärung »Wir gedenken: Reflexionen über die Shoa« das Thema Schuld der Christen gegenüber dem Judentum aufs Neue besonders bewußt. Doch blieb hier die Trennung zwischen neuheidnischem Antisemitismus und christlicher Judenfeindschaft viel zu scharf gezogen. Auch das Versagen der Gesamtkirche wurde zu wenig aufgenommen. Die französischen und slowakischen Bischöfe wagten sich in ihren Texten viel weiter vor. Vollends überzeugt kann man von einer Erklärung der Generalsynode der evangelischen Kirchen in Österreich vom 4. November 1998 sein.« – http://www.christenundjuden.org/index_files/79e074b15ebodc6d487c4d8966e58116-128.html (abgerufen am 2.7.2019).

ten, was ich versuchte, indem ich mehrere Beispiele von Aussagen zitierte, die von wichtigen Kirchenleuten gefallen waren, wobei ich mich u.a. auf Czermaks wichtiges Buch stützte.[12] Wie schon erwähnt, würde ich heute manche Aussagen und Haltungen differenzierter treffen. Im Kern glaube ich nach wie vor, dass der Antijudaismus in den Kirchen ein riesiges Problem darstellte, das erst mühsam nach der Shoah aufgearbeitet werden konnte. Die Tafel am Judenplatz ist ein kleiner Meilenstein in die richtige Richtung. Das Institut für Judaistik bleibt weiterhin fest entschlossen, seiner gesellschaftlichen Aufgabe auch im Kampf gegen jegliche Art von Antisemitismus gerecht zu werden.[13] Aus meiner Sicht sollte dabei heute ein waches Auge auf den wachsenden Israelhass gelegt und der Antisemitismus von links nicht marginalisiert werden.

12 Gerhard Czermak, Christen gegen Juden. Geschichte einer Verfolgung, Nördlingen 1989.

13 Vgl. dazu etwa die maßgebliche Organisation der großen Tagung im Februar 2018 in Wien mit dem Titel »An End to Antisemitism« durch Armin Lange in Zusammenarbeit mit Klaus Davidowicz und die daraus folgenden Handreichungen »An End to Antisemitism! A Catalogue of Policies to combat Antisemitism«.

Fritz Blakolmer

# Die Pflanze der Frau Ordinaria und der Baum des Herrn Professor

## Blütezeiten des Instituts für Klassische Archäologie

Kulturwissenschaftliche Fächer wie die Klassische Archäologie besitzen vielfältige Bezüge zur Natur – seien es naturräumliche Faktoren, die kulturelles Handeln und Geschichte, insbesondere in einer vor-globalisierten Welt, in hohem Maße prägten, sei es die Omnipräsenz von oft nur beiläufig dargestellten Pflanzen und ornamenthaften Efeuranken, etwa in der griechischen Vasenmalerei oder auf römischen Steinrelieffriesen. Unauffällig und versteckt präsentieren sich die Spuren der Erinnerungskultur im öffentlichen Raum, zwei konkrete Gewächse, die in diesem Beitrag den Ausgangspunkt für die Annäherung an zwei Forscherpersönlichkeiten, die für die Geschichte des Instituts für Klassische Archäologie der Universität Wien im 20. Jahrhundert maßgeblich prägend waren.[1]

Als der Verfasser dieser Zeilen im Jahr 2000 vom Kernbereich des Instituts für Klassische Archäologie im ersten Stock des ›Archäologiezentrums‹, des 1915/16 errichteten Gebäudes der ehemaligen Hochschule für Welthandel, in ein geräumigeres Büro in der Gipsabguss-Sammlung im Zubau wechselte, durfte bei der Übersiedlung eine bestimmte Pflanze auf keinen Fall fehlen: »die Pflanze der Frau Prof. Kenner« (Abb. 1), die nach dem Ableben der ehemaligen Ordinaria im Jahr 1993 über selbst für einen Archäologen nicht mehr zu rekonstruierende Umwege aus dem Nebenzimmer in den bescheidenen Bestand an Begrünung des alten Büros übergegangen war. Diese unscheinbare Wachsblume (Hoja[2]) machte, zumindest in früheren Jahren, bloß dadurch auf sich aufmerksam, dass bisweilen kleine, rosa Blüten sprossen, die nach kurzer Zeit wieder abfielen. Was die Erstbesitzerin Hedwig Kenner mit dieser auch Porzellanblume genannten Pflanze verband und ob sie überhaupt eine besondere Beziehung zu diesem ran-

---

1 Für die Durchsicht des Manuskriptes und anregende Hinweise danke ich Jürgen Borchhardt, Marianne Klemun, Karl R. Krierer und Hubert D. Szemethy.

2 Wikipedia, s.v. Wachsblume: https://de.wikipedia.org/wiki/Wachsblumen_(Hoya) (abgerufen am 16.4.2019).

Abb. 1: Wachsblume, ursprünglich im Besitz von Hedwig Kenner.

kenartigen Seidenpflanzengewächs mit seinen festen, matt glänzenden, dunkelgrünen Blättern besaß, muss unbekannt bleiben, doch ist sie als »die Pflanze der Frau Professor« nicht nur für den Verfasser als Erinnerungsobjekt von Bedeutung, sondern seit nunmehr über 20 Jahren auch von allen KollegInnen und StudentInnen am Fensterbrett des Büros des Verfassers bei Besprechungen oder mündlichen Prüfungen zu bewundern.

Seinem ›Besitzer‹ entsprechend massiverer Natur ist ein Baum im Nordwestbereich des ausgedehnten Währinger Parks (Abb. 2), unmittelbar neben dem ›Archäologiezentrum‹ in der Franz-Klein-Gasse 1 gelegen, dessen Pflanzung einen ganz konkreten Grund besaß: Anlässlich der Pensionierung von Jürgen Borchhardt, dem Nachfolger von Hedwig Kenner auf dem Lehrstuhl für Klassische Archäologie, wurde ihm am 21. Juni 2001 von der Stadt Wien »in Anerkennung seiner universitären Verdienste« diese ahornblättrige Platane (*platanus x acerifolia*[3]) gepflanzt und gewidmet.[4] Initiative und hartnäckige Realisierung

3 Wikipedia, s.v. Ahornblättrige Platane: https://de.wikipedia.org/wiki/Ahornblättrige_Platane (abgerufen am 16.4.2019).

4 Siehe den Baumkataster der Stadt Wien: https://www.wien.gv.at/umweltgut/public/grafik.aspx?ThemePage=11 (abgerufen am 16.4.2019).

Abb. 2: Die Jürgen Borchhardt gewidmete Platane (Bildmitte) im Währinger Park, Wien, April 2019.

Abb. 3: Jürgen Borchhardt bei der Platane im Währinger Park im Juli 2013. Am Baumstamm vorübergehend befestigt wurde die Urkunde der Widmung durch die Stadt Wien.

dieser Widmung eines neu zu pflanzenden Baumes in der öffentlichen Parkanlage neben dem Institut gehen auf Johann (»Hans«) Moser zurück, einen Bibliothekar der damaligen Fachbibliothek für Klassische Archäologie. Dieser Baum ist sichtbares Zeichen des zweiten Bestandteils dieses Abschiedsgeschenkes, das ebenfalls in der Urkunde der Stadt Wien (Abb. 3) festgehalten ist: »ein symbolisches Speaker's Corner«, das – in Anlehnung an seinen ›großen Bruder‹ am Nordostrand des Hyde Park in London[5] – dem Jubilar Jürgen Borchhardt auch nach seiner Pensionierung die Möglichkeit der öffentlichen Rede bieten sollte. Die Geschichte von »Borchhardts Baum«, wie das in Pflanzenform materialisierte Geschenk bald genannt wurde, ist ereignisreicher, als hier geschildert werden kann, und durch Umpflanzung sowie starkes Wachstum geprägt, doch blieb der mit dieser Platane verbundene Grundgedanke der Ehrung eines Wissenschafters und Menschen, dessen Reden man gerne lauscht und der auch etwas zu sagen hat, bis heute in der Erinnerung der Institutsangehörigen präsent, obgleich nicht durch eine Beschilderung öffentlich ausgewiesen.

Wer sind diese beiden erinnerungswürdigen und in Pflanzenform memorierten Persönlichkeiten? Und was machte sie für das Institut und das Fach der Klassischen Archäologie an der Universität Wien so bemerkenswert?

## Hedwig Kenner (1910–1993)

1910 in eine kunstsinnige Wiener Familie hineingeboren – beide Eltern waren Künstler, der Vater Anton von Kenner an der Hochschule für angewandte Kunst tätig und ein Onkel, Friedrich von Kenner, Leiter des k.k. Münz- und Antikenkabinetts –, wuchs Hedwig Kenner (Abb. 4) mit dem griechisch-römischen Altertum auf und wurde bereits früh humanistisch geprägt.[6] 1929

5 Wikipedia, s.v. Speaker's Corner: https://de.wikipedia.org/wiki/Speakers%E2%80%99_Corner (abgerufen am 16.1.2019).

6 Zu Hedwig Kenner siehe Hermann Vetters, Hedwig Kenner, in: Wilhelm Alzinger/Christine Schwanzar/Gudrun Ch. Neeb (Hg.), Pro arte antiqua. Festschrift für Hedwig Kenner, Sonderschriften des ÖAI 18, Bd. I, Wien 1982, S. 3–5. – Hermann Vetters, Hedwig Kenner, in: Almanach Österreichische Akademie der Wissenschaften 143, 1992/1993, S. 481–487. – Jürgen Borchhardt, Hedwig Kenner †, in: Gnomon 66, 1994, S. 284–286. – Clara Kenner, Kenner, Hedwig, in: Brigitta Keintzel/Ilse Korotin (Hg.), Wissenschafterinnen in und aus Österreich: Leben – Werk – Wirken, Wien/Köln/Weimar 2002, S. 363f. – Doris Gutsmiedl-Schümann, Hedwig Kenner (1910–1993). Forscherin von menschlicher Güte und humanistischem Geist, in: Jana Esther Fries/Doris Gutsmiedl-Schümann (Hg.), Ausgräberinnen, Forscherinnen, Pionierinnen. Ausgewählte Porträts früher Archäologinnen im Kontext ihrer Zeit, Frauen – Forschung – Archäologie,

inskribierte sie an der Universität Wien Klassische Archäologie sowie Klassische Philologie und kam an das Institut, damals noch Archäologisch-Epigraphisches Seminar genannt, das mit ihren Lehrern Emil Reisch, Rudolf Egger, Adolf Wilhelm und Camillo Praschniker sie prägte und das sie selbst ihr ganzes Leben in unterschiedlichen Funktionen aktiv prägen sollte. Nach ihrer Promotion wurde Hedwig Kenner 1936 Assistentin der Archäologischen Sammlung und habilitierte sich 1942. Wie manch andere Institutsangehörige war sie seit 1938 Mitglied der NSDAP.[7] Nach dem Krieg und nach Praschnikers Tod 1949 übernahm Kenner bis zur Berufung Otto Walters 1951 den Lehrbetrieb und stellte somit eine wichtige ›personelle Konstante‹ im Wiederaufbau des Instituts dar. Im Jahr 1961 wurde Hedwig Kenner schließlich als Nachfolgerin von Fritz Eichler auf den Lehrstuhl für Klassische Archäologie berufen, eine Funktion, die sie 19 Jahre lang bis zu ihrer Emeritierung 1980 innehatte. Dies war vorerst noch der einzige Lehrstuhl, bis 1969 das zweite Ordinariat für »Klassische Archäologie mit besonderer Berücksichtigung der Feldarchäologie und Altertumskunde« eingerichtet und mit Hermann Vetters besetzt wurde, der gleichzeitig die Funktion des Direktors des Österreichischen Archäologischen Instituts bekleidete.[8] Letztgenannter Umstand hatte zur Folge, dass die Last der Verantwortung für die Archäologie am Universitätsinstitut vor allem in Kenners Händen lag.

Als Frau in einer leitenden Position an einem Universitätsinstitut für Klassische Archäologie in Österreich stellt Hedwig Kenner eine Pionierin dar, obgleich bereits zuvor Erna Diez seit 1945 (und ab 1970 als Ordinaria) das Institut für Klassische Archäologie der Universität Graz leitete.[9] Doch Kenner zählte

---

Bd. 10, Münster 2013, S. 245–252. – Wikipedia, s.v. Hedwig Kenner: https://de.wikipedia.org/wiki/Hedwig_Kenner (abgerufen am 16.4.2019).

7 Gudrun Wlach, Klassische Archäologie in politischen Umbruchszeiten. Wien 1938–1945, in: Mitchell G. Ash/Wolfram Nieß/Ramon Pils (Hg.), Geisteswissenschaften im Nationalsozialismus. Das Beispiel der Universität Wien, Göttingen 2010, S. 343-370, bes. S. 349.

8 Zu Hermann Vetters siehe Manfred Bietak, Hermann Vetters, in: Almanach Österreichische Akademie der Wissenschaften 143, 1992/1993, S. 393–408. – Heinrich Zabehlicky, Hermann Vetters, 1915–1993, in: Jahreshefte des Österreichischen Archäologischen Institutes 62, 1993, S. 1–3. – Gudrun Wlach, Die Direktoren und wissenschaftlichen Bediensteten des Österreichischen Archäologischen Instituts, in: 100 Jahre Österreichisches Archäologisches Institut 1898–1998, Sonderschriften des ÖAI, Bd. 31, Wien 1998, S. 99–132, bes. S. 117–119.

9 Zu Erna Diez siehe Doris Gutsmiedl-Schümann, Erna Dietz (1913–2001). Biographische Skizzen zu einem beschwerlichen Weg in Forschung und Lehre, in: Fries/Gutsmiedl-Schümann 2013, S. 253–258. – Gabriele Koiner/Gerda Schwarz (Hg.), Classica et Provincialia. Akten des Symposions anlässlich des 100. Geburtstages von Erna Diez am 8. und 9. April 2013 am Institut für Ar-

zweifellos zu jenen frühen Wissenschafterinnen, die mit einer fortschrittlichen Gleichberechtigung der Geschlechter nur wenig anfangen konnten; das Angebot zur Leitung des Österreichischen Archäologischen Instituts lehnte sie 1969 ab, da sie sich als Frau in dieser Funktion nicht vorstellen konnte.[10]

Hedwig Kenner ging ganz in ihren Forschungen auf, die ein breites chronologisches und thematisches Spektrum umspannen, mit Schwerpunkten in Kunst und Religion des klassischen Griechenland wie auch des provinzialrömischen Österreich sowie der Erforschung des griechischen Theaters.[11] Auf dem Gebiet der antiken Vasenmalerei ist nicht nur Kenners Habilitationsschrift, der Band des Corpus Vasorum Antiquorum (CVA) zu Vasen im Kunsthistorischen Museum[12], hervorzuheben, sondern sie war von 1975 bis 1991 auch Obfrau der Kommission für das Corpus Vasorum Antiquorum sowie jene des Corpus Signorum Imperii Romani (CSIR) an der Österreichischen Akademie der Wissenschaften. In ihren Studien zur antiken Götterwelt und zu mythologischen Darstellungen erkennt man ein besonderes Interesse für den ›Volksglauben‹.[13] Da in Österreich »als Staat und Reich auf antikem Boden«, so Ernst Kirsten in der Retrospektive[14], die Auseinandersetzung mit den provinzialrömischen Denkmälern seit jeher einen Bestandteil der Klassischen Archäologie darstellt, trat nach der NS-Zeit wieder die Beschäftigung mit den römischen und keltischen Denkmälern in den Vordergrund, und zwar im damaligen Verständnis einer ›Austria Romana‹. Hedwig Kenner war seit Beginn der 1948 von Rudolf Egger initiierten Grabungen auf dem Kärntner Magdalensberg Mitarbeiterin, zunächst als Bearbeiterin der Kleinfunde, später mit der Publikation der römischen Wandmalereien des ›Iphigenie-

chäologie der Universität Graz, Forschungen zur geschichtlichen Landeskunde der Steiermark, Bd. 67, Graz 2015. – biografiA. biografische datenbank und lexikon österreichischer frauen, s.v. Erna Diez: https://www.univie.ac.at/biografiA/daten/text/bio/diez.htm (abgerufen am 16.4.2019).

10 Verena Gassner, Zur Geschichte des Instituts für Klassische Archäologie der Universität Wien, Forum Archaeologiae – Zeitschrift für klassische Archäologie 17 / XII / 2000, https://homepage.univie.ac.at/elisabeth.trinkl/forum/ (abgerufen am 16.4.2019).

11 Zum Schriftenverzeichnis von Hedwig Kenner siehe Wilhelm Alzinger/Christine Schwanzar/Gudrun Ch. Neeb (Hg.), Pro arte antiqua. Festschrift für Hedwig Kenner, Sonderschriften des ÖAI 18, Bd. II, Wien 1985, S. 371–373. – Vetters 1992/1993, S. 487.

12 Hedwig Kenner, Corpus Vasorum Antiquorum, Deutschland 5, Wien, Bd. 1. Vasen der Archäologischen Sammlung der Universität und der Sammlung Matsch, München 1942.

13 Dazu auch Borchhardt 1994, S. 285.

14 Ernst Kirsten, Schlußworte, in: Institut für Alte Geschichte, Archäologie und Epigraphik (Hg.), Hundert Jahre Institut für Alte Geschichte, Archäologie und Epigraphik der Universität Wien 1876 – 1976, unpubl. Typoskript, Wien 1977, S. 24–32, hier: S. 28.

Abb. 4: Hedwig Kenner bei einer Exkursion im Museo Civico in Padua am 28. Juli 1978.

komplexes‹ betraut.[15] Der Magdalensberg und Kärnten wurden ihr zur zweiten Heimat, besonders auch in ihren letzten Lebensjahren.

Kenner stand ganz in der Tradition der sog. ›Wiener Schule der Archäologie‹ mit einer methodisch ganzheitlichen altertumskundlichen Ausrichtung und einem stark integrativen Ansatz im Sinne von Alexander Conze[16], d.h. unter Miteinbeziehung der philologischen Quellen, der provinzialrömischen Denkmäler und auch von der klassischen Antike zeitlich sowie räumlich benachbarten Forschungsfeldern.[17] Dieser offene Geist führte Hedwig Kenner zu in den

15 Hedwig Kenner, Die römischen Wandmalereien des Magdalensberges, Klagenfurt 1985.

16 Alexander Conze, Ueber die Bedeutung der classischen Archaeologie (1869) (mit einem Kommentar von Karl R. Krierer), in: Thomas Assinger/Elisabeth Grabenweger/Annegret Pelz (Hg.), Die Antrittsvorlesung. Wiener Universitätsreden der Philosophischen Fakultät, Göttingen 2019, S. 17–36. Siehe allg. Karl R. Krierer/Ina Friedmann, Alexander Conze in Wien (1869–1877), in: Gerald Grabherr/Barbara Kainrath (Hg.), Akten des 15. Österreichischen Archäologentages in Innsbruck, 27. Februar – 1. März 2014, IKARUS 9, Innsbruck 2016, S. 141–152.

17 Siehe die grundsätzlichen Darlegungen in Hedwig Kenner, Klassische Archäologie an der Universität Wien, Verpflichtung und Vorsatz, in: Österreichische Hochschulzeitung 9, 1. Mai 1965, S. 274–278.

1950er und 1960er Jahren innovativen Themen, mit denen sie in Fragestellung und Sichtweise wissenschaftliches Neuland betrat: Ihre Studien *Das Theater und der Realismus in der griechischen Kunst* (1955), *Weinen und Lachen in der griechischen Kunst* (1960) und *Das Phänomen der verkehrten Welt in der griechisch-römischen Antike* (1970) können als wegweisend gelten. Es ist vielsagend, wenn die Religionsforscherin Kenner am Beginn ihres Buches über die Emotionen in der Antike bemängelt, dass in der Forschung ihrer Zeit zu Unrecht »das Außermenschliche faszinierender als die Betrachtung des Menschlichen« sei.[18] All diese thematischen Schwerpunkte spiegeln sich auch in den ca. 70 von Kenner betreuten Dissertationen wider.

Wenn Hedwig Kenner mit dem Attribut der »Grande Dame der österreichischen Archäologie« gewürdigt wurde[19], so meint dies genau das Gegenteil von exaltierter Selbstpräsentation, nämlich das ruhige, ausgleichende Wesen und ihre Besonnenheit. Wissenschaft brauche, so Kenner im Jahr 1965, »Einkehr [...], Stille, Selbstaufgabe« (Abb. 4).[20] Hedwig Kenner zeichnete sich durch hohe Diszipliniertheit aus, ihre Schriften zeugen von einer demutsvollen Einstellung gegenüber dem Forschungsgegenstand, doch besaß sie auch einen subtilen, intellektuellen, feinsinnigen Humor.

## Jürgen Borchhardt (*1936)

Geboren 1936 im niederschlesischen Sprottau in einer adeligen Familie und geprägt vom Schicksal als Kriegsflüchtling in Kinderjahren, studierte Jürgen Borchhardt Klassische Archäologie, Alte Geschichte sowie Ur- und Frühgeschichte in Heidelberg und Berlin und promovierte 1963 an der Universität Heidelberg mit einer Arbeit über *Homerische Helme*.[21] Die Initialzündung für seine wissenschaftliche Lebensaufgabe war, dass im Jahr 1966 »der Assistent am Deutschen Archäologischen Institut [Borchhardt in Istanbul] an einem regnerischen Tag mit einem türkischen Studenten auf diesen Berg, der ihn seither nicht mehr los-

18 Hedwig Kenner, Weinen und Lachen in der griechischen Kunst, Wien 1960, S. 4.

19 Gernot Piccotini, Frau em. o. Univ. Prof. Dr. Hedwig Kenner zum Gedenken, in: Carinthia 183, 1993, S. 849-851, hier: S. 851.

20 Kenner 1965, S. 274.

21 Zu Jürgen Borchhardt siehe https://klass-archaeologie.univie.ac.at/ueber-uns/mitarbeiterinnen/-ehemalige-mitarbeiterinnen/emeriti-professoren-i-r/juergen-borchhardt/ (abgerufen am 16.4.2019). Teils autobiographischen Charakter besitzen auch mehrere Passagen in Jürgen Borchhardt, Der Zorn Poseidons und die Irrfahrten des Odysseus, Wien 2015.

gelassen hat«, stieg.[22] Die Entdeckung des Heroons des lykischen Königs *perikle* auf dem Burgberg von Limyra im Südwesten der Türkei bildete den Auslöser für Borchhardts Grabungen an diesem Ort, die er begründete, 33 Jahre lang leitete und die später als Grabung des Instituts in Wien in Forschung, Lehre und einer langen Reihe studentischer Arbeiten eine zentrale Rolle einnahm. Nach seiner Habilitation und Jahren in Frankfurt wurde Jürgen Borchhardt 1982 als Nachfolger von Hedwig Kenner auf den Lehrstuhl für Klassische Archäologie am Institut für Alte Geschichte, Archäologie und Epigraphik in Wien berufen, den er 19 Jahre bis zu seiner Pensionierung 2001 innehatte.

Da das oben angesprochene »Wiener Unicum«[23] der beiden Fächer Alte Geschichte (und Epigraphik) und Klassische Archäologie in einem Institutsverband, das traditionsreiche ›altertumskundliche Konzert‹, unvermeidlich auch zu Dissonanzen führte, betrieb Borchhardt die Neuformierung der Klassischen Archäologie als eigenständiges Institut innerhalb der Geisteswissenschaftlichen Fakultät, als sich die Gelegenheit dazu bot. Legendär die studentische Aktion während eines der letzten gemeinsamen Institutsfeste, als in der Aufschrift »Institut für Alte Geschichte und Klassische Archäologie« über dem Eingangsportal das Wort UND von einem Blatt Papier mit dem Wort OHNE überklebt wurde – als Ausdruck des Bedauerns über die Institutstrennung. Die von Borchhardt initiierte Gründung des ›Institutes für Klassische Archäologie‹ im Jahr 1984 und die 1989 erfolgte Übersiedlung vom Hauptgebäude in das neu geschaffene ›Archäologiezentrum‹ beim Währinger Park – inklusive der Neuaufstellung der Gipsabguss-Sammlung in großzügigen Räumlichkeiten in zwei Etagen – gelten als Meilensteine der Institutsgeschichte. Der Verfasser erinnert sich noch gut an seine Studienjahre um 1990, an die Atmosphäre des Neuen, an die Aufbruchsstimmung einer ›Gründerzeit‹ – eine Zeit realisierter Visionen, in die 1991 auch die Ausrichtung des II. Internationalen Lykien-Symposions in Wien und die Ausstellung *Götter, Heroen, Herrscher in Lykien* auf der Schallaburg fielen.

In der Retrospektive lässt sich festhalten, dass die damalige Institutsteilung die Klassische Archäologie keineswegs von den Intentionen der ›Wiener Schule‹ wegführte; vielmehr wurden dadurch eine fachliche Emanzipation und Erweiterung der methodischen Sichtweisen eingeleitet, die ohnedies der allgemeinen Entwicklung des Faches entsprachen. Aus der zeitlichen Distanz betrachtet, er-

22 Borchhardt 2015, S. 14.

23 Hedwig Kenner, Klassische Archäologie an der Universität Wien seit 1876, in: Institut für Alte Geschichte, Archäologie und Epigraphik 1977, S. 3–13, bes. S. 5 sowie S. 12: »nicht ein seltsames Kuriosum, eine Rarität, sondern eine Einrichtung von tieferer Bedeutung«.

scheint es auch verblüffend, in wie vielen Aspekten Jürgen Borchhardt gleichsam als Fortsetzung eines Puzzles in die Tradition der Wiener Archäologie passte. Dazu zählen etwa die in den 1980er Jahren noch keineswegs selbstverständliche Interdisziplinarität, Ganzheitlichkeit und Verbindung mit näheren und ferneren Fächern wie der Altorientalistik und der Kunstgeschichte der Moderne. Mit Borchhardts Berufung auf den Lehrstuhl kehrte die Lykien-Forschung nach exakt einem Jahrhundert an jenes Institut zurück, wo bereits in den frühen 1880er Jahren Otto Benndorf die Erforschung dieser antiken Region Kleinasiens begründete.[24] Und die vielzitierte und von Jürgen Borchhardt stets propagierte ›Einheit der Altertumswissenschaften‹ spiegelt sich deutlich in Projekten wie dem 1999 von ihm initiierten ›Archäologisch-sprachwissenschaftlichen Corpus der Denkmäler mit lykischer Schrift‹ wider.

Jürgen Borchhardt kann als später Vertreter jener Reihe von ArchäologInnen gelten, die eine Fundstätte entdeckten, wissenschaftlich von Grund auf erschlossen und zu ihrer Lebensaufgabe machten – und somit als eine Art Pionier die primäre Aufbauarbeit eines Grabungsplatzes leisteten. Auf die oben angesprochene Entdeckung des Heroons folgten Freilegung und Interpretation weiterer historischer ›Ausnahme-Monumente‹ in Limyra wie das Kenotaph des Gaius Caesar und das Ptolemaion sowie die vielseitige Erforschung von Stadt und Nekropolen durch alle Epochen. Im Jahr 2019 beging die Ausgrabung Limyra ihr 50-jähriges Jubiläum.[25]

Neben Limyra in all seinen Facetten umfasst das thematische Spektrum der Forschungen Borchhardts – mit wenigen Schlagworten skizziert – das Denken der Aristokratie im klassischen Lykien und das Gefolgschaftswesen, Porträtforschung und Herrscherkult, Bestattungsbräuche und die Mythenforschung, den Parthenon und die ›Anakyklosis‹, d.h. einen Vergleich der ikonographischen Widerspiegelung politischer Systeme[26] – mit anderen Worten: antike Kulturgeschichte von der ägäischen Frühzeit bis zur modernen Kunstgeschichte; in letztgenanntem Bereich

---

24 Siehe bes. Hubert D. Szemethy, Die Erwerbungsgeschichte des Heroons von Trysa. Ein Kapitel österreichisch-türkischer Kulturpolitik, Wien 2005.

25 Zur Geschichte der Erforschung Limyras siehe Jürgen Borchhardt, Die Steine von Zemuri. Archäologische Forschungen an den verborgenen Wassern von Limyra, Wien 1993, S. 25–30.

26 Siehe das Schriftenverzeichnis von Jürgen Borchhardt in Fritz Blakolmer/Karl R. Krierer/Friedrich Krinzinger/Alice Landskron-Dinstl/Hubert D. Szemethy/Karoline Zhuber-Okrog (Hg.), Fremde Zeiten. Festschrift für Jürgen Borchhardt zum 60. Geburtstag am 25. Februar 1996, Wien 1996, Bd. I, S. 13–17. – Fritz Blakolmer/Martin Seyer/Hubert D. Szemethy (Hg.), Angekommen auf Ithaka. Festgabe für Jürgen Borchhardt zum 80. Geburtstag, Wien 2016, S. 11–15.

Abb. 5: Jürgen Borchhardt bei der ›Jungfernrede‹ in seinem ›Speaker's Corner‹ im Währinger Park, Wien, im Oktober 2001.

ist oft die Stimulierung durch seine kongeniale Ehefrau, die Kunsthistorikerin, Künstlerin und Journalistin Brigitte Borchhardt-Birbaumer, spürbar.

Mit der Initiative und Leitung des Projektes eines ›Archivs der antiken Fremdvölkerdarstellungen‹ wurde von Jürgen Borchhardt 1986 ein in den Altertumswissenschaften lange vernachlässigter Themenbereich aufgegriffen, der damals nicht mehr und noch nicht wieder im Fokus der Forschung stand: antike Sichtweisen und Wertungen, Stereotypen und Phänomene von Fremden und Ethnizität aus griechisch-römischer Perspektive in Bild und Wort.[27] Es ist wohl dieses Projekt, in dem Borchhardts Forschungsfragen jenen von Hedwig Kenner am nächsten kommen.

Für Jürgen Borchhardt bildet Klassische Archäologie, wie er in Gesprächen oft betonte, »die Wissenschaft vom Menschen, die Wissenschaft vom Leben, dreidimensionale Alte Geschichte«[28], auch wenn letztgenannte Definition nicht

27 Zum ›Fremdvölkerarchiv‹ siehe allg. Karl R. Krierer, Fremdvölkerforschungen in der Klassischen Archäologie. Eine wissenschaftsgeschichtliche Standortbestimmung, in: Akten des XIII. Internationalen Kongresses für Klassische Archäologie, Berlin 1988, Mainz 1990, S. 569f.

28 Dazu auch Karl R. Krierer, »Fremde Zeiten« – »Anachronismus und Aporie«, in: Blakolmer/Krierer/Krinzinger/Landskron-Dinstl/Szemethy/Zhuber-Okrog 1996, Bd. II, S. 421–457, hier: S. 452.

ungeteilte Zustimmung finden dürfte.[29] Borchhardts Vortragsstil (Abb. 5) war und ist nie belehrend, sondern stets erklärend und zeugt von einer Begeisterungsfähigkeit, die man sogar unter WissenschafterInnen nur selten in diesem Ausmaß antrifft – sei es im Hörsaal, am ›Grabungstisch‹ in Limyra oder im kollegialen Gespräch. Seinen KollegInnen und zahlreichen SchülerInnen präsentiert er sich stets Perspektiven eröffnend und das große Ganze suchend sowie als erfrischender Gegner eines wissenschaftlichen Positivismus, bürokratischer Kleingeister und Spießbürger. Nach seiner Pensionierung eingeführte Erfindungen wie ein ECTS-Punktesystem, ein ›Citation Impact‹ und andere ›Errungenschaften‹, aber auch Online-Publikationen hätten ihn wohl verzweifeln lassen. Aus all den Jahren als Mitarbeiter und Assistent von Jürgen Borchhardt kann sich der Verfasser an keinen Satz à la »Es ist von oben vorgegeben… Wir müssen…« erinnern – ein Denken, das etwa seit den 2000er Jahren die verschiedenen Ebenen der Universität durchflutet. Jürgen Borchhardt vermittelte seinen Studierenden, was freier Geist, Phantasie und Visionen in der Wissenschaft bedeuten, schloss keinen methodischen Zugang aus und brachte in Diskussionen stets eine philosophische Komponente ein, die ihn zur Universalgeschichte tendieren ließ, was mit der Reife des voranschreitenden Alters noch deutlich zunahm. Vielsagend ist die Überzeugung des Wissenschafters Borchhardt, unter Berufung auf Albert Einstein, dass die Phantasie größer sei als das Wissen, aufgrund der Begrenztheit von Letztgenanntem.[30]

## Florales eines ›Orchideenfaches‹

Von den ArchäologInnen, die Feldforschung betreiben oder in Verbindung mit Grabungen Fundmaterial bearbeiten, wie die beiden hier in den Vordergrund gestellten Persönlichkeiten, würden wohl nur wenige von sich behaupten, kein ausgeprägtes und aktiv gelebtes Naheverhältnis zu Natur und Pflanzenwelt zu besitzen. Auf Jürgen Borchhardt gehen nicht nur umfangreiche Baumpflanzungen im Grabungsareal Limyras zwecks touristischer Erschließung zurück, sondern auch eine lebenslange Auseinandersetzung mit antiker Holzbauweise und ihrer Transformation in lykische Felsgrabarchitektur; und Hedwig Kenner stieß

29 Zur Definition von Geschichte als »eine hohe Wissenschaft vom Menschen« siehe Gerhard Dobesch, Alte Geschichte an der Universität Wien seit 1876, in: Institut für Alte Geschichte, Archäologie und Epigraphik 1977, S. 14–23, hier: S. 23.

30 Borchhardt 2015, S. 8.

etwa bei ihrer Bearbeitung griechischer Keramik und römischer Ornamentik (Abb. 4) unentwegt auf pflanzlichen Rankendekor.[31]

Hedwig Kenner und Jürgen Borchhardt verband als Vorgängerin und als Nachfolger ein harmonisches Verhältnis zueinander, unter anderem – so darf vermutet werden – wegen ihres auf den ersten Blick sehr unterschiedlichen Naturells, doch lässt sich auch eine Reihe bemerkenswerter Gemeinsamkeiten zwischen den beiden beobachten. Beide kennzeichnet eine stark kulturgeschichtlich geprägte Ausrichtung des Faches Klassische Archäologie, die sich im Falle von Kenner unmittelbar aus der Tradition der ›Wiener Schule‹ ableitete, während sie bei Borchhardt aus einer freien Wahl nach Heidelberger Prägung erwuchs. Kenner und Borchhardt einte ihr Interesse für übergeordnete kulturgeschichtliche Fragen, insbesondere des klassischen Griechenland, die sie tief in die Geistesgeschichte hinein führten. Nur wissenschaftliche Pioniere trauen sich an Themen heran wie Physiognomie und Mimik in der antiken Kunst, Formen alternativer Weltsicht im Altertum sowie Wahrnehmungen und Wertungen des Fremden in einer vergangenen Epoche, d.h. ein methodenbewusstes Vordringen in ›die *andere* Antike‹. Hinzu kommt, dass beide weitgehend unbelastet von den jeweils neuen, modischen, ephemeren Trends in der Forschung ihrer jeweiligen Zeit erscheinen; ihr Maßstab in der Annäherung an die Antike war die Antike selbst, nicht das ritualisierte akademische Korsett, das Schwimmen mit dem Mainstream. Mit unorthodoxen Fragestellungen Neuland im antiken Denken zu betreten, machte sie zu Pionieren.

Hedwig Kenner und Jürgen Borchhardt prägten das Institut in den jeweils etwa zwei Jahrzehnten ihrer Professorenzeit; im Falle von Kenner umfasste ihr Wirken am Institut insgesamt nicht weniger als 45 Jahre. Die hervorstechende Position beider Persönlichkeiten für die Geschichte des Instituts für Klassische Archäologie der Universität Wien liegt auch darin begründet, dass ihre jeweiligen ›Pendants‹ auf dem zweiten Lehrstuhl, Hermann Vetters bzw. Friedrich Krinzinger, zusätzlich die anspruchsvollen, zeitintensiven Funktionen als Direktor des Österreichischen Archäologischen Instituts und Leiter des Grabungsunternehmens Ephesos innehatten, was in den Zeiten davor und danach nicht in dieser Konstellation der Fall war. Was diese beiden Persönlichkeiten zudem miteinander verbindet, ist eine gewisse Widersprüchlichkeit: So brachte Hedwig Kenner ein Institut in Zeiten des ›Wiederaufbaus‹ zum Erblühen, obgleich

31 Siehe allg. Nikolaus Himmelmann, Grundlagen der griechischen Pflanzendarstellung, Paderborn 2005. – Hellmut Baumann, Flora mythologica. Griechische Pflanzenwelt in der Antike, 2. Aufl., Kilchberg 2011.

ihr Hauptinteresse sicherlich nicht in Amtsgeschäften und in der Leitung einer Institution lag[32]; und Jürgen Borchhardt, dessen Abneigung gegenüber Bürokratie und sogenannten ›Sachzwängen‹ geradezu sprichwörtlich ist, setzte dennoch Institutstrennung, Neugründung und Übersiedlung mit Effizienz und nachhaltigem Erfolg durch. Die Erklärung für diesen vermeintlichen Widerspruch dürfte bei beiden Persönlichkeiten in ihrer Sachlichkeit und im Verantwortungsbewusstsein – im Inhalt wie auch im persönlichen Stil – liegen, Eigenschaften, die bei WissenschafterInnen keineswegs eine Selbstverständlichkeit darstellen.

Hedwig Kenner und Jürgen Borchhardt haben als Vertreter des Faches der Klassischen Archäologie an der Universität Wien deutliche Spuren in der Forschung, der Institutsorganisation wie auch durch ihre akademische Lehre hinterlassen. Beide gelten in ihrer jeweils ganz besonderen Art als maßgebliche ImpulsträgerInnen für die Institutsgeschichte, und dies kann auch durch die Wahl ihrer Pflanzen versinnbildlicht werden: die introvertierte Aura der Porzellanblume, die mit den periodisch sprießenden, farbenfrohen, kleinen Blüten im standhaft festen Grün ihrer Blätter auch nach Jahrzehnten zu faszinieren vermag, und die Vitalität der strammen Platane: Im Schatten einer Platane auf der Agora soll der griechische Arzt Hippokrates auf Kos seine Schüler die Heilkunst gelehrt haben.[33] Das Institut für Klassische Archäologie der Universität Wien beging 2019 das 150-jährige Jubiläum der Besetzung des ersten Lehrstuhls durch Alexander Conze im Jahr 1869. Auch für die Zukunft ist zu wünschen: Floreant studia archaeologica!

---

32 Dazu Borchhardt 1994, S. 286.

33 Zur Platane des Hippokrates siehe https://de.wikipedia.org/wiki/Platane_des_Hippokrates (abgerufen am 16.4.2019).

Ekkehard Weber

# Markus Antonius und der Kaiser Mark Aurel – Zwei ›alte Römer‹ in Wien?

Die Probleme beginnen eigentlich schon mit der Überschrift, denn ob die beiden Herren etwas mit Wien zu tun gehabt haben, ist gar nicht so sicher. Auch nicht im Fall des Kaisers Mark Aurel, denn dass dieser in Wien gestorben ist, wie man lange Zeit geglaubt hat, und daher – logischerweise – irgendwann einmal hier gewesen sein müsste, ist durch neuere Forschungen zu Recht in Zweifel gezogen worden. Dazu aber noch später. Mark Anton verdankt seinen Wien-Bezug überhaupt nur einem Missverständnis, weil er nämlich – angeblich – mit dem viel späteren Kaiser verwechselt worden ist, und es zu seiner Zeit Wien noch gar nicht gegeben hat, nicht einmal eine bescheidene Vorgängersiedlung. Die befand sich nämlich mit großer Wahrscheinlichkeit auf dem Leopoldsberg.[1]

Beginnen wir – eigentlich gegen die zeitliche Abfolge – mit Mark Aurel, denn der war immerhin römischer Kaiser[2] und verdient als solcher den Vorrang, zumal in der »Kaiserstadt« Wien. Mit vollem Namen hieß er Marcus Aurelius Antoninus.[3] Damals kam man auf etwas ungewöhnliche Weise zur Herrschaft: Der Vorgänger, der entweder überhaupt keine Söhne hatte oder keine, die noch am Leben waren, adoptierte einen ihm geeignet scheinenden Mann, der als »der Beste« zur Herrschaft gelangen sollte. So verkündete es jedenfalls die offizielle Propaganda. Dass das dann oft (entfernte) Verwandte waren, ist natürlich kein Zufall. Den Frauen im Kaiserhaus kam bei dieser Regelung die wichtige Funktion zu, dass entweder über sie die Verwandtschaftslinie führte oder sie durch eine Heirat mit dem vorgesehenen Kandidaten diesen zusätzlich zu legitimieren hatten.[4] Wenn

1 Otto H. Urban, Der lange Weg zur Geschichte. Die Urgeschichte Österreichs, Wien 2000, bes. S. 354–356.

2 Und zwar wirklich, obwohl der Begriff des »Kaisers« für diese von Augustus 27 v. Chr. begründete Herrschaftsform sich erst nach rund einem Jahrhundert zu entwickeln begonnen hatte. Jedenfalls führte er den Titel *Caesar* (sprich: Ka-isar), der für Augustus und dessen nächste Nachfolger noch ein auf Julius Caesar zurückgehender Eigenname gewesen war. Wie die Habsburger dann (bis 1806) zur Bezeichnung »römische Kaiser« gekommen waren, würde einer längeren Darlegung bedürfen.

3 Wobei es üblich geworden war, dass römische Kaiser ihren eigenen Namen in den Namen des (ersten) Kaisers Augustus einfügten, der dann gleichsam einen Rahmen bildete: *Imperator Caesar* Marcus Aurelius Antoninus *Augustus*.

4 Zu diesem System der ›Adoptivkaiser‹ jetzt z.B. Ekkehard Weber, Antoninus Pius – zwischen

wir der Überlieferung glauben dürfen, war bei Mark Aurel noch hinzu gekommen, dass sein Vorvorgänger (Hadrian, 117–138 n. Chr.) seinem Vorgänger (Antoninus Pius, 138–161 n. Chr.) bei dessen Adoption es geradezu zur Pflicht gemacht hatte, seinerseits den jungen Markus zu adoptieren – weil dieser, damals noch nicht ganz siebzehn Jahre alt, ein so besonders vielversprechender Jüngling war.[5]

Mark Aurel (geboren 121 n. Chr., Regierungszeit 161–180) gehört zu den nicht allzu vielen römischen Kaisern, die schon seit der Antike ein durchaus positives Image gehabt haben. Wozu nicht wenig beigetragen hat, dass er, für einen römischen Kaiser durchaus bemerkenswert, sich als Philosoph gefühlt hat und Stoiker, Anhänger der damals modernen Richtung der Stoa[6], gewesen ist, die ein anständiges Leben mit Streben nach Gerechtigkeit[7] und der Forderung nach strengster Pflichterfüllung verbunden hat. In seinen späteren Jahren hat er – auf Griechisch, in der damals üblichen Sprache der Philosophie – seine *Selbstbetrachtungen* geschrieben, eine philosophische Schrift über seine ethischen und moralischen Grundsätze, die er an sich selbst gerichtet hat und als eine Art ›Fürstenspiegel‹ auf Herrscherpersönlichkeiten bis in die Neuzeit nicht ohne Wirkung geblieben ist. In seiner Regierungstätigkeit war er nur mäßig glücklich; es begann mit einem Feldzug gegen den römischen ›Erbfeind‹ im Osten, die Parther im heutigen Iran, unter der Leitung seines Mitregenten[8] Lucius Verus, der aber – vernünftigerweise – das Oberkommando seinen Generälen überließ und sich lieber den Annehmlichkeiten orientalischer Großstädte widmete. Die aus dem Orient zurückkehrenden Truppen brachten dann eine verheerende Seuche mit, und die germanischen Markomannen und andere Völkerschaften überschritten an mehreren Stellen die Donau und drangen bis nach Oberitalien, in den Raum von Aquileia vor. Anfang 169 n. Chr. starb Lucius Verus; Mark Aurel musste selbst die Leitung der Kampfhandlungen übernehmen, die sich über mehr als ein

Familienbeziehungen und Adoptionspropaganda (im Druck).

5 Das findet sich wiederholt in der antiken Überlieferung, z.B. Cassius Dio 69, 21, 1. Das Standardwerk zu diesem Kaiser ist Antony Birley, Marcus Aurelius. a Biography, London 1966 (NDr. 2000).

6 Das Wort stammt aus dem Griechischen und bedeutet »Säulenhalle«; nach einer mit Malerei geschmückten Säulenhalle in Athen, wo der Begründer dieser Lehre, Zenon von Kition, etwa seit dem Ende des 4. Jahrhunderts v. Chr. unterrichtete.

7 Was ihn als Kaiser nicht gehindert hat, Christenverfolger zu sein. Aber selbst dafür ist er später noch gelobt worden.

8 Das gab es damals zum ersten Mal: Sein Vorgänger Antoninus Pius hatte 138 auf Verlangen Hadrians nicht nur Mark Aurel adoptiert, sondern auch den jugendlichen Sohn eines verstorbenen Kollegen, den Hadrian ursprünglich als Nachfolger haben wollte. Als dann Mark Aurel an die Regierung kam, beteiligte er loyal seinen zehn Jahre jüngeren »Adoptivbruder« (fast) gleichberechtigt an der Herrschaft.

Jahrzehnt hinzogen, auch wenn es bald gelungen war, die Feinde wieder über die Donau zurückzutreiben. Auf die falsche Nachricht von seinem Tod gab es einen Umsturzversuch, in den angeblich sogar seine Frau verwickelt gewesen sein soll.

Während dieser Kämpfe an der Donau hat sich Mark Aurel auch in Carnuntum aufgehalten, weil er dies an einer Stelle der *Selbstbetrachtungen* ausdrücklich vermerkt.[9] Ob er dabei auch Wien besucht hat, ist denkbar, aber wir wissen es nicht. Bis Tulln nach Westen ist er sicher nicht gekommen, auch wenn er jetzt dort auf einem ihm 2001 errichteten Denkmal (nach dem Vorbild des bekannten Reiterstandbildes in Rom) milde über die Donau zu den Bewohnerinnen und Bewohnern des Wein- und Waldviertels nach Norden blickt.[10] Soweit wir über die Kämpfe im Einzelnen unterrichtet sind, haben sich diese – jenseits der Donau – eher weiter im Osten im Bereich der heutigen Slowakei abgespielt. Das gilt auch für das berühmte ›Regenwunder im Quadenland‹, das auf der Mark-Aurel-Säule in Rom dargestellt ist.[11] Durch einen plötzlichen Regenguss hatten die auf einer Anhöhe unter Durst leidenden römischen Soldaten auf einmal genug Wasser, während die weiter unten im tiefen Boden stehenden Feinde unter dem Unwetter schwer zu leiden hatten. Mark Aurel hatte mit der Tradition der ›Adoptivkaiser‹ Schluss gemacht und seit 177 seinen Sohn Commodus zum Mitregenten angenommen und als Nachfolger aufgebaut, obwohl er eigentlich hätte erkennen müssen, dass Commodus dieser schwierigen und verantwortungsvollen Aufgabe nicht gewachsen war.[12]

Woher kommt nun die ältere Vermutung, dass Mark Aurel, der schon länger leidend war und anscheinend schwere schmerzstillende Medikamente nehmen musste, am 17. März 180 in Wien gestorben ist? Es ist das ein Problem unserer Überlieferung.[13] Von den antiken Autoren, die überhaupt einen Sterbeort nennen, sagt der spätantike Sextus Aurelius Victor (*lib. de Caesaribus* 16, 14):

---

9 Τὰ ἐν Καρνούντῳ – »dies in Carnuntum (geschrieben)«; Subskription am Ende des zweiten Buches.

10 Das Denkmal stammt von dem russisch-österreichischen Bildhauer Michail Alexandrowitsch Nogin (*1959), https://de.wikipedia.org/wiki/Michail_Nogin#/media/File:Tulln_-_Marc-Aurelius-Statue.JPG (abgerufen am 5.4.2019). Das bekannte Vorbild in Rom war übrigens nur deshalb erhalten geblieben, weil man es für ein Denkmal des (christlichen) Kaisers Konstantin gehalten hatte, dem im 4. Jahrhundert der Lateranspalast gehört hatte, wo das Denkmal ursprünglich gestanden ist.

11 https://de.wikipedia.org/wiki/Legio_XII_Fulminata#/media/File:Miracolo_della_Pioggia.JPG (abgerufen am 5.4.2019).

12 Dieses Problem ist daher auch schon wiederholt Hintergrund sogar in einschlägigen Filmen wie dem »Gladiator« (2000, Regie: Ridley Scott) gewesen.

13 Dazu mit der gebotenen Ausführlichkeit Herbert Bannert, Der Tod des Kaisers Marcus, in: Latinität und alte Kirche. Festschrift für Rudolf Hanslik (Wiener Studien, Beiheft 8) Wien/Köln/

> Ita anno imperii octavo decimoque aevi validior Vendobonae interiit maximo gemitu mortalium omnium. – So starb er im achtzehnten[14] Jahr seiner Herrschaft in noch stattlichem Alter zu *Vendobona*, zum großen Jammer aller Menschen.

In der sogenannten *epitoma de Caesaribus* (dem »Abriss einer Kaisergeschichte«, 16, 12), deren Zusammenhang mit Aurelius Victor nicht in allen Einzelheiten klar ist, heißt es:

> Ipse vitae anno quinquagesimo nono apud Bendobonam morbo consumptus est. – Er wurde in seinem neunundfünfzigsten Lebensjahr bei *Bendobona* von einer Krankheit dahingerafft.

Die beiden ein wenig verballhornten Ortsangaben wurden auf *Vindobona* bezogen, wie die antike Vorläufersiedlung von Wien hieß, und dazu passt auch, dass noch spätere Chroniken die Provinz Pannonien angeben, in einem Fall[15] sogar genauer die Provinz *Pannonia superior*. Der Nachteil all dieser Informationen ist, dass sie aus einer Zeit stammen, die Jahrhunderte später liegt als die geschilderten Ereignisse, und selbst bei Aurelius Victor sind es rund zweihundert Jahre. Natürlich hat er und haben die anderen Autoren ältere Quellen benützt, aber die kennen wir nicht, können sie vielleicht nur vermuten und wissen nicht, was in ihnen wirklich gestanden ist.

Nun gibt es aber eine Nachricht, die diesen Ereignissen tatsächlich viel näher steht, Quintus Septimius Florens Tertullianus (*apologet.* 25, 5):

> M. Aurelio apud Sirmium rei publicae exempto die sexto decimo Kalendarum Aprilium – als Markus Aurelius bei Sirmium dem Staat entrissen wurde, den sechzehnten Tag vor dem 1. April (= 17. März).

Hier steht nicht nur das genaue Todesdatum, sondern eine ganz andere Ortsangabe: »bei Sirmium«, heute Sremska Mitrovica in Serbien, etwa 75 km westlich von Belgrad an der Save, in der Antike ein sehr bedeutender Ort und die Hauptstadt der Provinz *Pannonia inferior*. Diese Angabe hat noch die Wahrscheinlich-

---

Graz 1977, S. 9–19, und mit einem Nachtrag in: Richard Klein (Hg.), Marc Aurel. Wege der Forschung 550, Darmstadt 1979, S. 459–472.

14 Es war nach unserer Rechnung knapp im zwanzigsten Jahr seiner Regierungszeit (7. März 161 bis 17. März 180), aber das ist ein unbedeutender Fehler.

15 Der sogenannte »Chronograph von 354«; Theodor Mommsen, Chronica minora I, Berlin 1892, S. 147 (Chronica urbis Romae).

keit für sich, dass sie von einem Zeitzeugen stammt, der über politische Ereignisse immer gut informiert war, und dass sie besser zu den Kriegshandlungen passt, die sich damals weiter donauabwärts abgespielt haben.[16]

Warum man Tertullian nicht geglaubt hat, ist schwer zu sagen. Wien war, seit man sich hier im 15. und 16. Jahrhundert mit der Geschichte der Römerzeit zu beschäftigen begann, einfach viel bekannter als Sirmium im fernen und damals unter türkischer Herrschaft stehenden Serbien, und für die großen laizistischen Gelehrten des 19. Jahrhunderts war Tertullian ein christlicher Autor und unbewusst schon deshalb verdächtig.[17] Noch dazu gehörte er einer streng fundamentalistischen Richtung an, die ihn dem ›mainstream‹ des damaligen (und nicht nur damaligen) Christentums entfremdete.

Gibt es nun ein Denkmal für Mark Aurel in Wien? Nein – oder eigentlich doch. Jedenfalls wurde 1886 eine durchaus wichtige Straße nach ihm benannt, was in Wien schon etwas Besonderes ist, eine Straße, die im 1. Bezirk aus dem Inneren des dort befindlichen Legionslagers, wie man damals bereits richtig vermutet hatte[18], hinunter zur Donau bzw. zum Donaukanal führte. Und am Haus Marc Aurel-Straße 6, einem bedeutenden, 1891 errichteten Gebäude im Stil des charakteristischen Historismus der Gründerzeit, befindet sich an der Ecke zur Sterngasse im dritten Stock außen ein großes Standbild des Kaisers (Abb. 1).[19]

16 Wie es zu dem Fehler gekommen sein mag, kann nur vermutet werden. Etwa 30 km nördlich von *Sirmium* gibt es als zugehörigen Hafen an der Donau einen Ort mit dem antiken Namen *Bononia*, heute Banoštor; es könnte sein, dass dies der eigentliche Sterbeort des Kaisers war (Tertullian schreibt »*bei* Sirmium«), aber da es in der Antike ein viel bekannteres *Bononia*, Bologna in Italien und noch andere Orte dieses Namens gab, wurde diese Nachricht nicht geglaubt und eine Verwechslung mit *Vindobona* angenommen; Bannert 1977, S. 464.

17 Gerade das »Apologeticum« ist eine Verteidigungsschrift des damals noch verbotenen Christentums, und Tertullian war auch sonst für seine Neigung zu leidenschaftlicher Polemik bekannt. Warum aber hätte er in diesem unwesentlichen Detail etwas Falsches behaupten sollen?

18 Zu den frühen Forschungen zum römischen Legionslager, die vor allem Friedrich Kenner (1834–1922) zu verdanken sind, vgl. Kurt Genser, Der österreichische Donaulimes in der Römerzeit (Der römische Limes in Österreich 33) Wien 1968, S. 447–453 und S. 472–501. – Michaela Kronberger, Die durchwühlte Schuttdecke. Die Erforschung des römischen Vindobona in Zeiten des städtebaulichen Umbruchs, in: Wolfgang Kos/Christian Rapp (Hg.), Alt-Wien. Die Stadt, die niemals war. Katalog der 316. Sonderausstellung des Wien Museums, 25. Nov. 2004 – 28. März 2005, Wien 2004, S. 86–92. Zur Marc-Aurel-Straße und ihrer Vorgeschichte Felix Czeike, Historisches Lexikon Wien 4, Wien 1995, S. 152. Es gab in Wien kurzzeitig sogar zwei Straßen mit diesem Namen, weil die Marc-Aurel-Straße in Ottakring erst einige Zeit nach der Eingemeindung der Vororte 1890/1892 in Herbststraße umbenannt wurde.

19 Dehio Handbuch Wien I. Bezirk – Innere Stadt, Horn/Wien 2003, S. 768f. Das Vorbild für diese Statue ist nicht bekannt; wahrscheinlich wurde ein leicht idealisiertes Porträt auf eine der übli-

Abb. 1: Mark Aurel-Statue am Haus Mark-Aurel-Straße 6, im dritten Stock an der Ecke zur Sterngasse.

Ein zweites Denkmal, das – angeblich – auf diesen in Wien wegen seines, wie man immer vermutet hatte, hier erfolgten Todes fast »populären« Kaiser Mark Aurel bezogen worden ist, ist die Figurengruppe neben der Sezession, im Volksmund spöttisch ›Löwenfiaker‹ genannt, weil hier ein pseudo-römischer Wagen (›Triumphwagen‹) von zwei Löwinnen und einem Löwen gezogen wird (Abb. 2).[20] Dieses Denkmal ist nun der Grund, warum hier auch von Mark Anton die Rede sein muss.

In einem früher sehr bekannten Gedicht[21] von Josef Weinheber (1892–1945)[22] lautet die erste Strophe:

chen Panzerstatuen der römischen Kaiserzeit aufgesetzt. Mehrere seiner Porträts besitzt auch das Kunsthistorische Museum in Wien.

20 https://de.wikipedia.org/wiki/Marc-Anton-Monument (abgerufen am 6.4.2019). Eine dritte Löwin, die Mark Anton an einer Kette mitführt, schmiegt sich von hinten an den Wagen.

21 Josef Weinheber, Wien wörtlich, Gedichte, Wien 1972, S. 128–131 (Erstausgabe Wien/Leipzig 1935).

22 https://de.wikipedia.org/wiki/Josef_Weinheber (abgerufen am 6.4.2019); Deutsches Literatur-Lexikon 29, 2009, S. 468–485. Er ist inzwischen nicht mehr allzu bekannt, auch weil seine Genreszenen in »Wien wörtlich«, in denen das liebenswert-skurrile Wien der Zwischenkriegszeit mit

Abb. 2: Mark Anton in einem von Löwen gezogenen Wagen. Figurengruppe von Arthur Strasser neben der Sezession, 1899.

Ich bin der alte Römer Mark Anton,
steh sonsten seitwärts bei der Sezession.
Die Wiener gehn vorbei und – meiner Seel –
sie sagn, ich bin der Kaiser Mark Aurel.
Das hat mich immer schon ein bisserl irritiert:
Er tragt an Bart, und *ich* bin glattrasiert.
Drum hab ich mich von meinem Platz jetzt g'stohln
und will in Grinzing mir ein kleines Räuscherl holn.

In dem als *Couplet* bezeichneten Gedicht folgt auf jede Strophe ein Refrain, in dem über die damals (1935!) modernen Baumaßnahmen in Grinzing Klage ge-

seinen Erinnerungen an die »gute alte Zeit« einschließlich des zugrunde liegenden Dialekts inzwischen ihre Aktualität weitgehend verloren haben. Allerdings haben große Burgschauspieler, vor allem Oskar Werner, aber in neuerer Zeit auch Michael Heltau und Hilde Sochor, seine Gedichte gesprochen. Heute würde ihm vor allem seine Mitgliedschaft bei der NSDAP und sein mehr als deutliches Naheverhältnis zum Kulturbetrieb der NS-Zeit zum Verhängnis werden. Eine Bronzebüste gibt es seit 1975 im Schillerpark in Wien. Zur ›Aktualisierung‹ dieses Denkmals s. http://www.koer.or.at/projekte/weinheber-ausgehoben/ (abgerufen am 22.7.2019).

führt wird, die den urtümlichen Charakter des alten Heurigenortes zu zerstören drohten. Dieser Refrain endet jeweils mit einem resignierenden

Alsdann, Servus, meine Herrn![23]

Wie Marcus Antonius zu diesem Denkmal in Wien gekommen ist – vermutlich dem einzigen auf der ganzen Welt – ist wieder eine andere Geschichte. Der Bildhauer Arthur Strasser (1854–1927) hatte 1896 ein Gipsmodell für eine solche Plastik angefertigt, das vom »k.k. Ministerium für Kultus und Unterricht« angekauft wurde, mit dem Auftrag, danach eine überlebensgroße Bronzegruppe anzufertigen.[24] Diese wurde im Jahr 1900 bei der Weltausstellung in Paris gezeigt und sollte neben dem Kunsthistorischen Museum an der Babenbergerstraße aufgestellt werden, landete dann aber zunächst ›provisorisch‹ neben der Sezession, der Strasser gerade damals angehört hat, und ist seither dort geblieben. Sie hatte im Zweiten Weltkrieg durch Bombensplitter schwer gelitten, wurde 1956 und ein zweites Mal 2005 aufwendig restauriert und erhielt einen höheren Sockel[25], was allerdings den ursprünglichen Eindruck deutlich verändert hat. Sie hatte zunächst keine Beschriftung getragen[26], was das obige Missverständnis jedenfalls teilweise erklärt. Heute steht auf diesem Sockel in Bronzebuchstaben

MARC ANTON GRUPPE 1899 VON ARTHUR STRASSER 1857 – 1927

sodass dieses Missverständnis jetzt nicht mehr möglich ist. Gerade dadurch ist aber ein originelles Detail lokaler Kulturgeschichte verloren gegangen.

---

23 Dazu vgl. im Wienerischen den – inzwischen auch im Schwinden begriffenen – Ausruf »Na Servas«, mit dem eine unwillkommene Nachricht, ein unerfreuliches Ereignis kommentiert wird.

24 Dieses 60 × 112 × 46 cm große und mit einer patinaähnlichen Farbe gefasste Gipsmodell ist im Depot des Wien Museums noch vorhanden; Inv. Nr. 130150. In einer Felix Salten gewidmeten Sonderausstellung des Wien Museums war es 2020 zu sehen; Felix Salten hatte als »Kunstkritiker« noch vor der endgültigen Ausführung der Figurengruppe zwei sehr positive Rezensionen dazu verfasst; Wiener Allgemeine Zeitung Nr. 5420 vom 21. März 1896, S. 3, und ganz ähnlich ebd. Nr. 5456 vom 6. Mai 1896, S. 2. Frau Mag. Elke Wikidal vom Wien Museum habe ich für diese Hinweise sehr zu danken.

25 Angeblich um Touristen daran zu hindern, den Löwen auf den Rücken zu klettern; Der Standard, Printausgabe vom 9. März 2005, zitiert nach dem Internet (Anm. 20).

26 Lediglich die »k.k. Kunst-Erzgießerei-Wien« (die damals in der Gusshausstraße tätig war) hatte sich in einer Ecke der Plinthe mit der Jahreszahl 1899–1900 verewigt; auf der anderen Seite die Signatur »Strasser 1899«.

Marcus Antonius (83–30 v. Chr.) hat ein sehr spannendes Leben gehabt, das ihn in die höchsten Positionen der römischen Innenpolitik und fast bis zur Alleinherrschaft geführt hat. Er stammte aus einer bedeutenden senatorischen Familie und durchlebte eine Jugend mit allem möglichen Unfug, mit Alkohol- und Sexexzessen und enormen Schulden, wie man sich die ›Zustände wie im alten Rom‹ eben so vorzustellen pflegt. Es besserte sich zunächst dadurch, dass er in die Nähe von Julius Caesar geriet, der seine Fähigkeiten weniger als großer Stratege, aber als begabter Truppenführer erkannte. Als kühner und erfolgreicher Reitergeneral wurde er bei den Soldaten rasch beliebt, nicht zuletzt, weil er mit ihnen soff und hurte und viel kameradschaftlicher mit ihnen umging, als dies viele andere hochadelige Offiziere taten. Als Caesar nach seinem Staatsstreich Pompeius besiegt hatte, zum *dictator* ernannt worden war und die letzten Widerstandsnester rund um das Mittelmeer ausräumte, wurde Antonius als *magister equitum* zu seinem Stellvertreter und damit zum unmittelbaren Herrn von Rom und Italien. Als Caesar am 15. März 44 v. Chr. ermordet wurde, hatte Antonius als der zweite Konsul neben ihm die höchste politische Position inne, verdarb es sich aber bald mit dem römischen Senat[27] und vor allem mit dem jungen, noch nicht zwanzigjährigen Oktavian, den Caesar zu seinem Erben gemacht und damit die Erwartungen des Antonius bitter enttäuscht hatte. Nach ersten Schwierigkeiten bildete er aber mit Oktavian und einem weiteren, weniger bedeutenden Politiker und Heerführer das Triumvirat als oberste Instanz der Staatsführung und besiegte 42 v. Chr. die Caesarmörder Brutus und Cassius in der Doppelschlacht bei Philippi. Bei der Aufteilung des Reiches sicherte er sich den wichtigeren Osten und lernte dort Kleopatra, die Königin Ägyptens kennen und lieben. In der unvermeidlichen Auseinandersetzung mit Oktavian, dem späteren Kaiser Augustus, verlor er 31 v. Chr. zunächst die Seeschlacht bei Actium (in der Nähe von Preveza, Epirus, am Ambrakischen Golf in Griechenland) und dann 30 v. Chr. die letzte Auseinandersetzung bei Alexandria in Ägypten. Ebenso wie Kleopatra endete er durch Selbstmord.

Die Figurengruppe zeigt ihn gleichsam als Repräsentanten von Luxus, Dekadenz und Überheblichkeit. Wenn man die Szene historisch einordnen will,

---

27 Dort war sein Hauptgegner der große Redner Cicero; vgl. Johannes Pasquali, Marcus Antonius – Todfeind Ciceros und Rivale des Octavianus, Bochum/Freiburg 2009. Weinheber nimmt darauf in der zweiten Strophe seines Gedichtes Bezug:
Der Cicero, der falsche Advokat,
hat immer g'stichelt gegen mich beim Senat […]

gehört sie in die Jahre 48/47 v. Chr., in die Zeit, in der Antonius in Abwesenheit Caesars der Herr von Italien war. Wieder werden uns Alkohol- und Sexexzesse berichtet, seine Neigung zu extremem Luxus wie goldenem Tafelgeschirr, das auf Reisen immer mitgeführt werden musste, und Damen von zweifelhafter Moral, die sich ständig in seiner Begleitung aufhielten. Aber nur eine kurze Bemerkung informiert uns, dass man auch sehen konnte

> λέοντες ἅρμασιν ὑπεζευγμένοι – Löwen, die vor seinen Wagen gespannt waren.[28]

Eine ausführliche Interpretation der Figurengruppe ist hier nicht notwendig. »In einem Wagen sitzt bequem der fette Herr der Welt. Löwen sind diesem Gefährte vorgespannt, und eine Löwin führt Marc-Antonius in lässigen Fingern an der Kette nebenher. Wie diese königlichen Katzen den Wagen des königlichen Römers umgeben, ihn mit leisen, weichen Schritten vorwärts ziehen, wie die Löwin sich an dem goldenen Zierrathe kosend und blinzelnd reibt, wie darüber der erlauchte Kopf des Triumvirs mit schläfriger Majestät in die Ferne blickt, ist diese kleine Gruppe ein großes Meisterwerk, von dessen grünem Gyps eine Fülle tiefer Gedanken ausgeht«[29]. Mark Anton ist tatsächlich etwas feist und blasiert dargestellt[30], seine Toga, anstatt sorgfältig drapiert zu sein, liegt nur über seinem Schoß. Die Löwen – drei Löwinnen und ein Löwe – waren offenbar mit Ketten an den Wagen oder die zwei Deichseln (die Gabel oder Schere) gespannt, doch sind die frei hängenden Glieder aus naheliegenden Gründen nicht ausgeführt. Da alle vier Tiere die Symmetrie gestört hätten, wird eine Löwin, deren Kette Antonius in seiner rechten Hand hält, neben dem Wagen hergeführt. Der Wagen selbst ist kein römischer Streitwagen (den die Römer nicht verwendet haben) und kein Triumphwagen (in dem man, wie auch der Lenker bei den Wagenrennen, gestanden ist). Er ist allerdings nach einem römischen, wenn auch vielleicht spätantiken Vorbild gestaltet, der sogenannten *tensa Capitolina*, die ebenso einen runden Wagenkasten und eine Verzierung durch aufgenietete, mit Reliefs verzierte Bronzebleche aufweist.[31]

---

28 Plutarch, Antonius 9, 8 (920).

29 Felix Salten in der zweiten der oben (Fußnote 24) angeführten Rezensionen, *Wiener Allgemeine Zeitung* Nr. 5456 vom 6. Mai 1896, S. 2. Die Beschreibung bezieht sich noch immer auf das Gipsmodell.

30 Außer Münzporträts gibt es aus der Antike keine sicheren Bilder von ihm, aber nach ersteren könnte er mit einer gewissen künstlerischen Freiheit ganz gut getroffen sein. Auch ein hervorstechendes Kinn dürfte er gehabt haben.

31 Hermine Speier (Hg.), Helbig, Führer durch die öffentlichen Sammlungen klassischer Altertümer

Damit haben wir aber gesehen, dass beide Herren mit Wien eigentlich nichts zu tun haben. Wir dürfen uns aber trotzdem über ihre Denkmäler freuen.

in Rom II[4], Tübingen 1966, S. 357–360 Nr. 1546; dort auch die (unsichere) Datierung ins 4. Jh. Diese *tensa Capitolina*, deren Bronzeteile im Jahr 1872 gefunden worden waren, ist im 19. Jh. aber als vierrädriger Wagen rekonstruiert worden, was nicht unbedingt stimmen muss, und die Gabel oder Schere bei der Marc Anton-Gruppe ist vermutlich auf der falschen Seite angebracht.

Hubert D. Szemethy

# Denkmäler, Straßen, Medaillen

## Spuren der Erinnerung an die ersten Professoren des Archaeologisch-Epigraphischen Seminars der Universität Wien

Das Erinnern an Persönlichkeiten geschieht im öffentlichen Raum in vielfältiger Form, zumeist durch Denkmäler und Gedenktafeln, Ehrengräber sowie die Benennung von Straßen und Parks.[1] Das gilt auch für die ersten Professoren des ehemaligen Archaeologisch-Epigraphischen Seminars der Universität Wien – die Nachfolgeinstitute sind das Institut für Alte Geschichte und Altertumskunde, Papyrologie und Epigraphik und das Institut für Klassische Archäologie –, an die unterschiedlich und verschiedenen Orts erinnert wird. Man könnte meinen, dass das Wissen um diese Erinnerungen und Erinnerungsorte zumindest in den Fachwissenschaften allgemein verbreitet sei; dem ist aber nicht so. Den Verfasser selbst hat es, obwohl mit den *dramatis personae* des 19. Jahrhunderts gut vertraut, viel Zeit und Mühe gekostet, das hier Vorgelegte zusammenzutragen. Er erinnerte sich dabei an ein vom Schriftsteller Robert Musil beschriebenes Phänomen, wonach

> das Auffallendste an Denkmälern ist […], daß man sie nicht bemerkt. Es gibt nichts auf der Welt, was so unsichtbar wäre wie Denkmäler. Sie werden doch zweifellos aufgestellt, um gesehen zu werden, ja geradezu, um die Aufmerksamkeit zu erregen; aber gleichzeitig sind sie durch irgendetwas gegen Aufmerksamkeit imprägniert, und diese rinnt Wassertropfen-auf-Ölbezug-artig an ihnen ab, ohne auch nur einen Augenblick stehenzubleiben. […] Man kann nicht sagen, wir bemerkten sie nicht; man müßte sagen, sie entmerken uns, sie entziehen sich unseren Sinnen: es ist eine durchaus positive, zur Tätlichkeit neigende Eigenschaft von ihnen![2]

---

1 Ich danke Fritz Blakolmer, Marianne Klemun und Karl R. Krierer für die Durchsicht des Manuskriptes.

2 Adolf Frisé (Hg.), Robert Musil. Gesammelte Werke, Band 7: Kleine Prosa, Aphorismen, Autobiographisches, Reinbek bei Hamburg 1978, 506f. – Grundlegend zu Erinnerungskultur und kulturellem Gedächtnis: Maurice Halbwachs, Das Gedächtnis und seine sozialen Bedingungen, Frankfurt/Main 1985 (fr.: Les cadres sociaux de la mémoire, Paris 1925). – Maurice Halbwachs, Das kollektive Gedächtnis, Frankfurt am Main 1985 (frz.: La mémoire collective, Paris 1950). –

In diesem Spannungsverhältnis, dass Denkmale doch eigentlich Gedenken erzeugen sollen, oftmals aber nur das Gegenteil davon erreichen, befinden sich jene ›Denkmäler‹ und Orte des Erinnerns an die ersten Professoren der Altertumswissenschaften in Wien, die in diesem Beitrag zusammengestellt wurden, um sie dem Vergessenwerden bzw. Vergessenwordensein zu entziehen.

## Die ersten Professoren

Im Jahr 2019 feierte das Institut für Klassische Archäologie der Universität Wien das 150-jährige Jubiläum der Einrichtung des Lehrstuhls für Klassische Archäologie, der 1869 mit dem aus Halle an der Saale berufenen Alexander Conze (1831–1914) besetzt wurde.[3] Wenige Jahre später, 1876, war es Conze gelungen, einen Althistoriker in der Person Otto Hirschfelds (1843–1922) an seine Seite gestellt zu bekommen, der von der Universität in Prag nach Wien kam.[4] Gemeinsam gründeten sie am 1. Oktober 1876 das Archaeologisch-Epigraphische Seminar, das durch die Vereinigung von »Unterricht und Uebung im Studium

---

Jan Assmann/Tonio Hölscher (Hg.), Kultur und Gedächtnis, Frankfurt am Main 1988. – Pierre Nora, Zwischen Geschichte und Gedächtnis, Berlin 1990. – Jan Assmann, Das kulturelle Gedächtnis. Schrift, Erinnerung und politische Identität in frühen Hochkulturen, München 1992. – Aleida Assmann, Erinnerungsräume. Formen und Wandlungen des kulturellen Gedächtnisses, München 1999. – Aleida Assmann, Der lange Schatten der Vergangenheit. Erinnerungskultur und Geschichtspolitik, München 2006. – Vgl. dazu auch Friedemann Schmoll, Denkmal. Skizzen zur Entwicklungsgeschichte eines öffentlichen Erinnerungsmediums, in: Jahrbuch für deutsche und osteuropäische Volkskunde 47 (2005), S. 1–15. – Peter Stachel, Stadtpläne als politische Zeichensysteme. Symbolische Einschreibungen in den öffentlichen Raum, in: Rudolf Jaworski/Peter Stachel (Hg.), Die Besetzung des öffentlichen Raumes. Politische Plätze, Denkmäler und Straßennamen im europäischen Vergleich, Berlin 2007, S. 13–60, bes. S. 27.

3 Hubert Szemethy, Conze, Alexander, in: Peter Kuhlmann/Helmuth Schneider (Hg.), Geschichte der Altertumswissenschaften. Biographisches Lexikon, Der Neue Pauly, Supplemente Band 6, Stuttgart/Weimar 2012, S. 246–248. – Karl R. Krierer/Ina Friedmann, Alexander Conze in Wien (1869–1877), in: Gerald Grabherr/Barbara Kainrath (Hg.), Akten des 15. Österreichischen Archäologentages in Innsbruck 27. Februar – 1. März 2014, Ikarus 9, Innsbruck 2016, S. 141–152. – Karl R. Krierer, *Ich schwamm in ein Meer aus dem hallischen kleinen Gewässer*. Alexander Conze in Wien, 1869–1877, in: Günther Schörner/Julia Kopf (Hg.), 1869–2019. 150 Jahre Klassische Archäologie an der Universität Wien, Wien 2021, S. 149–161.

4 Martina Pesditschek, Die Professoren der Alten Geschichte an der Universität Wien, phil. Diplomarbeit Wien 1996, S. 34–41. – Lexikon deutsch-jüdischer Autoren 12, München 2008, S. 96–100. – Stefan Rebenich, Hirschfeld, Otto, in: Kuhlmann/Schneider 2012, S. 578f.

der archäologischen und epigraphischen Quellen der classischen Philologie«[5] bald vorbildhaft für andere Institute werden sollte.[6]

Sowohl Conze als auch Hirschfeld blieben nicht sehr lange in Wien. Conze verließ die Hauptstadt der k.u.k. Monarchie 1877 und wurde Direktor der Skulpturensammlung der Königlichen Museen zu Berlin, später auch Generalsekretär des Deutschen Archäologischen Instituts; Hirschfeld wechselte 1885 ebenfalls nach Berlin, wo er an der Friedrich-Wilhelms-Universität (heute: Humboldt-Universität) Theodor Mommsens Lehrstuhl besetzte. Ihre beiden Nachfolger in Wien hingegen, der zuvor in Zürich und München tätige Archäologe Otto Benndorf (1838–1907)[7] und der Althistoriker Eugen Bormann (1842–1917)[8], aus Marburg an der Lahn nach Wien berufen, hielten Wien bis an ihr Lebensende die Treue.

Die Namen dieser vier Wissenschaftler sind heute wahrscheinlich nur Fachleuten bekannt. Mit den ersten von Österreich ausgehenden, wissenschaftlich organisierten, archäologischen Expeditionen nach Samothrake sowie Karien und Lykien, von wo der Skulpturenschmuck des Heroons von Gjölbaschi-Trysa nach Wien geholt wurde, mit dem Anfang der Ausgrabungen in Carnuntum, dem ›Pompeji vor den Toren Wiens‹, oder mit dem Beginn der bis heute fortdauernden Ausgrabungen in Ephesos bringt sie eine breitere Öffentlichkeit gewiss nicht in Verbindung. Kaum jemand weiß, dass sie zu den bedeutendsten Inschriftenexperten ihrer Zeit zählen, die am *Corpus Inscriptionum Latinarum* mitarbeiteten und dabei die lateinischen Inschriften der Gallia Narbonensis, d.h. Südfrankreichs, der Stadt Rom, aber auch Mittelitaliens, d.h. der Aemilia, Etru-

5 Statut des archäologisch-epigraphischen Seminars der k.k. Universität in Wien, § 1, in: Archaeologisch-Epigraphische Mittheilungen aus Österreich-Ungarn 1 (1877) S. 79.

6 Zur Geschichte dieses Seminars s. Martina Pesditschek, Zur Geschichte des Instituts für Alte Geschichte, Altertumskunde und Epigraphik der Universität Wien, in: Die Sprache. Zeitschrift für Sprachwissenschaft 39 (1997 [2002]) 3 = Chronicalia Indoeuropaea 39, S. 1–24. – Verena Gassner, Zur Geschichte des Instituts für Klassische Archäologie der Universität Wien, in: Forum Archaeologiae 17/XII/2000, http://farch.net (abgerufen am 5.4.2020).

7 Hubert Szemethy, Benndorf, Otto, in: Kuhlmann/Schneider 2012, S. 73f. – Hubert D. Szemethy, Von Greiz nach Wien – Das außergewöhnliche Leben von Otto Benndorf, Nachfolger Alexander Conzes und Gründer des Österreichischen Archäologischen Instituts, in: Schörner/Kopf 2021, S. 163–186.

8 Pesditschek 1996, S. 42–50. – Michael Sasse, Buchberggasse 41. Ansätze zu einer Biographie Eugen Bormanns, phil. Diss. Wien 1996. – Hubert D. Szemethy, Der Nachlass Eugen Bormanns an der Prager Karls-Universität, in: Studia Hercynia 23/1 (2019) S. 79–125, https://studiahercynia.ff.cuni.cz/wp-content/uploads/sites/79/2020/02/Hubert_D_Szemethy_79-125.pdf (abgerufen am 26.3.2020).

riens und Umbriens, herausgaben, wie auch die antiken Inschriften Kleinasiens in der Reihe der *Tituli Asiae Minoris*. Sie waren bei diesen umfangreichen Arbeitsvorhaben in internationale Forschungskooperationen eingebunden. Dass sie sich auch immer wieder mit den auf dem Boden Österreichs neu gefundenen Inschriften, vor allem Carnuntums, beschäftigten, versteht sich von selbst.[9]

Intensiv ist in den letzten Jahren zu diesen ersten Vertretern und Begründern der beiden altertumswissenschaftlichen Disziplinen an der Universität Wien in der zweiten Hälfte des 19. Jahrhunderts geforscht worden. Zahlreich sind Akten zu ihren wissenschaftlichen Arbeiten, aber auch zu ihrem privaten Leben aus Regalkilometern von geordneten öffentlichen Archiven, aus verstaubten Kartons in Privatbesitz ans Tageslicht befördert, gelesen und ausgewertet worden. Vieles wurde in der Vergangenheit von Nachkommen, die den Dingen keine oder nur geringe Bedeutung beimaßen, im Zuge von Übersiedlungen, nach Todesfällen oder bei anderen Anlässen weggeworfen. Vieles ist durch zwei verheerende Weltkriege in Verlust geraten, vieles in Friedenszeiten durch Skartieren von Akten.

Wenn also auch nicht mehr alles vorhanden ist, so wollen wir doch einigen materiellen Spuren ausschnitthaft folgen, welche die genannten Forscher hinterlassen haben, nämlich Festgaben bzw. Geschenken, die ihnen bei ihrem Weggang von Wien gewidmet wurden, und verschiedenen Formen des öffentlichen Gedenkens und bleibenden Erinnerns an sie. Dabei stellen wir in den Traditionen des späteren 19. und beginnenden 20. Jahrhunderts gegenüber der Gegenwart gewisse Veränderungen fest. Sind etwa Festschriften eine bis auf den heutigen Tag gängige Form einer Festgabe geblieben, so sind andere Formen etwas aus der Mode gekommen. Ich denke dabei an Medaillen ebenso wie an sog. ›Adressen‹, d.h. die Verdienste huldigende, mitunter in lateinischer Sprache verfasste Texte (Elogen), die dem Gefeierten in mehr oder weniger aufwändiger, auch künstlerischer Gestaltung, begleitet von Festreden, überreicht wurden. Ich denke aber auch an Porträts der Gefeierten, ausgeführt von namhaften Künstlern, in Form von Büsten, Gemälden, Radierungen oder Kupferstichen, ich denke an Fotoalben von Schülern und Schülerinnen[10], Denkmalstiftungen, Straßenbenennungen usw.

9 Vgl. dazu Ekkehard Weber, Lateinische Epigraphik in Wien, in: Franziska Beutler/Theresia Pantzer (Hg.), Sprachen – Schriftkulturen – Identitäten der Antike. Beiträge des XV. Internationalen Kongresses für Griechische und Lateinische Epigraphik, Wien 28. August bis 1. September 2017: Einzelvorträge, Wiener Beiträge zur Alten Geschichte online (WBAGon) 1, Wien 2019, S. 1–11, bes. 9, https://doi.org/10.25365/wbagon-2019-1-23 (abgerufen am 11.3.2020).

10 Frauen wurden an der 1365 gegründeten Wiener Universität erst 1897 zum Studium zugelassen. Die ersten weiblichen Studierenden in den Altertumswissenschaften sind nach heutigem Wissensstand ab 1899 nachweisbar.

So vielfältig wie die Formen des Erinnerns sind auch die Anlässe: Geburtstage, Doktorats-, Dozenten- und Professorenjubiläen, der Weggang eines Professors von einer Universität, wobei man der Leistungen und Verdienste eines hochgeschätzten Lehrers und Kollegen gedachte, der eine berufliche Veränderung vollzog, die Verabschiedung in den Ruhestand usw., stets fand sich eine Schar von Kollegen, Studierenden, Freunden und Bekannten zu einer gemeinsamen Feier mit dem Geehrten in einer privaten oder öffentlichen Veranstaltung ein.

## Erinnerungsmedaille für Alexander Conze

Dass Alexander Conze nicht für immer auf der in Wien neu eingerichteten Professur, die er zu Ostern 1869 antrat, bleiben wollte, sondern bald schon eine Museumsstelle in Berlin anstrebte, erfahren wir aus einem Brief, geschrieben von ihm an Theodor Mommsen im Jahr 1871[11] – Conze war gerade einmal etwas über zwei Jahre in Wien.[12] Dass er als Professor, Wissenschaftsorganisator und Netzwerker dennoch sehr viel Bedeutendes für diese neue Stätte der archäologischen Forschung geleistet hat, ist daher umso anerkennenswerter. Er hat einen aus Fachliteratur und Anschauungsmaterialien wie Schautafeln, Modellen und Fotografien bestehenden »Archaeologischen Apparat« für das bislang in Wien nicht vertretene Fach aufgebaut, mit der Sammlung von Gipsabgüssen und Originalen begonnen und eigene Lehrmittel in Form der *Vorlegeblätter für archaeologische Uebungen* (ab 1888: *Wiener Vorlegeblätter für archaeologische Übungen*) geschaffen, erste Forschungsunternehmungen innerhalb der Monarchie und methodisch wegweisende Ausgrabungen auf Samothrake organisiert, gemeinsam mit Otto Hirschfeld das Archaeologisch-Epigraphische Seminar und eine Fachzeitschrift, die *Archaeologisch-Epigraphischen Mittheilungen aus Oesterreich*, begründet.[13] Der Kaiser hat ihm,

11 Brief Alexander Conzes aus Wien an Theodor Mommsen in Berlin, 4. Juli 1871 (StaBi Berlin, PK, HSA [Staatsbibliothek Berlin, Preußischer Kulturbesitz, Handschriftenabteilung], Nachlass Theodor Mommsen, K 17 Mappe 1–2, S. 8f.). – Vgl. dazu Karl R. Krierer, Alexander Conze und Theodor Mommsen. Die Wiener Briefe (1870–1877), in: Karl R. Krierer/Ina Friedmann (Hg.), Netzwerke der Altertumswissenschaften im 19. Jahrhundert. Beiträge der Tagung vom 30.–31. Mai 2014 an der Universität Wien, Wien 2016, S. 111–124, bes. 115f.

12 Er bewohnte mit seiner Familie eine geräumige Wohnung in der Sophiengasse 3 in Wien Wieden. Ab Mitte der 1870er Jahre wurde diese Adresse zur Alleegasse 41 (heute: Argentinierstraße 41).

13 Zu dieser Zeitschrift s. Karl R. Krierer, Die Archaeologisch-Epigraphischen Mittheilungen aus Oesterreich (1877–1897), in: Christine Ottner/Gerhard Holzer/Petra Svatek (Hg.), Wissenschaftliche Forschung in Österreich 1800–1900. Spezialisierung, Organisation, Praxis, Schriften des Archivs der Universität Wien 21, Göttingen 2015, S. 239–258.

Abb. 1: Conze-Medaille, Bronze, 1877.

der »eine Zierde der Wiener Universität«[14] war, daher mit allerhöchster Entschließung vom 17. Mai 1877 »für seine mehrjährige ausgezeichnete lehramtliche sowie wissenschaftliche Thätigkeit die Allerhöchste Zufriedenheit ausgesprochen.«[15]

Es wird Conze nicht entgangen sein, dass er in Wien überaus beliebt war und sehr viele Kollegen und Studenten seinen Wechsel nach Berlin außerordentlich bedauerten, auch nicht, dass sich einige Personen in den letzten Wochen und Monaten seines Hierseins in Wien seltsam geheimniskrämerisch gaben, sodass er mit einer Überraschung anlässlich seines Wegganges rechnete. Dass man ihm aber zu seinem Abschied eine Medaille (Abb. 1) schenken würde, das hatte er nicht vorausgesehen. Nachdem ihm die Medaille am Nachmittag des 27. Juli 1877 in seiner Wohnung von einer kleinen Abordnung von Studierenden übergeben worden war, offenbarte er brieflich Otto Benndorf:

> ich hatte wohl Etwas gemerkt, merken müssen, hatte aber nur Etwas Papiernes, etwa kupferstecherisch verziert, erwartet. Es ist ja sehr stattlich u[nd] schön, u[nd] recht ein Stück zum Andenken für lange hin. […] Mir ist selbst meine oesterreichische Zeit so der Erinnerung werth, daß ich mich freue auch so ein äußeres Andenken zu haben, und daß eine Anerkennung des Gewollten von dieser Seite mich aufrichtig freut, versteht sich.[16]

14 Neue Freie Presse, Morgenblatt Nr. 4462, 28. Jänner 1877, S. 5.

15 Die Presse, Abendblatt Nr. 139, 23. Mai 1877, S. 3. – Vgl. Zeitschrift für die österreichischen Gymnasien 28, 1877, 398.

16 Brief Alexander Conzes aus Wien an Otto Benndorf, 27. Juli 1877 (ÖNB, HAD [Österreichische Nationalbibliothek, Sammlung von Handschriften und alten Drucken]: Autogr. 637/41 – 27).

Die Medaille, geschaffen von einem der renommiertesten Medailleure seiner Zeit, dem k.k. Hofmedailleur Josef Tautenhayn, misst 53 mm im Durchmesser, trägt auf der Vorderseite Conzes Porträt nach rechts, unter dem Halsabschnitt die Signatur JOS TAUTENHAYN und um den Kopf die Schrift ALEXANDER · CONZE · 1869 · 1877. Die Rückseite zeigt in einem Lorbeerkranz eine stehende Athena mit Medusenschild, auf deren ausgestreckter Rechten eine den Lorbeerkranz in Händen haltende Nike steht, und die Widmung: ΜΝΗΜΗΣ ΚΑΙ / ΦΙΛΙΑΣ ΧΑ / ΡΙΝ, d.h. zur freundschaftlichen Erinnerung. Conze erhielt eine Ausführung in Silber, Spender konnten Exemplare in Bronze bestellen.[17]

Seine ehrliche Freude über dieses Geschenk, eine bleibende Erinnerung an seine Zeit in Österreich, drückte Conze in einem Brief an Otto Hirschfeld aus: »Beinahe am meisten hat mich gefreut, daß auch Studenten der Phil[olo]g[ie] mitgethan haben, die gar nicht Archaeologie getrieben haben; bei einigen muß also doch eine Einsicht in den Zusammenhang der Dinge vorhanden sein u[nd] an dem lag mir immer besonders hier.«[18]

## Medaille auf Otto Hirschfeld

Otto Hirschfeld war, wenn wir seinen brieflichen Äußerungen Glauben schenken dürfen, »das Scheiden von Wien und besonders von dem Seminar nicht leicht«

17 Zur Conze-Medaille s. August von Loehr, Wiener Medailleure, Wien 1899, S. 15 Nr. 25 mit Abb. auf S. 16. – Karl Domanig, Josef Tautenhayn senior, k. und k. Kammermedailleur, in: Numismatische Zeitschrift 36 (1904) S. 157–184, bes. S. 177. – Wolfgang von Wurzbach-Tannenberg, Katalog meiner Sammlung von Medaillen, Plaketten und Jetons. Zugleich ein Handbuch für Sammler, Zürich/Leipzig/Wien 1943, S. 233 Nr. 1489 und Nr. 1490. – Edmund Finke, Die Tautenhayns. Die Geschichte einer Wiener Familie vom Biedermeier bis zur Gegenwart, Krems/Donau 1965, S. 42. – Karl R. Krierer, Die Conze-Medaille. Ausgewählte Schriftstücke aus dem Nachlass von Wilhelm Gurlitt im Universitätsarchiv der Karl-Franzens-Universität Graz, in: Peter Mauritsch/Christoph Ulf (Hg.), Kultur(en). Formen des Alltäglichen in der Antike. Festschrift für Ingomar Weiler zum 75. Geburtstag, Graz 2013, S. 901–918, bes. S. 907–915. – Stefan Krmnicek/Marius Gaidys, Gelehrtenbilder. Altertumswissenschaftler auf Medaillen des 19. Jahrhunderts. Begleitband zur online-Ausstellung im Digitalen Münzkabinett des Instituts für Klassische Archäologie der Universität Tübingen, Tübingen 2020, S. 54f. Kat. 18, http://dx.doi.org/10.15496/publikation-42122 (abgerufen am 24.5.2020). – Falsch ist im Übrigen die Meinung von Michael Hoppe, Archäologie auf Medaillen, Plaketten und Abzeichen, Büchenbach 2018, S. 56 Nr. 89, es handle sich um eine »Medaille auf sein [Conzes] Wirken in Athen.«

18 Brief Alexander Conzes aus Wien an Otto Hirschfeld, 4. August 1877 (Stabi Berlin, PK, HSA, Nachlass Otto Hirschfeld).

gefallen, er hätte »gern [...] wenigstens noch einige Jahre bleiben mögen.«[19] Wie er sein Abschiedsgeschenk aufgenommen hat, ist nicht bekannt. Ebenso wenig sind die näheren Umstände der Feierlichkeiten überliefert. In den Tagesblättern wird darüber nichts Substanzielles berichtet, was auch für die Conze-Medaille gilt. Lediglich in der Neuen Freien Presse vom 3. April 1885 findet sich ein kurzer Eintrag, wonach »(v)or wenigen Tagen [...] dem Professor Otto Hirschfeld, der demnächst Wien verlassen wird, um einem Rufe an die Berliner Universität Folge zu leisten, von seinen hiesigen Schülern und Freunden nebst einer lateinischen Adresse eine zur Erinnerung an sein zwölfjähriges Wirken in Oesterreich geprägte Medaille überreicht worden« ist.[20]

Die erwähnte lateinische Adresse habe ich vor wenigen Jahren im Nachlass Eugen Bormanns im Archiv der Prager Karls-Universität gefunden. Sie ist auf den 25. März 1885 datiert und lässt darauf schließen, dass wohl an diesem Tag die Übergabe dieser Adresse samt Medaille an Hirschfeld durch eine Abordnung von Hirschfelds Kollegen und Studierenden in kleinem Rahmen stattfand[21], vielleicht in Hirschfelds Wohnung in der Cottagegasse 13 in Währing, also vor den Toren Wiens, »etwas Charlottenburgartig, aber noch ziemlich ohne Bäume, sonst sehr hübsch«.[22] Wir dürfen zudem davon ausgehen, dass auch Theodor Mommsen an dieser Feier teilnahm, denn er war just an diesem Tag in Wien angekommen und bei Hirschfeld abgestiegen.[23] Er war auf der Durchreise nach Rom und wollte in Wien eigene Aufzeichnungen erneuern, die mehrere Jahre zuvor bei einem Brand seiner Wohnung vernichtet worden waren.[24]

So groß der Kummer über Hirschfelds Weggang auch war, so dankbar war man ihm für sein Wirken in Prag und besonders in Wien, wo er während seiner

19 Brief Otto Hirschfelds aus Spalato (heute Split) an Otto Benndorf, 26. September 1884 (ÖNB, HAD: Autogr. 645/27-4).

20 Neue Freie Presse, Morgenblatt Nr. 7398, 3. April 1885, S. 5.

21 Ein Abschiedsbankett zu Ehren Hirschfelds hatte schon am 19. März 1885 stattgefunden. Vgl. Brief Josef von Karabaceks aus Wien, 17. März 1885; Brief Caspar von Zumbuschs aus Wien, 19. März 1885; Brief Franz Studniczkas aus Wien, 20. März 1885, alle an Otto Hirschfeld (alle in der StaBi Berlin, PK, HSA, Nachlass Otto Hirschfeld).

22 Postkarte Otto Hirschfelds aus Wien an Eugen Bormann in Marburg, 28. März 1884 (AKUP [Archiv der Karlsuniversität Prag], Nachlass Eugen Bormann). Laut Bormann wohnte Hirschfeld im Hochparterre auf fünf Zimmern und einem extra Dienstbotenzimmer, s. Sasse 1996, S. 112.

23 Postkarte Otto Hirschfelds aus Wien an Eugen Bormann in Marburg, 25. März 1885 (AKUP, Nachlass Eugen Bormann).

24 Neue Freie Presse, Morgenblatt Nr. 7393, 29. März 1885, S. 5: »Mommsen arbeitet hier rastlos; er steht sehr zeitig Morgens auf und verbringt fast den ganzen Tag in den hiesigen Bibliotheken. Er hat die halbverbrannten Papiere, welche bei dem Brande gerettet wurden, mit hieher gebracht.«

Abb. 2: Hirschfeld-Medaille, Silber, 1885.

neunjährigen Tätigkeit die altertumswissenschaftlichen Studien zum Erblühen gebracht hatte. Ihm sei es, so steht es in der Adresse, zu danken, dass die in heimatlicher Erde ruhenden Denkmäler – in Carnuntum wie in der ganzen k.u.k. Monarchie – fortan nicht unbeachtet bleiben würden; er sei den Studenten, denen er durch eine Art väterlicher Liebe zugetan war, durch seinen Scharfsinn, seine umfassende Bildung und seine Aufrichtigkeit Vorbild gewesen. Sein Abbild auf der Medaille solle alle an ihn erinnern, sooft sie dieses betrachten.[25] In Entsprechung zur Conze-Medaille wird auch Hirschfeld ein silbernes Exemplar erhalten haben, während die Stifter Bronzemedaillen erhielten.

Die Medaille (Abb. 2) misst 46,5 mm im Durchmesser und zeigt auf der Vorderseite Hirschfelds Brustbild nach rechts mit einer Signatur des Medailleurs Anton Scharff und den Aufschriften OTTONI·HIRSCHFELD und PRAGENSI / AB · A · 1872–1876 sowie VINDOBONENSI / AB · A · 1876–1885. Die Rückseite, deren Thema der Vorschlag eines ehemaligen Schülers Hirschfelds, Robert von Schneider, damals Kustos des kaiserlichen Antikenkabinetts, war[26], ziert eine

25 Ich danke Michael Hirschler für eine Übersetzung dieser Adresse. – Dass viele Kollegen und Schüler, die durch Kollekte oder Subskription die Finanzierung des Geschenks erst möglich gemacht hatten, eine Medaille in Bronze erhielten, ist in mehreren Fällen durch Archivalien belegt; vgl. Szemethy 2019, S. 116f.

26 Robert von Schneider dürfte überhaupt der Hauptorganisator in der Hirschfeld'schen Medaillenangelegenheit gewesen sein. Nur so lässt sich eine Passage in seinem Brief aus Wien an Otto Hirschfeld vom 8. Mai 1885 erklären (StaBi Berlin, PK, HSA, Nachlass Otto Hirschfeld): »Gleichzeitig übergebe ich der Post die drei gewünschten Medaillen. Bitte zu verzeihen, dass dies

sitzende und eine stehende weibliche Figur, erstere mit Schreibtafel und Stilus, letztere mit entblößtem Oberkörper, neben einem ionischen Kapitell und einem Lorbeerzweig. Im Feld links der Figuren findet sich die Inschrift DISCIPULI / ET / AMICI und darüber am Rand PIETATIS · ERGO, unter der Standleiste der Figuren eine Blüte, links davon MNHMH und rechts ΠΙΣΤΙΣ.[27]

Dass dieses Rückseitenbild, wie jenes der Conze-Medaille, Bezug nimmt auf Hirschfelds Wirken als Lehrer und Historiker in Prag und Wien und nicht bloß Musen der Wissenschaft zeigt, ist nicht zu bezweifeln. So wird mit MNHMH die Erinnerung angesprochen, die Hirschfeld in Prag und Wien hinterließ, die er seinerseits aber auch an seine Kollegen und Schüler bewahren sollte, und ΠΙΣΤΙΣ meint die Treue seiner Schüler und Kollegen nach seinem Weggang nach Berlin. Kurz: Die Medaille als ein Geschenk zur treuen Erinnerung.[28]

## Gipsbüste Alexander Conzes

So verdienstvoll das Wirken dieser ersten beiden Professoren für die Entwicklung der von ihnen vertretenen altertumswissenschaftlichen Fächer an der Universität Wien und darüber hinaus in den Ländern der k. u. k. Monarchie auch gewesen ist, außer den Medaillen, die heute in mehreren Museen und Sammlungen vertreten sind[29], haben beide an öffentlichen Orten keine sichtbaren Spuren hinterlassen,

---

nicht früher geschehen ist. Die Prägestöcke bewahrt der Medailleur. Ich schicke sie blos deshalb nicht, weil ich mir denke, sie könnten Ihnen sehr im Wege liegen. Ich bitte mir aber gelegentlich zu schreiben, was sie über dieselben verfügen. In keinem Falle wird von nun an auch nur ein Stück ohne Ihre Erlaubnis geprägt werden.«

27 Karl Domanig, Anton Scharff, k. und k. Kammer-Medailleur (1845–1895). Sein Bildungsgang und sein Schaffen, in: Numismatische Zeitschrift 26 (1894) S. 271–320, bes. S. 299 Nr. 25 Taf. 6 (Abb. der Rückseite). – Loehr 1899, S. 21 Nr. 109 Taf. XI. – Wurzbach-Tannenberg 1943, S. 579 Nr. 3712. – Hoppe 2018, 70 Nr. 153 (mit falsch wiedergegebenen Inschriften). – Krmnicek/Gaidys 2020, S. 58f. Kat. 20. Diese Medaille ist aus Silber und daher vielleicht jenes Exemplar, das Hirschfeld persönlich überreicht wurde.

28 In diesem Sinne Alfred von Domaszewski zu seinem aus Wien scheidenden Lehrer: »[…] nichts wird uns bleiben als die Erinnerung an vergangene, schöne Tage«, s. Brief Domaszweskis an die Frau Otto Hirschfelds, Adelheid, o. O. und o. D. (StaBi Berlin, PK, HSA, Nachlass Otto Hirschfeld). – Was Domanig 1894, S. 299 zur Deutung schrieb, scheint mir zu kompliziert gedacht: »Μνήμη, das Gedächtniss (Erinnerungsvermögen) wird von Πίστις, der Treue (Wahrhaftigkeit, daher entblösst) berathen – eine Anspielung auf die historische Forschung und Lehrthätigkeit des Dargestellten.« – Loehr 1899, 21 Nr. 109 spricht unverbindlich von zwei allegorischen Figuren.

29 Neben Tübingen (s. o. Anm. 17 und 27) sind sie beispielweise auch im Münzkabinett des Universalmuseums Joanneum in Graz (Conze-Medaille: Inv.-Nr. 42.743; Hirschfeld-Medaille: Inv.-Nr.

Abb. 3: August Löher, Büste Alexander Conzes, Gips, 1877, Archäologische Sammlung der Universität Wien, Inv. Nr. 51.

sieht man von einem von August Löher gefertigten Bildnis Alexander Conzes ab. Die Gipsbüste ist 1877 von Otto Benndorf und Otto Hirschfeld dem Archaeologisch-Epigraphischen Seminar geschenkt worden (Abb. 3). Sie befindet sich wenig öffentlichkeitswirksam, aber immerhin fachnahen WissenschaftlerInnen zugänglich in der Archäologischen Sammlung der Universität Wien in der Franz-Klein-Gasse 1, der Adresse des Instituts für Klassische Archäologie seit 1988/89.[30]

Diese Spärlichkeit öffentlicher Orte des Gedenkens und Erinnerns an diese beiden ersten Vertreter ihres Faches ist wahrscheinlich der relativ kurzen Zeit ihres Wirkens in Wien geschuldet. Bei ihren Nachfolgern als Leiter des Archae-

42.811; beide in Bronze; aus dem Nachlass Wilhelm Gurlitts als Geschenk seiner Witwe im Jahr 1905, s. XCIV. Jahresbericht des Steiermärkischen Landesmuseums Joanneum über das Jahr 1905, Graz 1906, S. 41, https://www.zobodat.at/pdf/Joanneum-JB_1905_0001-0102.pdf [abgerufen am 24.5.2020]) und im Münzkabinett des Kunsthistorischen Museums in Wien (nur Conze-Medaille: a) in Silber, Inv.Nr. 15062/1914B; vom Medailleur erworben 1924; b) in Bronze, Inv.-Nr. 129887; Schenkung 1877, wohl durch das Komitee, das die Conze-Medaille organisierte) nachzuweisen.

30 Zu dieser Porträtbüste Conzes s. Krierer 2013, 909 Anm. 47; 913 mit Anm. 65; 914.

ologisch-Epigraphischen Seminars wird dies anders sein: Einmal dem Ruf nach Wien gefolgt, blieben sie trotz mehrerer Angebote anderer Universitäten in Wien.

Otto Benndorf war nach seinem Studium in Erlangen und Bonn für einige Semester Lehrer an angesehenen Gymnasien in Berlin und Schulpforta gewesen. Nach zwei Jahren als Inhaber des Reisestipendiums am archäologischen Institut in Rom habilitierte er 1868 in Göttingen. Im Jahr darauf wurde er nach Zürich berufen, legte diese Professur aber, bedingt durch die deutsch-französischen Unruhen in der Schweiz, schon im Jahr 1871 wieder zurück. Nach einem Semester als Honorarprofessor in München erhielt er 1872 eine Berufung nach Prag. 1877 wechselte er als Nachfolger Alexander Conzes nach Wien, wo er bis 1898 an der Universität wirkte und zum Begründer der Ausgrabungen in Ephesos und des bis heute existierenden Österreichischen Archäologischen Instituts wurde. Er verstarb im Alter von 68 Jahren am 2. Jänner 1907 in seiner Wiener Wohnung in der Pelikangasse 18.

Eugen Bormann hatte in Bonn und Berlin studiert, war ebenfalls Inhaber des archäologischen Reisestipendiums und danach Lehrer am renommierten Berliner Gymnasium zum Grauen Kloster. 1881 wurde er als Professor für Alte Geschichte nach Marburg berufen und übernahm 1885 von Otto Hirschfeld den Wiener Lehrstuhl für Alte Geschichte, Altertumskunde und Epigraphik. Nach seiner Pensionierung im Jahr 1914 gab er in reduziertem Umfang weiterhin Lehrveranstaltungen. Er verstarb am 4. März 1917 im 75. Lebensjahr in seinem Haus in Klosterneuburg, Buchberggasse 41.

## Denkmäler für Otto Benndorf

Gerade einmal ein Jahr nach Benndorfs Ableben war man in der 1898 gegründeten Zweigstelle Athen des k.k. Archäologischen Instituts damit beschäftigt, die Eröffnung des nach Plänen des Architekten Ernst Ziller errichteten Institutsgebäudes an der Leoforos Alexandras vorzubereiten, die am 4. März 1908 stattfand. Eine Marmorbüste Kaiser Franz Josephs[31] sollte in der Bibliothek aufgestellt werden, und auch eine Bronzebüste des Institutsgründers Otto Benndorf

31 Zu dieser Büste Kaiser Franz Josephs siehe Christa Schauer, Akteure und Schicksale. Addenda zur frühen Geschichte der Zweigstelle Athen des ÖAI, in: Lydia Berger/Lisa Huber/Felix Lang/Jörg Weilhartner (Hg.), Akten des 17. Österreichischen Archäologentages am Fachbereich Altertumswissenschaften, Klassische und Frühägäische Archäologie der Universität Salzburg vom 26. bis 28. Februar 2018, Salzburg 2020, S. 501–511, bes. S. 504.

Abb. 4: Hella Unger, Bronzebüste Otto Benndorfs im Vorgarten der Athener Zweigstelle des Österreichischen Archäologischen Instituts.

war bei der Künstlerin Helene (Hella) Unger, Tochter des bekannten und mit Benndorf befreundeten Radierers und Kupferstechers William Unger, Professor an der Wiener Akademie der bildenden Künste, in Arbeit. In einem Brief Rudolf Heberdeys, seit 1904 (Erster) Sekretär dieser Zweigstelle, geschrieben in Athen am 16. Jänner 1908 an die Wiener Direktion seines Instituts, lesen wir darüber:

> Über die Büste Sectionschefs Benndorf hält es schwer, eine Entscheidung schon jetzt zu treffen. Den Maassen nach scheint sie ein sehr beträchtliches Gewicht zu haben, das Aufstellung auf einem gleichfalls gewichtigen Marmorsockel mit Rücksicht auf die Tragfähigkeit der Traversen vielleicht nicht räthlich machen dürfte.[32]

Die Aufstellung der etwa einen Meter hohen bronzenen Halbfigur Benndorfs konnte also aufgrund ihres großen Gewichts nicht im Gebäudeinneren erfolgen; sie wurde im Vorgarten des Athener Instituts aufgestellt[33] (Abb. 4).

---

32 Archiv des Österreichischen Archäologischen Instituts, Wien, Athen-Akten 1908.

33 Bericht über die Jahresversammlung des österr. archäologischen Institutes 1908, in: Jahreshefte des Österreichischen Archäologischen Instituts 11 (1908) Beibl. Sp. 4. – Veronika Mitsopoulos-Leon,

Abb. 5: Hella Unger, Marmorbüste Otto Benndorfs im Arkadenhof der Wiener Universität.

Auf Hella Unger geht noch eine weitere Büste Benndorfs zurück, die im Arkadenhof des Hauptgebäudes der Wiener Universität steht (Abb. 5). Den ersten Anstoß zu einem solchen Denkmal für seinen langjährigen Wiener Weggefährten gab Eugen Bormann, der im Professoren-Kollegium der Philosophischen Fakultät am 8. Juli 1914 einen diesbezüglichen Antrag gestellt hatte, den der akademische Senat am 4. Dezember 1914 genehmigte. Ursprünglich war für die Ausführung der Bildhauer Theodor Khuen vorgesehen, ein Schüler Viktor Tilgners.[34] Aus Rücksicht auf die Kriegsereignisse stellte die Wiener Universität dieses Vorhaben allerdings zurück. Erst im Studienjahr 1928/29 wurde der seinerzeitige Vorschlag Bormanns von der Artistischen Kommission wieder aufgegriffen und am 6. März 1929 Hella Unger – Khuen war 1922 verstorben – mit

Zur Geschichte der Zweigstelle Athen des Österreichischen Archäologischen Instituts, in: Veronika Mitsopoulos-Leon (Hg.), Hundert Jahre Österreichisches Archäologisches Institut Athen 1898–1998, Wien/Athen 1998, S. 9–24, bes. S. 9. –Schauer 2020, S. 503.

34 Khuen hatte für den Arkadenhof bereits 1901 die Büste des Neurologen und Psychiaters Theodor Meynert und 1903 das Porträtrelief des Juristen Franz Hofmann geschaffen, s. Thomas Maisel, Gelehrte in Stein und Bronze. Die Denkmäler im Arkadenhof der Universität Wien, Wien/Köln/Weimar 2007, S. 39 Nr. 18 (Hofmann) und S. 85 Nr. 110 (Meynert).

der Herstellung der Büste Benndorfs beauftragt, zum einen wohl, weil sie schon eine Büste Benndorfs – die zuvor erwähnte – geschaffen hatte, zum anderen, weil sie Benndorf persönlich gekannt hatte »und daher auch dem Marmor die sprechend lebendigen Züge«[35] des zu Ehrenden verleihen konnte. Das Bundesministerium für Unterricht bewilligte am 8. April fünfhundert Schilling für die Ausführung des Monuments.[36] Als Aufstellungsort bestimmte die Artistische Kommission der Universität Wien am 6. Juni 1929 »die Bibliotheksseite der Arkaden«, d.h. die westliche Stirnwand des Arkadenhofes neben dem Denkmal für den Philosophen Friedrich Jodl. Am 28. Juni 1929, einem Freitag, fand um 12 Uhr mittags im Kleinen Festsaal der Wiener Universität eine Festversammlung statt, bei welcher Emil Reisch, der Obmann des Denkmalkomitees, die Festrede hielt. Nach der offiziellen Übernahme des Denkmals durch den Prorektor Heinrich von Peham fand die Enthüllung der Büste statt. In den Tagen danach berichteten etliche Printmedien über dieses Ereignis, an dem unter anderem auch die Kinder Benndorfs teilgenommen hatten.[37]

## Denkmäler für Eugen Bormann

Obwohl sich Eugen Bormann um die Altertumswissenschaften an der Wiener Universität gewiss nicht weniger verdient gemacht hatte als Otto Benndorf – so steht beispielsweise die Zahl seiner bedeutenden Schüler jener Benndorfs um nichts nach –, blieb ihm ehrendes Andenken im Arkadenhof verwehrt. Erst spät wurde ihm in der Wiener Universität eine Ehrung zuteil, indem man zwischen 1957 und 1965 seinen Namen auf die Ehrentafel der Philosophischen Fakultät setzte, die am Aufgang von der Aula zur rechten Seitenaula angebracht ist.[38]

35 Reichspost, 29. Juni 1929, S. 12.

36 Zum Denkmal s. UAW [Universitätsarchiv Wien] Senat S 88.5. – UAW Senat S 93.6. – Maisel 2007, S. 65 Nr. 67.

37 Vgl. Neue Freie Presse, Abendblatt Nr. 23271, 28. Juni 1929, S. 3. – Reichspost Nr. 178, 29. Juni 1929, S. 12. – Neues Wiener Journal Nr. 12788, 29. Juni 1929, S. 23. – Wiener Zeitung Nr. 149, 29. Juni 1929, S. 5. – Der Tag Nr. 2328, 2. Juli 1929, S. 6f.

38 Zu den Ehrentafeln der Fakultäten im Hauptgebäude der Universität s. Kurt Mühlberger, Palast der Wissenschaft. Ein historischer Spaziergang durch das Hauptgebäude der Alma Mater Rudolphina Vindobonensis, Wien/Köln/Weimar 2007, S. 88–95, bes. S. 95 Nr. 53 (Eintrag zu Eugen Bormann). – Vgl. https://geschichte.univie.ac.at/de/personen/ehrungen?title=&honors=1092&faculty=123 und https://geschichte.univie.ac.at/de/bilder/ehrentafel-der-philosophischen-fakultaet-aula-der-universitaet-wien (abgerufen am 26.3.2020).

Abb. 6: Gedächtnistafel für Eugen Bormann am Klosterneuburger Bundesgymnasium.

Wesentlich früher als die Wiener Universität hatte ihn dagegen die Stadt Klosterneuburg als einen ihrer angesehensten Bürger geehrt. Bormann war im Jahr 1900 von der Döblinger Hauptstraße 15 im 19. Wiener Gemeindebezirk in die Klosterneuburger Buchberggasse 41 übersiedelt.[39] Und hier, schräg gegenüber seinem Wohnhaus, wurde an der westlichen Front des Gymnasiums in einer Gedächtnisfeier am Sonntag, dem 24. Juni 1928 (›Johannistag‹), um 11 Uhr Vormittag eine vom Volksbildungshaus ›Klosterneuburger Urania‹ gestiftete Gedenktafel enthüllt. Festfanfaren leiteten die Feier ein, an der viel und durchaus prominentes Publikum teilnahm. Der Obmann der Urania Dr. Heinrich Weil, der tags zuvor in der Klosterneuburger Zeitung durch »Persönliche Erinnerungen an Eugen Bormann« Werbung für das sonntägliche Fest, aber auch für seinen Verein gemacht und dabei unter anderem auf Bormanns Verdienste in der Volksbildung hingewiesen hatte[40], begründete das Andenken an Bormann und

39 Erwin Mehl, Eugen Bormann – Erinnerungen an einen bedeutenden Erforscher des römischen Altertums, in: Römisches Österreich 7 (1979) S. 35–79, bes. S. 44f.

40 Klosterneuburger Zeitung, Nr. 37, 23. Juni 1928, S. 1–2. Auf S. 1 wird Bormann als »einer der ersten Vorkämpfer für das Mädchenstudium bei uns« bezeichnet, »und gar viele Studentinnen

übergab das Denkmal in die Obhut der Stadt Klosterneuburg.[41] Ein bronzenes Medaillon von der Hand des Klosterneuburger Bildhauers August Bodenstein[42] zeigt ein charakteristisches Bildnis Bormanns, unter welchem eine Inschrift sowohl auf den Geehrten als auch auf die Stifter hinweist (Abb. 6):

DR EUGEN BORMANN
1842 1917
IHM UND SEINEN SCHÜLERN
LEBTE DAS RÖMISCHE ALTERTUM
KLOSTERNEUBURGER URANIA

## Grabstätten für Bormann und Benndorf

Eine Stunde vor der Enthüllung der Gedächtnistafel für Eugen Bormann am Gymnasium wurde auf dem an der Meynertgasse gelegenen Oberen Stadtfriedhof von Klosterneuburg an der letzten Ruhestätte Bormanns von einstigen Schülern ein würdiges Grabdenkmal übergeben, das vom Archaeologisch-Epigraphischen Seminar der Wiener Universität gestiftet worden war (Abb. 7). Dieser Grabstein, ein Werk des Wiener Steinmetzmeisters Viktor Langer, hat die Form einer römischen Grabstele aus Carnuntum mit halbrundem Giebel[43], welcher mit einer achtblättrigen, radförmigen Rosette geschmückt ist. Die Inschrift lautet:

EVGENIVS · BORMANN
VIXIT · ANNOS · LXXIIII · OBIIT
DIE · IIII · NONAS MARTIAS
ANNO · MDCCCCXVII

haben, ohne sich dessen bewußt zu sein, die späten schönen Früchte seiner damals erfolglosen Anbautätigkeit geerntet.«

41 Zur Feier und zum Denkmal s. Klosterneuburger Zeitung Nr. 38, 27. Juni 1928, S. 2. – Reichspost, Nr. 178, 28. Juni 1928, S. 6. – Mehl 1979, S. 36f.

42 Zum Künstler s. Veronika Pfaffl, Prof. August Bodenstein – Akad. Bildhauer, https://www.bodenstein.at/bildhauer-prof-august-bodenstein-1897-1976 (abgerufen am 28.3.2020).

43 Vgl. die Grabstele des Caius Vibius Secundus aus Carnuntum/Petronell in der Antikensammlung des Kunsthistorischen Museums, Inv.Nr. ANSA III 63, s. Martin Mosser, Die Steindenkmäler der legio XV Apollinaris, Wien 2003, S. 200 Nr. 74 Taf. 13. – Friederike und Ortolf Harl, Ubi Erat Lupa (Bilddatenbank zu antiken Steindenkmälern), http://lupa.at/1138 (abgerufen am 29.3.2020).

DELICIAS VITAE · SOLITVS
CONTEMNERE · VITAM
IMPENDIT · STVDIIS
DISCIPVLISQUE SVIS

(Eugen Bormann lebte 74 Jahre und starb am 4. März 1917.
Gewohnt, die Vergnügungen des Lebens gering zu schätzen,
opferte er sein Leben der Wissenschaft und seinen Schülern.)

Am Grab hielt Rudolf Egger, der 1905 bei Bormann promoviert hatte[44], eine schlichte Gedächtnisrede. Von ihm stammte der Entwurf des Grabsteines und von Emil Vetter, ebenfalls ein Schüler Bormanns, der Wortlaut der Inschrift in Form eines Distichons (Verspaar aus einem Hexameter und einem Pentameter). Seit 1956 ist Bormanns letzte Ruhestätte, in der auch seine Schwiegermutter Emma Rohrdantz († 1906) und seine Frau Auguste († 1938) bestattet sind, als Ehrengrab der Gemeinde Klosterneuburg gewidmet. Im Jahr 1979 erfolgte eine Restaurierung der Grabstätte, wobei auch zwei Fehler der ursprünglichen Inschrift (Alter und Todestag) korrigiert wurden.[45]

Während wir vom Begräbnis Bormanns keine detaillierten Nachrichten haben, sind wir über jenes von Otto Benndorf durch ausführliche Berichte in der Tagespresse bestens informiert. Demnach wurden seine sterblichen Überreste am 4. Jänner 1907 nach einer Trauerfeier in der protestantischen Kirche in der Währinger Martinstraße (Kaiser Franz-Joseph-Jubiläumskirche, heute: Lutherkirche) auf einem vierspännigen Leichenwagen des Bestattungsunternehmens »Concordia« zu seiner letzten Ruhestätte auf dem Dornbacher Friedhof an der Alszeile (Gruppe 14, Reihe 3, Nummer 29) gebracht. Der Sarg war mit einem Lorbeerkranz mit Tannenzapfen geschmückt. Das Begräbnis fand unter großer Teilnahme aller Gesellschaftskreise der Residenzstadt Wien statt. Der Oberstkämmerer, der Unterrichtsminister, der Dekan der Philosophischen Fakultät der Universität und der Präsident der Akademie der Wissenschaften waren ebenso vertreten wie etliche Professoren verschiedener Wiener Hochschulen sowie viele Studierende. Der Pfarrer Dr. Josef Beck sprach nach der Einsegnung nur wenige

44 Zu Rudolf Egger (1882–1969) s. Pesditschek 1996, S. 97–107. – Martina Pesditschek, Wien war anders – Das Fach Alte Geschichte und Altertumskunde, in: Mitchell G. Ash/Wolfram Nieß/Ramon Pils (Hg.), Geisteswissenschaften im Nationalsozialismus. Das Beispiel der Universität Wien, Göttingen 2010, S. 287–316, zu Rudolf Egger bes. S. 290–307.

45 Klosterneuburger Zeitung Nr. 38, 27. Juni 1928, S. 2. – Reichspost, Nr. 178, 28. Juni 1928, S. 6. – Mehl 1979, S. 66f.

Abb. 7: Grab Eugen Bormanns am Oberen Stadtfriedhof in Klosterneuburg.

Worte zum Leben Benndorfs, da sich dieser letztwillig jede Grabrede wie auch jede Blume verbeten hatte.[46] Bestattet wurde er in einem Familiengrab, in welchem später auch seine Frau Sophie (1844–1919), sein Schwiegersohn Ludwig Moszkowicz (1873–1945) sowie Richard und Hilde Reichel, zwei Enkelkinder Benndorfs aus der Ehe seiner Tochter Else mit dem Archäologen Wolfgang Reichel, beigesetzt wurden.[47]

Benndorfs letzte Ruhestätte (Abb. 8) wurde mit Genehmigung des Bürgermeisters der Stadt Wien vom 30. Dezember 1959 ehrenhalber auf Friedhofsdauer

46 Zum Begräbnis s. z.B. Neue Freie Presse Nr. 15221, S. 8. – Neues Wiener Tagblatt Nr. 5, S. 7. – Deutsches Volksblatt, Morgen-Ausgabe Nr. 6470, S. 5 (alle vom 5. Jänner 1907).

47 Nach dem Wiener Friedhofsverzeichnis, https://www.friedhoefewien.at/grabsuche_de (abgerufen am 29.5.2020). – Schauer 2020, S. 510 mit Anm. 76. – Zu Ludwig Moszkowicz: Marta Marková, Auf Knopfdruck. Vienna Postwar Flair, Wien 2018, bes. 260–263. – VAN SWIETEN BLOG: Informationen der Universitätsbibliothek der Med Uni Wien, Nr. 31633 [letzte Aktualisierung: 2018 02], https://ub.meduniwien.ac.at/blog/?p=31633 (abgerufen am 29.5.2020). – Zu Else Reichel: Hubert Kolling (Hg.), Biographisches Lexikon zur Pflegegeschichte, Band 4, München/Jena 2008, S. 235f.

Abb. 8: Grab Otto Benndorfs am Dornbacher Friedhof in Wien.

gewidmet und damit in die Obhut der Stadt Wien übernommen, mit der Verpflichtung, dass die Grabstelle dauernd zu pflegen und zu schmücken sei.[48] Der schlichte Grabstein, der entsprechend einer am Sockel des Grabes angebrachten Metallplakette von der alteingesessenen Steinmetzfirma »J. Lichteneckers Erben« in Wien XVII, angesiedelt beim Hernalser Friedhof, ausgeführt wurde, trägt heute lediglich die Namen und Lebensdaten von drei der hier Beerdigten sowie eine Aufschrift, die einen Vers aus der Bergpredigt aus dem Evangelium nach Matthäus (Kapitel 5, 8) wiedergibt:

SELIG SIND, DIE REINEN
HERZENS SIND, DENN SIE
WERDEN GOTT SCHAUEN

48 WStLA [Wiener Stadt- und Landesarchiv], Ehrengräber (bis Juni 1972) 80 (M.Abt. 67, A1 – A – Allgemeine Registratur: 1126/59 = M.Abt. 43 – 3660/57). – Jahrbuch der Stadt Wien 1959, Wien 1960, S. 173.

Waren alle bisherigen Materialisierungen der Erinnerung an die Orte des beruflichen Wirkens bzw. privaten Lebens der ersten Professoren des Archaeologisch-Epigraphischen Seminars geknüpft, so sind im folgenden Abschnitt andere Parameter dafür ausschlaggebend.

## Straßenbenennungen nach Benndorf und Bormann

Die politischen Veränderungen nach dem Ersten Weltkrieg brachten nicht nur eine Veränderung der Staatenwelt und der Gesellschaften, sondern auch ein neues Verhältnis zu alten Straßennamen mit sich. Wien wandelte sich von der Hauptstadt der Habsburgermonarchie, einem Vielvölkerstaat, zur Hauptstadt der Republik Österreich, und die alten Straßennamen waren, wie in einem Amtsblatt der Stadt Wien des Jahres 1919 zu lesen ist, angetan, »die republikanischen Gefühle der Bevölkerung zu verletzen.«[49] Das führte in diesem Jahr zur Einsetzung eines eigenen Ausschusses durch den Stadtrat und zu zahlreichen Um- und Rückbenennungen von Verkehrsflächen. Solche waren im Lauf der Geschichte immer wieder Ausdruck politischer Machtverhältnisse bzw. von deren Verschiebungen. Schließlich hatten und haben Straßennamen nicht nur eine Orientierungsfunktion, sondern oft auch politischen Gehalt.[50] In städtischen Erweiterungsgebieten wurden gänzlich neue Straßenbenennungen vorgenommen. Dabei unterbreitete der städtische Magistrat der jeweiligen Bezirksvertretung einen Vorschlag, der von dieser behandelt wurde. Straßennamen nach männlichen, adeligen, oft dem Habsburgerhaus nahestehenden Personen waren nun passé; stattdessen kamen zahlreiche verdienstvolle Wissenschaftler, Künstler und Politiker zu ihren Ehren.[51]

Als im Jahr 1922 der Wiener Magistrat beabsichtigte, in der Kleingartensiedlung Rosenhügel einen Straßenzug nach Otto Benndorf zu benennen – von

49 Amtsblatt der Stadt Wien 1919, Nr. 46 (7. Juni 1919), S. 1312.

50 Peter Autengruber, Straßennamen als Gedächtnisspeicher der Stadt, in: GEOGRAPHIEaktuell 12/II (2012) S. 6. – Birgit Nemec, Das Um-schreiben urbaner Topographien – Gedächtnispolitik durch Straßenumbenennungen. Wien, 1910–2010, in: Linda Erker/Alexander Salzmann/Lucile Dreidemy/Klaudija Sabo (Hg.), Update! Perspektiven der Zeitgeschichte. Zeitgeschichtetage 2010, Innsbruck/Wien 2012, S. 672–680. – Peter Autengruber/BirgitNemec/OliverRathkolb/FlorianWenninger, Forschungsprojektendbericht Straßennamen Wiens seit 1860 als »Politische Erinnerungsorte«, Wien 2013, https://www.wien.gv.at/kultur/abteilung/pdf/strassennamenbericht.pdf (abgerufen am 27.3.2020).

51 Vgl. den Beitrag von Daniel Luger in diesem Band, S. 155–175.

wem die Initiative dazu ausging, ist trotz intensiver Nachforschungen nicht mehr zu eruieren[52] –, schlug der sozialdemokratische Bezirksvorsteher des 12. Wiener Gemeindebezirks (Meidling), Alois Zanaschka, vor, diese Gasse stattdessen »nach dem seinerzeitigen Hofarchitekten Anton Pacassi, welcher das Hetzendorfer Schloß erbaute und auch an der baulichen Ausgestaltung des Schlosses Schönbrunn hervorragend arbeitete«, zu benennen, und bat in der öffentlichen Sitzung der Bezirksvertretung am 16. März 1922 um nachträgliche Zustimmung.[53] Diesem Änderungsvorschlag folgte der städtische Ausschuss für technische Angelegenheiten jedoch nicht und benannte in der Sitzung vom 24. Mai 1922 im Bereich des Rosenhügels einen Straßenzug nach dem Wiener Archäologen als »Benndorfgasse«.[54] Die kurze Gasse, die zur Pfarre Hetzendorf gehörte, zweigte seinerzeit von der damals gegenüber heute anders verlaufenden Jungpointgasse, die nördlich des Südwestfriedhofes bei der Endergasse begann, Richtung Süden zum Friedhof ab, verlief also gewissermaßen »entlang d(er) Ostfront d(es) Südwestfriedhofes«[55] und damit westlich der Hervicusgasse und in etwa parallel zu dieser (Abb. 9). Die definitive Anlage der Gasse dürfte sich jedoch hingezogen haben, denn bis 1931 wird sie in Lehmanns Adressbuch mit »projektiert« bezeichnet.[56]

---

52 Ich danke Monika Roither vom Wiener Stadt- und Landesarchiv für die Unterstützung bei meinen Recherchen.

53 Amtsblatt der Stadt Wien 1922, Nr. 30 (15. April 1922), S. 427.

54 Amtsblatt der Stadt Wien 1922, Nr. 48 (17. Juni 1922), S. 660. – Magistrat der Stadt Wien (Hg.), Die Gemeindeverwaltung der Bundeshauptstadt Wien in der Zeit vom 1. Juli 1919 bis 31. Dezember 1922 unter dem Bürgermeister Jakob Reumann, Wien 1927, S. 476 und S. 914. – Rudolf Geyer, Handbuch der Wiener Matriken. Ein Hilfswerk für Matriken-Führer und Familienforscher, Wien 1929, S. 140. – Ludwig Rossa, Wien. Straßennamen und deren Erklärung, Wien 1929, S. 20. – Meidlinger Heimatbuchausschuß (Hg.), Meidling. Der 12. Wiener Gemeindebezirk in Vergangenheit und Gegenwart, Wien 1930, S. 247. – Karl Hilscher, Die Verkehrswege des 12. Wiener Gemeindebezirkes und die Erklärung ihrer Namen, Wien [1931], S. 15f. – Felix Czeike, Historisches Lexikon Wien, Bd. 1 A – Da, Wien 2004, S. 325.

55 Wiener Adreßbuch. Lehmanns Wohnungs-Anzeiger für Wien 1923, 2. Band, Teil IV (Straßen, Gassen und Plätze in den einundzwanzig Gemeindebezirken, alphabetisch geordnet), Wien 1923, S. 6, https://www.digital.wienbibliothek.at/wbrobv/periodical/pageview/173640 (abgerufen am 27.3.2020).

56 Wiener Adreßbuch. Lehmanns Wohnungsanzeiger für Wien 1931, 2. Band, Teil IV (Straßen, Gassen und Plätze nebst Angabe der Zugänge in den Wiener Gemeindebezirken), Wien 1931, S. 6, https://www.digital.wienbibliothek.at/wbrobv/periodical/pageview/202172 (abgerufen am 27.3.2020). – In G. Freytag & Berndt's Verkehrsplan von Wien, Wien [1928] f 26–27 ist sie noch nicht eingezeichnet, https://www.digital.wienbibliothek.at/wbrobv/content/pageview/2632129 (abgerufen am 31.3.2020).

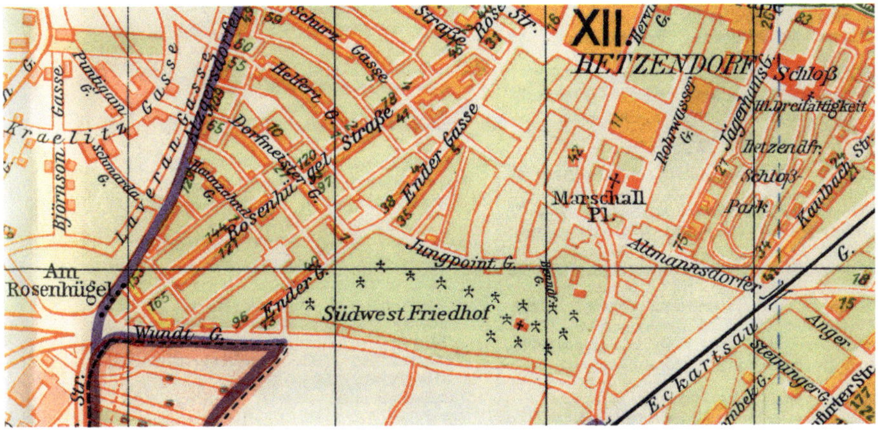


Abb. 9: Benndorfgasse beim Südwestfriedhof, Detail des Stadtplans aus dem Jahre 1939.

Die Errichtung des Südwestfriedhofes zwischen der Endergasse und der Hervicusgasse in der Nähe der am Marschallplatz liegenden Hetzendorfer Kirche, die der Gottesmutter Maria, der Königin des heiligen Rosenkranzes, geweiht ist, wurde aufgrund des Raummangels für Belegungen auf den Friedhöfen der südwestlichen Bezirke Wiens (12. bis 16. Bezirk) von der Gemeinde Wien 1919 beschlossen.[57] Einer Beschreibung aus dem Jahr 1930 nach zu schließen, scheint diese Gegend damals wenig attraktiv gewesen zu sein: »Die nüchterne, noch ganz baumlose Lage läßt diesen Friedhof, der zudem von einem poesielosen Drahtgitter umzäunt ist, recht abstoßend erscheinen.«[58]

Diese ›erste‹ Benndorfgasse wurde zu einem nicht genau zu benennenden Zeitpunkt wieder aus dem Verkehrsflächenverzeichnis gestrichen. Mit der im Jahr 1927 beschlossenen Erweiterung des Südwestfriedhofes[59] kann diese Streichung aber nicht zusammenhängen, denn noch bis 1947 wird diese Benndorfgasse, die damals die Jungpointgasse mit der Wundtgasse verband, in verschiede-

57 Mit der Ausführung wurde 1920 der Architekt Baurat Karl Seidl beauftragt, die erste Bestattung fand am 20. Juli 1921 statt. Vgl. zur Geschichte dieses Friedhofes (Eingänge Hervicusgasse 44 und Wundtgasse 1a) Franz Knispel, Zur Geschichte der Friedhöfe in Wien, Band I, Wien 1992, S. 240–245.

58 Meidlinger Heimatbuchausschuß 1930, S. 349.

59 Amtsblatt der Stadt Wien 1927, Nr. 55 (9. Juli 1927), S. 769.

nen Medien verzeichnet.[60] Erst ein Stadtplan aus dem Jahr 1948 zeigt die neue topographische Situation ohne Benndorfgasse.[61]

Gewissermaßen als ›Ersatz‹ für diese Streichung beschloss der Wiener Gemeinderatsausschuss III (Kultur, Volksbildung und Schulverwaltung) in seiner Sitzung vom 16. April 1958 (A.Z. 91/58) eine ›neue‹ Benndorfgasse in Neu Breitenlee im 22. Wiener Gemeindebezirk (Donaustadt).[62] Diese wurde in der sog. Petraschsiedlung südlich der Pfalzgasse angelegt[63] und verbindet heute die Quadenstraße mit der Stemolakgasse, wobei sie nach der Hausfeldstraße leicht nach Norden versetzt weiterläuft.

War schon die erste Benndorfgasse von der Planung her eher ein auf einen Friedhof zuführender ›Wurmfortsatz‹, so verdient auch die zweite Benndorfgasse, die zwar unweit der schmucken Blumengärten Hirschstetten, selbst aber nicht gerade im adrettesten Teil an der Peripherie der Stadt Wien liegt und großteils an landwirtschaftliche Nutzflächen grenzt, gewiss nicht die Bezeichnung ›Prachtboulevard‹. Ein Gedächtnisspeicher ist sie jedoch allemal, wenngleich zu fragen wäre, ob die dort Wohnenden etwas über Leben und Wirken Otto

60 Vgl. Handbuch der bundesunmittelbaren Stadt Wien, 61. amtlich redigierter Jahrgang, Wien 1935, S. 861. – Handbuch Reichsgau Wien, 63./64. amtlich redigierter Jahrgang, Wien 1941, S. 1423. – Handbuch Reichsgau Wien, 65./66. amtlich redigierter Jahrgang, Wien 1944, II. Teil (nichtamtlich) S. 140. – Ludwig Rossa, Straßenlexikon von Wien, 2. Auflage, Wien 1947, S. 61. – Vielleicht wurde diese projektierte Verkehrsfläche aber auch physisch nie realisiert und ihr Name deshalb aus der Evidenz gestrichen. Freundliche Auskunft von Christoph Sonnlechner vom Wiener Stadt- und Landesarchiv.

61 Freytag & Berndt's Pläne von Wien. Verkehrsplan mit Straßenverzeichnis, 1:15.000, Wien 1948, f 26, https://www.digital.wienbibliothek.at/wbrobv/content/titleinfo/2632093 (abgerufen am 27.3.2020). – So auch im Jahr 1955: Freytag-Berndt, Pläne von Wien. Gesamtplan mit den 23 Gemeindebezirken, 1:25.000, Wien [1955], U 12–13.

62 Protokoll der Sitzung des Gemeinderatsausschusses III vom 16. April 1958 (WStLA, Gemeinderat, B25/2. Ex. Gemeinderatsausschüsse: Ausschuss III, 16.4.1958). – Schreiben von Dr. Robert Waissenberger – er war Schriftführer des Gemeinderatsausschusses III – von der Magistratsabteilung 7 an die Kanzlei vom 30. April 1958 wegen Benennung einer Verkehrsfläche in Wien XXII., Petraschsiedlung, nach Otto Benndorf, M.Abt. 7 – 384/58 (WStLA, M.Abt. 350, A21 – Verkehrsflächenbenennungen: 384/1958). – Amtsblatt der Stadt Wien 1958, Nr. 46 (7. Juni 1958), S. 10. – Jahrbuch der Stadt Wien 1958, Wien 1959, S. 51. – Rudolf Till, Universität und Stadtverwaltung. Die gegenseitigen Beziehungen seit 1848, Wien 1965, S. 52 und S. 54. – Felix Czeike, Historisches Lexikon Wien, Bd. 1: A – Da, Wien 2004, S. 325. – Peter Autengruber, Lexikon der Wiener Straßennamen. Bedeutung. Herkunft. Frühere Bezeichnungen, 10. Auflage, Wien 2019, S. 51.

63 Freytag-Berndt, Pläne von Wien. Gesamtplan mit den 23 Gemeindebezirken, 1:25.000, Wien [1955], H 32.

Benndorfs wissen. Es ist freilich davon auszugehen, dass Benndorf im kollektiven Bewusstsein wenig verankert sein dürfte.

Ebenfalls jenseits der Donau war im Jahre 1931 »(i)n der von der Gemeinde Wien verbauten Siedlung ›Am Freihof‹ in Kagran[64] [...] infolge fortschreitender Bebauung die Benennung mehrerer Verkehrsflächen notwendig geworden«. Dabei erhielt auch eine Verkehrsfläche, »welche die Gasse ›Am Freihof‹ mit dem Kagraner Platz verbindet, und dort zwischen den Häusern O.No. 44 und 46 einmündet«, den Namen von Benndorfs langjährigem Kollegen: »Eugen Bormann-Gasse«. Es war auch eine Erläuterungstafel geplant, auf welcher geschrieben stehen sollte:

> Dr. Eugen Bormann
> (1842–1917)
> Professor für alte Geschichte und
> Epigraphik an der Wiener Universität[65]

Der Vorschlag zur Benennung dieser Bormanngasse ging von den Städtischen Sammlungen unter dem Direktorat von Hermann Reuther aus.[66] In der Begründung des Antrages hieß es nach einem kurzen Lebensabriss Bormanns: »BORMANN war es, der als Schüler MOMMSEN's die von seinem Vorgänger begründete archäologisch-epigraphische Wissenschaft in Österreich zur Blüte brachte und sich um die epigraphischen Denkmäler Carnuntums größte Verdienste erwarb.«[67]

---

64 Kagran war damals Teil des 21. Wiener Gemeindebezirks Floridsdorf, der durch Eingemeindung 1904 entstanden war. Seit 1954 bildet Kagran aber mit weiteren Ortschaften den 22. Bezirk (Donaustadt). 21. und 22. Wiener Gemeindebezirk verzeichnen im Übrigen die höchste Dichte an Straßenbenennungen nach Professoren in Wien. – Vgl. Edith Müllbauer, XXII. Donaustadt, Wien 1985, S. 29–31; B. Trinker/M. Strand (Red.), Wiener Bezirkshandbücher – 22. Bezirk: Donaustadt, Wien 2001, S. 9.

65 Die letzten Zitate nach dem Schreiben des Ober-Stadtbaurats Ing. Schüller von der Magistratsabteilung 54 an den Gemeinderats-Ausschuss VII vom 17. März 1932 (WStLA, M.Abt. 218, A1a – Allgemeine Registratur: 435/1930). – Diese Zusatztafel ist heute nicht zu finden. Ob sie jemals angebracht wurde, ist mir unbekannt.

66 Zu Reuther (1882–1958) s. Ferdinand Seibt/Hans Lemberg/Helmut Slapnicka (Hg), Biographisches Lexikon zur Geschichte der böhmischen Länder, Band 3: N – Sch, München 2000, S. 431. – Hundert Jahre Historisches Museum der Stadt Wien, Ausstellungskatalog, Wien 1987, S. 115f.

67 Schreiben der Direktion der Städtischen Sammlungen an die Magistrats-Abteilung 54 vom 22. Jänner 1931 (WStLA, M.Abt. 218, A1a – Allgemeine Registratur: 435/1930). Die Aktenzahl der Städt. Sammlungen war »St.S. 330/30«.

Die Benennung dieser nur etwas über 100 m langen, Nord-Süd-verlaufenden Gasse in der Freihofsiedlung mit ihren »hunderte(n) von schmucken Siedlerhäusern«, so die Bezirksvertretung Floridsdorf in ihrer dem Vorschlag der Stadtverwaltung zustimmenden Stellungnahme vom 4. Februar 1932[68], wurde zusammen mit der anderer Verkehrsflächen im Gemeinderatsausschuss VII (für allgemeine Verwaltung) am 23. März 1932 beschlossen.[69]

Beide Professoren verband zu Lebzeiten mit diesen transdanubischen Wiener Stadtteilen natürlich nichts, wurden diese doch erst im Laufe des 20. Jahrhunderts und zum Teil erst nach dem Zweiten Weltkrieg städtebaulich erschlossen. Ganz anders verhält es sich dagegen bei zwei weiteren Straßen, der Benndorfstraße in Greiz und der Eugen-Bormann-Gasse in Klosterneuburg.

Nach dem Motto »Wer seine Großen ehrt, ehrt sich selbst« hatte der aus Greiz stammende Historiker Friedrich Schneider erstmals im Jahre 1910[70] und dann wiederholt Mitte der 1920er-Jahre angeregt, dass Greiz, Benndorfs Geburtsstadt, seinem berühmten Sohn eine Straße widmen solle.[71] Der Beschluss zur Benennung erfolgte schließlich am 11. Februar 1926 durch den Verwaltungs- und Finanzausschuss, den der Stadtrat der Stadt Greiz am 18. März 1926 genehmigte.[72] Diese Benndorfstraße liegt im Nordosten des Zentrums von Greiz im Stadtteil Reißberg in einer Siedlung mit mehreren Villen, zu der man von der Altstadt in einem etwa zehnminütigen Fußweg aufsteigt, nahe dem heutigen

68 Schreiben des Bezirksvorstehers von Floridsdorf, Franz Bretschneider, an die Magistrats-Abteilung 54 vom 4. Februar 1932 (WStLA, M.Abt. 218, A1a – Allgemeine Registratur: 435/1930). Zu Bretschneider (1866–1950) s. Wienbibliothek im Rathaus, Tagblattarchiv: Franz Bretschneider (Sign.: TP 005668). – Raimund Hinkel/Kurt Landsmann, Floridsdorf von A–Z. Der 21. Bezirk in 1.000 Stichworten, Wien 1997, S. 31. – dasrotewien.at – Weblexikon der Wiener Sozialdemokratie, http://www.dasrotewien.at/seite/bretschneider-franz (abgerufen am 31.3.2020).

69 Amtsblatt der Stadt Wien 1932, Nr. 31 (16. April 1932), S. 277. – Arbeiter-Zeitung Nr. 109, 19. April 1932, S. 6. – Till 1965, S. 52 und S. 55. – Felix Czeike, Historisches Lexikon Wien, Bd. 2: De – Gy, Wien 1994, S. 119. – Autengruber 2019, S. 93.

70 Friedrich Schneider, Otto Benndorf, Greizer Zeitung Nr. 212, 13, September 1910 (o.S.).

71 Ein berühmter Greizer, Greizer Zeitung Nr. 216, 15. September 1925 (o.S.). – Eine Otto Benndorfstraße?, Greizer Zeitung Nr. 236, 8. Oktober 1925 (o.S.). – Vgl. Inge Quandt, Otto Benndorf, ein weltberühmter Sohn der Stadt Greiz – zu seinem 50. Todestag am 2. Januar 1957, Greizer Heimat-Kalender 1957, S. 29–31, bes. S. 29. – Werner Querfeld, Die Benndorfstraße in Greiz erinnert an ihn … Zum 70. Todestag-Gedenken an einen bedeutenden Greizer Archäologen, Greizer Heimatbote 1977, Heft 1, S. 9f. – Die Benndorfstraße in Greiz, Allgemeiner Anzeiger. Greiz, Zeulenroda, Schleiz 2. Jg., Nr. 14, 1. April 1992, S. 2.

72 Albin Otto, Otto Benndorf, ein Sohn der Stadt Greiz, Die Heimat, Greiz, Nr. 1, 26. Januar 1935 (Seitenzahl nicht eruierbar).

Kreiskrankenhaus Greiz, und verbindet – am Reißbergplatz vorbeiziehend – die Hermann-Löns-Straße mit der Uhlandstraße.

Die Benennung einer Gasse in Klosterneuburg nach Bormann wurde dagegen erst relativ spät auf Antrag des damaligen Kulturreferenten Dr. Franz Artmann in der Gemeinderatssitzung vom 26. Februar 1960 beschlossen. Die Gasse liegt unweit von Bormanns ehemaligem Wohnhaus in der Buchberggasse 41 und verbindet südlich des Stadtmuseums Klosterneuburg die Doktor-Holzknecht-Gasse mit der Friedhofgasse.[73]

## Eine spezielle Erinnerung an Benndorf – Die erste Greizer Verschlussmarke

Etwas Besonderes hatte sich das Amt für Volksbildung der Stadt Greiz nach dem Ende des Zweiten Weltkrieges einfallen lassen, um nach der Widmung der Benndorfstraße abermals an einen der berühmtesten Söhne der Stadt zu erinnern[74] – die Herausgabe einer Verschlussmarke im September 1946 (Abb. 10). Derartige Marken, auch Siegelmarken genannt, waren ungefähr ab der Mitte des 19. Jahrhunderts in Umlauf. Mit dem Porträt einer Person standen sie etwa als persönliche Siegelmarken in Verwendung. Mit dem Aufdruck einer Adresse ersparte man sich, einen Absender zu schreiben, und zuweilen wurden sie anlässlich von Kongressen, Ausstellungen und Messen herausgegeben, dienten der Werbung[75] bzw. während der Weltkriege auch Propaganda-Zwecken und zur Finanzierung wohltätiger Zwecke. Als Aufkleber waren sie schnell überall affichiert, vor allem benutzte man sie zum Verschließen oder ›Versiegeln‹ von Briefen, wovon der Name herrührt. Kamen sie in den Verkauf, so floss der Erlös oft karitativen Zwecken zu, z.B. der Kriegsfürsorge. Verschlussmarken werden noch immer produziert, doch mangelt es ihnen heutzutage an der künstlerischen Qualität.[76]

73 Mehl 1979, S. 37.

74 Zu weiteren bekannten Persönlichkeiten der Stadt Greiz s. Brigitte Buchholz (Red.), Berühmte und bemerkenswerte Greizer, Greiz 2005.

75 Vgl. Günter Schweiger/Gerlinde Spicko, Die Reklamemarke – Das Werbemittel der Gründerzeit, Wien 2008. – Gerlinde Adrian/Günter Schweiger, Die Reklamemarke – Ein Werbemittel aus der Versenkung geholt, in: Transfer – Werbeforschung & Praxis: Zeitschrift für Werbung, Kommunikation und Markenführung, Heft 1+2 (2005) S. 52–54, https://www.researchgate.net/publication/329912714 (abgerufen am 8.4.2020).

76 Zur graphischen Gestaltung vgl. Markus Kristan, Joseph Urban. Die Wiener Jahre des Jugendstilarchitekten und Illustrators 1872–1911, Wien/Köln/Weimar 2000, S. 323f. und S. 355f.

Abb. 10: Erste Greizer Verschlussmarke mit dem Bildnis Otto Benndorfs, 1946, Privatsammlung.

Die Reihe der Greizer Verschluss-Marken-Serie wurde mit einem Bildnis Otto Benndorfs eröffnet, das auf der von Hella Unger geschaffenen Büste Benndorfs vor dem Gebäude des Österreichischen Archäologischen Instituts in Athen basiert (Abb. 4). Unter der Überschrift »Die erste Greizer Verschlußmarke zum Gedächtnis Otto Benndorfs« erfahren wir am 20. September 1946 aus dem Greizer Kreisteil der Thüringer Landeszeitung der Sozialistischen Einheitspartei Deutschlands *Thüringer Volk* nähere Angaben zu diesem kleinen, 45 × 55 mm messenden Objekt:

> Die Herstellung dieser eindrucksvollen Verschluß-Marke, die den feinen und charakteristischen Gelehrtenkopf Benndorfs zeigt, danken wir unserer heimischen Firma Otto Günther, welche auch das Papier zur Verfügung stellte. Die Umzeichnung des Kopfes übernahm die Künstlerhand Bernhard Feistels.

Der Zweck dieser Greizer Verschlussmarken, »die sehr bald auch Sammelwert erhalten dürften«[77], mag auch in der Belebung der kollektiven Erinnerung gelegen haben, in erster Linie diente deren Herausgabe aber

> zur Beschaffung von Mitteln für Greizer kulturelle Zwecke, über die ein aus Vertretern der Parteien und kulturellen Organisationen zusammengesetzter Ausschuß möglichst einstimmig beschließen wird. Die Ausgabe der Verschlußmarken geschieht durch das Amt für Volksbildung im Rathaus, durch die Schulen, durch die Gewerkschaften, den Einzelhandel. Der Preis von zehn Pfennigen soll es jedermann ermöglichen, die Verschlußmarke zu erwerben und den Namen von Greiz bekanntzumachen. Es ist also ein edler und kulturfördernder Zweck, der durch diese Reihe verfolgt wird. Darum sei die gesamte Oeffentlichkeit aufgefordert, sich in den Dienst der guten Sache zu stellen und für Greiz zu werben.[78]

Dass gerade die Athener Büste Benndorfs auf der Greizer Verschlussmarke das Gedächtnis an diesen bedeutenden Archäologen lebendig halten sollte, hatte natürlich einen Grund: »Greiz hat sich vor Jahren einen Abguß der Büste entgehen lassen und ist um ein Kunstwerk, mit dem sich die Stadt selbst geehrt hätte, ärmer.«[79] Wann, von wem und aus welchen Gründen dieser Abguss der Stadt Greiz angeboten worden war, ließ sich nicht eruieren.

## Ein Negativ als Rätsel

Und noch ein ungelöstes Rätsel liegt dem Verfasser vor, und zwar in Form eines 179,7 × 129,4 mm großen Glasplattennegativs (belichtete Fläche: 126,0 ×

77 Hoch ist der Sammelwert dieser Marke allerdings nicht, sieht man sie doch immer wieder auf sehr niedrigem Preisniveau, vgl. https://www.ebay.de/itm/Vignette-Beruehmte-Greizer-Otto-Benndorf-Spendenmarke-ca-1950-/293272916006 (€ 1,00) und https://www.vdb-briefmarken.de/vignette-beruehmte-greizer-sowj-zone-auf-firmenortsbrief-greiz-16-12-46-sowjetische-besatzungszone-15778-de.html (€ 20,00; beides abgerufen am 31.3.2020).

78 Die erste Greizer Verschlußmarke zum Gedächtnis Otto Benndorfs, Thüringer Volk Nr. 113, 20. September 1946 (Seitenzahl nicht eruierbar). – Eine erste kurze Mitteilung mit der Ankündigung der baldigen Herausgabe der Verschlussmarke findet sich etwa fünf Wochen zuvor im Thüringer Volk Nr. 85 vom 14. August 1946 (Die erste Greizer Verschlußmarke). – Vgl. auch F[riedrich] S[chneider], Otto Benndorf. Zur ersten Greizer Verschlußmarke, Thüringer Volk Nr. 115, 24. September 1946, mit einem Lebensabriss Benndorfs. – Quandt 1957, mit Abb. der Verschlussmarke auf S. 29.

79 S[chneider] 1946 (wie Anm. zuvor).

Abb. 11: Relief mit einem Bildnis Otto Benndorfs.

85,1mm), das sich in der Negativsammlung des Österreichischen Archäologischen Instituts in Wien befindet[80] und ein mit »Dr. O. Bendorf« [sic!] bezeichnetes Altersbildnis Benndorfs als Relief zeigt (Abb. 11). Auf welcher Vorlage dieses Bildnis beruht, zu welcher Zeit, aus welchem Anlass, in wessen Auftrag und von wem es geschaffen wurde, wer der Fotograf war, all diese Fragen können derzeit nicht beantwortet werden. Das Negativ ist bislang die einzige Spur, die dieses Werk hinterlassen hat. Dieser Spur zu folgen, wird Aufgabe weiterer Nachforschungen sein.

80 Ich danke Niki Gail für seine Unterstützung bei meinen Recherchen.

Birgit Bühler

# »Reiterkrieger und Goldschmiede«: Auf den Spuren der Awaren im Wiener Stadtgebiet

## »Schauplatz 1«: Wien 11, Awarenstraße

In Wien-Kaiserebersdorf (11. Bezirk), in unmittelbarer Umgebung des heutigen Zentralfriedhofs und nahe der Stadtgrenze, befindet sich die einzige »Awarenstraße« Österreichs.[1] Der Grund für die Vergabe dieses ungewöhnlichen Straßennamens (Abb. 1) war die Entdeckung eines der größten awarenzeitlichen Gräberfelder Österreichs im Bereich der heutigen Csokorgasse: Dieses Gräberfeld war spätestens ab der Mitte des 7. Jahrhunderts bis zum Ende des 8. Jahrhunderts in Gebrauch, was einer Belegungsdauer von etwa fünf Generationen entspricht.[2] Besonders bemerkenswert sind die vier ›Reitergräber‹ im jüngsten Abschnitt des Gräberfeldes.[3]

Die Awaren waren ein reiternomadischer Stammesverbund zentralasiatischen Ursprungs. Das Awarenreich im östlichen Mitteleuropa bestand von 568, als die Langobarden nach Italien abzogen, bis zu den ›Awarenkriegen‹ Karls des Großen am Ende des 8. Jahrhunderts.[4] Die geschickte Machtpolitik des ersten awarischen Khagans (Herrschers) Baian dürfte entscheidend für die Entstehung des europäischen Awarenreiches gewesen sein. In der Frühzeit sicherten vor allem zwei Faktoren die Bindung der awarischen Reiterkrieger an ihren Herrscher:

---

1 https://www.strassen-in-oesterreich.at/5048128-awarenstrasse-in-wien.html (abgerufen am 7.9.2019).

2 Ludwig Streinz/Falko Daim, Zur Belegungschronologie der Nekropole von Wien 11 – Csokorgasse, in: Henriette Baron, *Quasi liber et pictura*. Die Tierknochenfunde aus dem Gräberfeld an der Wiener Csokorgasse. Eine anthrozoologische Studie zu den awarischen Bestattungssitten. Monographien des Römisch-Germanischen Zentralmuseums Band 143, Mainz 2018, S. 615–626.

3 Grab-Nr. 650, 690, 692 und 693; vgl. Ludwig Streinz, Wien 11 – Csokorgasse, in: Fundberichte aus Österreich 16, 1977, S. 475–531.

4 Ein kompakter Überblick zur Geschichte und Archäologie der Awaren findet sich z.B. bei Tivadar Vida, Die Awaren, in: Bodo Anke/László Révész/Tivadar Vida, Reitervölker im Frühmittelalter. Hunnen – Awaren – Ungarn, Stuttgart 2008, S. 47–73 und Falko Daim, Des Kaisers ungeliebte Söhne. Die Awaren und das Byzantinische Reich (3. Thomsen-Vorlesung), in: Eurasia Antiqua Band 17, 2011, S. 1–20; vgl. auch Katalog der Ausstellung »Awaren in Europa. Schätze eines asiatischen Reitervolkes, 6.–8. Jh.«, Frankfurt am Main 1985.

Abb. 1: Straßenschild der »Awarenstraße« im 11. Wiener Gemeindebezirk.

Erfolg im Kampf und Gold, letzteres vor allem in Form byzantinischer Solidi (standardisierte Goldmünzen, Gewicht ca. 4,5 g). Auch den unmittelbaren Nachfolgern Baians gelang es, durch ein gezieltes Wechselspiel von Krieg und Frieden den Erhalt von ›Jahrgeldern‹ vom byzantinischen Kaiser zu maximieren und sich somit die Loyalität ihrer Gefolgschaft zu sichern. Nach dem erfolglosen Versuch der Awaren im Jahr 626, Konstantinopel zu erobern, versiegten die jährlichen Zahlungen aus Byzanz. Dies dürfte im Laufe des 7. Jahrhunderts zu einer Destabilisierung der Machtverhältnisse im Awarenreich und zu gesellschaftlichen Veränderungen beigetragen haben. Vor allem in der Frühzeit der awarischen Geschichte dürften sich zahlreiche Bevölkerungsgruppen unterschiedlichster Herkunft dem awarischen Heer angeschlossen haben. Dies zeigt sich auch in den archäologischen Quellen: Die ›awarische Kultur‹ des 6. und 7. Jahrhunderts im Karpatenbecken ist auffallend vielfältig, da sie durch die Verschmelzung diverser ›östlicher‹ Traditionen mit spätrömisch-byzantinischen und westlichen Einflüssen entstanden ist. Im Gegensatz dazu kann im 8. Jahrhundert eine zunehmende Vereinheitlichung der materiellen Kultur im awarischen Herrschaftsgebiet beobachtet werden.

Grabfunde sind eine besonders wichtige Quelle für die Frühmittelalterforschung, ihre historische Interpretation ist jedoch nicht einfach. Denn Grabfunde sind kein ›Spiegel des Lebens‹. Vielmehr ist von einer gezielten Auswahl von Beigaben und einer bewussten Präsentation der gesellschaftlichen Stellung des Verstorbenen auszugehen. Ein weiteres Hindernis bei der korrekten ›Entschlüsselung‹ der Symbolik, die den Tracht- und Beigabensitten innewohnt, ist die zeitliche und kulturelle Distanz des Archäologen zur Lebenswelt des frühmittelalterlichen Menschen. Grundsätzlich ist anzunehmen, dass sich Identitäten in der materiellen Kultur ausdrücken. Aber ähnlich wie heute fühlten sich wohl auch die Menschen des Frühmittelalters ganz unterschiedlichen Gruppen zugehörig, hatten also mehrere Identitäten. Bei der historischen Interpretation archäologischer Funde sollte man auch bedenken, dass die als Bodenfund überlieferte, materielle Kultur nur einen mehr oder weniger aussagekräftigen Ausschnitt der realen Kultur der betreffenden Epoche darstellt. Erstens ist von einer selektiven Erhaltung auszugehen: Organische Materialien wie Textilien, Holz oder Leder bleiben nur in seltenen Fällen erhalten. Zweitens sind uns viele Aspekte des geistigen Lebens vergangener Kulturen nicht mehr zugänglich, insbesondere wenn keine hierfür relevanten Schriftquellen vorhanden sind. Die Awaren haben keine eigenen Aufzeichnungen hinterlassen.

Die awarische Archäologie basiert vorwiegend auf der Auswertung der zahlreichen Gräberfelder, da bisher nur wenige awarenzeitliche Siedlungen freigelegt wurden.[5] Die ab der Mitte des 7. Jahrhunderts im gesamten Karpatenbecken angelegten ›Reihengräberfelder‹ sprechen jedoch für die Existenz von größeren, länger bewohnten awarischen Siedlungen in unmittelbarer Nähe dieser Nekropolen. Dies steht in Zusammenhang mit Veränderungen in der Wirtschafts- und Lebensweise: Im Laufe des 7. Jahrhunderts gewann die Landwirtschaft als Lebensgrundlage der awarischen Bevölkerung zunehmend an Bedeutung. Hieraus ergab sich auch die Notwendigkeit einer stärker sesshaften Lebensweise. Ausgehend von der Annahme, dass sich Tracht sowie Bestattungssitten im Laufe der Zeit verändern und dass sie, zumindest bis zu einem gewissen Grad, die soziale Stellung der bestatteten Individuen sowie deren Familien widerspiegeln, kann man versuchen, mithilfe von Qualitätskriterien die unterschiedlichen sozialen Gruppierungen und Abstufungen innerhalb der awarischen Gesellschaft zu erfassen.

Hierbei helfen beispielsweise die aus Bunt- und Edelmetall hergestellten Beschläge der vielteiligen Gürtel, die manchen awarischen Männern mit ins Grab gegeben worden sind. Der vielteilige Gürtel – einst vermutlich ›Statussymbol‹ höherrangiger awarischer Männer – kann als eine Art ›Leitfossil‹ der awarischen Archäologie bezeichnet werden: Form, Verzierung und Herstellungstechnik dieser Gürtelbeschläge sind nicht nur wichtige chronologische Kriterien der awarischen Archäologie, sie geben auch Auskunft bezüglich lokaler, regionaler und überregionaler Modeerscheinungen und Traditionen innerhalb des Awarenreiches und erlauben Rückschlüsse auf Beziehungen zu anderen Kulturräumen. Die Produkte byzantinischer Werkstätten dürften für das awarische Kunsthandwerk eine besondere Vorbildwirkung besessen haben.

In dem um 600 verfassten byzantinischen Militärhandbuch *Strategikon*, das Kaiser Maurikios zugeschrieben wird, findet sich folgende Beschreibung der awarischen Reiterkrieger:

> Gerüstet sind sie mit Panzerhemden, Schwert, Bogen und Lanze, weswegen die meisten von ihnen im Kampf zwei Waffen mitnehmen, indem sie an der Schulter die Lanze tragen und den Bogen in Händen halten und beides je nach Bedarf verwenden. Nicht

---

5 Vgl. z.B. Awaren in Europa 1985; Vida 2008; Daim 2011.

> nur sie tragen Waffen, auch die Pferde der Vornehmen sind an der Brust durch Eisen oder Filz geschützt.[6]

Ein wesentlicher Grund für den zeitweise hervorragenden Erfolg des awarischen Heeres im 6. und 7. Jahrhundert dürfte der effektive, flexible Einsatz der berittenen Bogenschützen gewesen sein. Insgesamt ist das *Strategikon* ein wichtiger Beleg für die große militärische Bedeutung berittener Bogenschützen in frühbyzantinischer Zeit und für eine hohe Effektivität der awarischen Reiterkrieger. Letztere dürften bezüglich Ausrüstung, Ausbildung und Taktik in mancherlei Hinsicht Vorbildwirkung für ihre Zeitgenossen im byzantinischen Heer besessen haben. Nach aktuellem Forschungsstand[7] waren die awarischen Reiterkrieger vermutlich die erste berittene Streitmacht, die durchgehend mit Steigbügeln ausgestattet war. Der Steigbügel dürfte ursprünglich aus Asien stammen, aber wann und wie sich diese wichtige Innovation im frühmittelalterlichen Europa verbreitete, wird in Fachkreisen noch diskutiert. Dennoch ist anzunehmen, dass die Awaren bei der Verbreitung des Steigbügels eine wichtige Rolle spielten. Allerdings wäre es durchaus möglich, dass der Steigbügel in Byzanz bereits vor dem Eintreffen der Awaren in Europa bekannt war. Auch im *Strategikon* wird die Verwendung von Steigbügeln empfohlen. Diese Erwähnung erfolgt allerdings nicht ausdrücklich im Zusammenhang mit den awarischen Reiterkriegern, wie dies bei einigen anderen Ausrüstungsgegenständen ›awarischen Typs‹ (z.B. Lanzen, Pferdepanzer, Reitkleidung, Zelte) der Fall ist.

Bei der Diskussion um die praktische Bedeutung des Steigbügels ist zu bedenken, dass der Gebrauch des Reiterbogens und anderer Waffen vom Pferd aus auch ohne Steigbügel, ja zunächst sogar ohne einen stabilen Sattel mit Sattelbaum, grundsätzlich möglich und in verschiedensten Kulturen spätestens seit der Bronzezeit praktiziert wurde. Im Hinblick auf die Stabilisierung des Reiterkriegers auf dem Pferderücken besitzt die Verwendung eines Sattels mit festem Sattelbaum mit Sicherheit größere Bedeutung als die Verwendung von Steigbügeln. Dennoch hat der Steigbügel aus praktischer Sicht für einen Reiterkrieger mehrere Vorteile: Erstens trägt er zur Stabilisierung des Reiters im Sattel bei, was im Kampf zu Pferd vorteilhaft sein kann, insbesondere beim Gebrauch bestimmter Waffen (Stoßlanze) oder bei bestimmten Manövern. Zweitens erleichtern Steig-

6 Maurikios XI, 2 (George T. Dennis/Ernst Gamillscheg [Hrsg.], Mauricii Strategicon. Griechisch/Deutsch: Das Strategikon des Maurikios. Corpus Fontium Historiae Byzantinae XVII, Wien 1981, S. 362f.).

7 Vgl. zusammenfassend z.B. Daim 2011, S. 1–20.

bügel es dem Reiter, sich aus dem Sattel zu erheben, was beim berittenen Bogenschießen z.B. eine effizientere und schnellere Handhabung des Reiterbogens ermöglichen kann. Das Stehen in den Bügeln, im Sinne des heute gebräuchlichen ›Leichttrabens‹ im Trab sowie des ›leichten Sitzes‹ im Galopp, ist jedoch auch bei langen Ritten oder beim Überwinden von Hindernissen von Vorteil, da es den Pferderücken schont und auch für den Reiter weniger anstrengend ist. Drittens können Steigbügel eine Aufstiegshilfe für den Reiter darstellen.

Der Anteil der Männergräber mit vielteiligen Gürtelgarnituren und/oder Waffen in awarischen Gräberfeldern ist grundsätzlich variabel, stellt jedoch stets eine Minderheit dar. Die häufigste Waffenbeigabe im Gräberfeld Wien-Csokorgasse ist die – für die Awaren typische – dreiflügelige Pfeilspitze. Sie wurde durchschnittlich in rund einem Drittel der Männergräber gefunden, allerdings deutlich häufiger bei Männern von hohem sozialen Status, die mit einer vielteiligen Gürtelgarnitur ausgestattet waren. Zu Beginn der Belegung des Gräberfeldes (zweites Viertel/Mitte des 7. Jahrhunderts) wurden noch den meisten Männern Pfeile beigegeben. Allerdings nimmt sowohl die Anzahl der Männergräber, die Pfeile enthalten, als auch die Anzahl der Pfeile pro Grab im Laufe der Belegungszeit ab, vor allem im Laufe des 8. Jahrhunderts. Die beinernen Versteifungsplatten von Reflexbögen finden sich vorwiegend in Männergräbern mit Gürtelgarnitur und sogar noch in Gräbern des fortgeschrittenen 8. Jahrhunderts. Grundsätzlich enthalten Männergräber mit Waffen (außer Pfeil und Bogen sind das hauptsächlich Äxte sowie vereinzelt ein Schwert, ein Säbel oder ein Kurzschwert) die reichsten Beigaben. Zudem reduziert sich die Waffenbeigabe in den Männergräbern dieses Gräberfeldes ab dem Beginn des 8. Jahrhunderts deutlich.[8] Dies könnte mit veränderten Rahmen- und Lebensbedingungen zusammenhängen.

Wie in allen reiternomadischen Kulturen dürfte das Pferd bei den Awaren eine zentrale Rolle gespielt haben. Der bereits angesprochene Einsatz des Pferdes im Kampf ist hierbei nur ein Aspekt, wenn auch ein sehr wichtiger. Es ist anzunehmen, dass das Pferd im awarischen Alltag sehr vielseitig eingesetzt wurde (z.B. als ›Transportmittel‹, zum Viehhüten, auf der Jagd und im Kampf, als Nahrungs- und Rohmateriallieferant); auch eine darüber hinaus gehende Bedeutung in der Glaubenswelt ist anzunehmen. Das Phänomen der ›Reitergräber‹, also der Mitbestattung von Pferden,[9] vorwiegend in Männergräbern, kommt in allen Phasen

8 Baron 2018, S. 304.

9 Ilona Bede, The status of horses in late Avar-period society in the Carpathian Basin, in: The very beginning of Europe? Cultural and Social Dimensions of Early Medieval Migration and Coloni-

der Awarenzeit vor. Allerdings ist die Verwendung des Pferdes im awarischen Bestattungsbrauch in ritueller Hinsicht durchaus vielfältig. Grundsätzlich ist die Mitbestattung eines kompletten Pferdes im selben Grab am gebräuchlichsten, aber auch bei diesem Grundtyp gibt es mehrere Varianten, beispielsweise bezüglich der Lage und Orientierung von Mensch und Pferd. Der durchschnittliche Anteil der ›Reitergräber‹ in awarischen Gräberfeldern dürfte insgesamt rund 10% betragen haben. Allerdings variiert dieser Anteil nicht nur chronologisch, sondern ist vor allem regional und sogar lokal ganz unterschiedlich.

Drei der insgesamt vier ›Reitergräber‹[10] aus der Csokorgasse gehören dem im 8. Jahrhundert gebräuchlichsten Typ einer Reiterbestattung an. In diesen drei ›Reitergräbern‹ war jeweils ein erwachsener Mann in einem Sarg beigesetzt worden. Im selben Grab, in paralleler Anordnung und in derselben Orientierung (Kopf jeweils im Westen), war zur Linken des Verstorbenen ein vollständiges Pferd (inklusive Zaumzeug und Sattel) in Bauchlage mitbestattet worden. Die Grabgruben der ›Reitergräber‹ sind nicht nur besonders groß und tief, sie weisen auch eine teilweise oder vollständige Holzverkleidung auf. Zudem wurde in diesen drei ›Reitergräbern‹ außer dem Pferd jeweils auch ein großer Hund mitbestattet. Da alle ›Reitergräber‹ beraubt wurden, ist davon auszugehen, dass die bei der Ausgrabung geborgenen Beigaben nur einen Teil der ursprünglich vorhandenen, reichen Ausstattung darstellten. Letztere lässt sich nur erahnen: In allen drei Gräbern haben sich Reste einer vielteiligen Gürtelgarnitur sowie einige Beschläge des Pferdegeschirrs erhalten. Ansonsten war in Grab 692 ein Messer vorhanden, in Grab 693 Reste eines Bogens, ein Tontopf und eine Eisenschnalle von der Pferdeausrüstung; Grab 650 enthielt zum Beispiel einen Steigbügel, Bogenbeschläge, zwei dreiflügelige Pfeilspitzen, je ein Glöckchen bei Pferd und Hund, Reste eines Webteppichs unter dem Sarg, einen Tontopf sowie eine Bronzenadel und eine Haarspange als Schmuckstücke des Verstorbenen. Wesentlich vollständiger erhalten – da für die Grabräuber nicht interessant – sind die Beigaben sonstiger Tiere oder Tierteile in diesen drei ›Reitergräbern‹. Am reichhaltigsten war Grab 650 ausgestattet. Es enthielt Reste von insgesamt elf verschiedenen Tieren: Neben Pferd und Hund waren dies ein Hahn, eine Gans sowie einzelne Teile eines Habichts, zudem Teile eines Rinds, von Schaf und Ziege sowie vom Schwein. Ein ungewöhnliches ›Reitergrab‹ stellt das Grab 690 dar: Hier waren ein Jugendlicher und zwei Kinder gemeinsam mit einem

sation (5th–8th century). Archaeology in Contemporary Europe Conference, Brussels May 17-19 2011. Relicta Monografien 7, Brüssel 2012, S. 41–50; vgl. auch Vida 2008.

10 Grab-Nr. 650, 692 und 693; vgl. Baron 2018, S. 304f.

Reitpferd bestattet worden. Der Jugendliche trug eine Gürtelgarnitur und lag in einem Sarg unmittelbar neben dem Pferd mit weiteren Beigaben – erhalten haben sich ein Messer, eine Eisenschnalle, ein Feuerstein sowie Reste von Rind, Schaf, Schwein und einer Dohle.[11] Die Ergebnisse der archäozoologischen Untersuchungen zu den Pferden aus den ›Reitergräbern‹ dieses Gräberfeldes[12] fügen sich gut in das bisherige Bild der Pferde aus awarischen ›Reitergräbern‹ ein: Es wurden meist Pferde im reitfähigen Alter beigegeben, vorwiegend Hengste. Der osteologische Befund zeigt teilweise Spuren einer Belastung (z.B. im Bereich der Wirbelsäule), die für eine Nutzung als Reittiere spricht. Grundsätzlich dürften alle vier Pferde noch einsatzfähig gewesen sein. Die Widerristhöhe der Pferde aus den ›Reitergräbern‹ in der Csokorgasse dürfte zwischen 138 und 144 cm betragen haben. Diese Maße liegen im oberen Bereich der für Pferde aus awarischen ›Reitergräbern‹ üblichen Widerristhöhen. Die Kombination einer Mitbestattung von Pferd und Hund in Männergräbern mit Gürtelgarnitur und Waffenbeigabe ist im awarenzeitlichen Kontext zwar nicht unbekannt, aber doch eher selten, wobei ein gehäuftes Auftreten dieser Variante im nordwestlichen Grenzbereich des Awarenreiches beobachtet werden kann.[13]

Es ist anzunehmen, dass es sich bei den in den ›Reitergräbern‹ bestatteten Personen um Angehörige der awarischen Elite gehandelt hat. Es wäre denkbar, dass die Sitte der ›Pferdemitbestattung‹ gegen Ende der Awarenzeit einen wichtigen Teil der Repräsentationskultur der awarischen Oberschicht darstellte und somit einen bedeutenden Beitrag zur Festigung ihrer Identität als ›Reiterkrieger‹ lieferte. In diesem Zusammenhang ist anzumerken, dass es sich beim Wiener Becken um eine Grenzzone des Awarenreiches gehandelt hat. Daher ist hier vermehrt mit Hinweisen auf eine Abgrenzung von anderen archäologischen Kulturen zu rechnen. Eventuell versuchten bestimmte Gruppen innerhalb der awarischen Elite in der Spätawarenzeit gezielt, sich als ›Reiterkrieger‹ zur präsentieren, um ihren Herrschaftsanspruch innerhalb der Gemeinschaft zu festigen und sich von anderen Gruppen abzusetzen.

Es stellt sich die Frage, inwiefern die mit Waffen bestatteten Männer der Spätawarenzeit tatsächlich noch als ›Reiterkrieger‹ lebten und in welchem Umfang sie damals noch die traditionellen, awarischen Kampfesweisen ausübten. Es wäre möglich, dass manche der mit Waffen bestatteten Männer der Spätawarenzeit nur wenig im Kampfeinsatz waren. Insbesondere für die sozial höher-

11 Ebd., S. 307.

12 Ebd., S. 231–264 und S. 385f.

13 Ebd., S. 376f.

stehenden, mit reichen Beigaben bestatteten Männer der Spätawarenzeit ist in Betracht zu ziehen, dass die Bestattung mit Waffen und Reitzubehör sowie insbesondere die Mitbestattung von Pferden lediglich im Zusammenhang mit einer an die ›kriegerische Vergangenheit‹ anknüpfenden Repräsentationskultur steht und somit keineswegs die tatsächlich im Alltag ausgeübten Tätigkeiten reflektieren muss.

Osteologische Studien an historischen Populationen können einen wichtigen Beitrag zur Erforschung der Lebensweise dieser Menschen leisten. Zudem können die Ergebnisse für Überlegungen zur sozialen Gliederung, zu Geschlechterrollen und zur Kampfesweise der betreffenden Population relevant sein. Die effektive Handhabung der im Frühmittelalter gebräuchlichen Waffen erforderte mit Sicherheit langjährige Ausbildung und kontinuierliches Training. Das berittene Bogenschießen ist insofern besonders ›trainingsintensiv‹, als hervorragende Kenntnisse sowohl im Reiten als auch im Bogenschießen erforderlich sind, um im vollen Galopp mit dem Reflexbogen weit entfernte Ziele treffen zu können. Aus praktischen Gründen muss beim berittenen Bogenschießen ›instinktiv‹ geschossen werden, also ohne langes Zielen. Dies wiederum erfordert besonders viel Übung, am besten von frühester Kindheit an.

Somit ist durchaus anzunehmen, dass die häufig und vermutlich bereits vom Kindesalter an ausgeübten Tätigkeiten eines Reiterkriegers Spuren an dessen Skelett hinterlassen haben. Der Nachweis spezifischer Aktivitäten (z.B. Reiten, Bogenschießen) an menschlichem Skelettmaterial aus archäologischen Grabungen ist aus methodischer Sicht jedoch nicht unproblematisch. Die Berücksichtigung einer möglichst hohen Anzahl von Merkmalen und von Ergebnissen der modernen Sportmedizin kann dazu beitragen, die an menschlichem Skelettmaterial aus archäologischen Grabungen sichtbaren Spuren korrekt zu interpretieren. Ein gutes Beispiel ist das sogenannte ›Horse Riding Syndrome‹[14] (›Reitersyndrom‹): Hierbei handelt es sich um eine Reihe von Merkmalen, die an menschlichem Skelettmaterial aus archäologischem Fundzusammenhang häufig gemeinsam identifiziert worden sind und für die ein Zusammenhang mit einer Lebensweise, bei der viel Zeit auf dem Pferderücken verbracht wurde, diskutiert worden ist. Im Hinblick auf die Diskussion um die Verwendung von Steigbügeln sind beispielsweise Arthrosen im Kniebereich bei frühgeschichtlichen Reiter-

14 Vgl. z.B. William Berthon/Balázs Tihanyi/Luca Kis/László Révész/Héléne Coqueugniot/Olivier Dutour/György Pálfi, Horse riding and the shape of the acetabulum. Insights from the bioarchaeological analysis of early Hungarian mounted archers (10th century), in: International Journal of Osteoarchaeology 2018, S. 1–10, https://doi.org/10.1002/oa.2723 (abgerufen am 15.4.2020).

kriegern von besonderem Interesse.[15] Insofern kann die biologische Anthropologie einen wichtigen Beitrag zur historischen Interpretation awarischer Grabfunde leisten, da sie die Möglichkeit bietet, die Ergebnisse der allein auf der materiellen Kultur basierenden archäologischen Auswertung der Grabfunde zu ergänzen, zu relativieren und gegebenenfalls auch zu korrigieren.

Die Besiedelung des Gebietes um den heutigen Wiener Zentralfriedhof reicht bis in prähistorische Zeit zurück. Im Bereich des awarenzeitlichen Gräberfeldes Wien-Csokorgasse sind weitere Fundstellen unterschiedlicher Epochen belegt, beispielsweise eine spätbronzezeitliche Siedlung. Im Laufe des 20. Jahrhunderts wurden im Bereich des sogenannten »Kelleracker« immer wieder frühgeschichtliche Bestattungen freigelegt. Zuletzt geschah dies im Jahr 1971 bei Straßenbauarbeiten. Unmittelbarer Anlass für die in den Jahren 1976/77 durchgeführte Notgrabung war der geplante Baubeginn einer großen Wohnbausiedlung auf dem Gelände des awarenzeitlichen Gräberfeldes Wien-Csokorgasse. Zunächst war der Beginn der Bauarbeiten bereits für Herbst 1976 angesetzt worden, konnte jedoch mehrmals verschoben werden.[16] Im Rahmen einer Notgrabung des Historischen Museums der Stadt Wien unter der Leitung von Ludwig Streinz wurden bis Herbst 1977 insgesamt 705 Gräber geborgen.[17] Im Jahr 1997 wurde in unmittelbarer Nähe des awarenzeitlichen Gräberfeldes Wien-Csokorgasse ein weiterer frühmittelalterlicher Bestattungsplatz mit rund 40 Gräbern freigelegt, die vermutlich aus der ersten Hälfte des 9. Jahrhunderts stammen.[18] Somit kann hier eine Siedlungskontinuität auch nach der Eroberung des Awarenreiches durch Karl den Großen (s.u.; Schauplatz 2) am Ende des 8. Jahrhunderts vermutet werden.

Wien-Csokorgasse ist jedoch keineswegs das einzige awarenzeitliche Gräberfeld im Bereich der heutigen Stadt Wien. Im 7. und 8. Jahrhundert gehörte das gesamte Wiener Becken zum Awarenreich. Daher wurden sowohl auf Wiener Stadtgebiet als auch in Niederösterreich und im Burgenland an zahlreichen weiteren Fundorten awarenzeitliche Bestattungen gefunden, wobei der Schwerpunkt der awarischen Besiedlung im Raum Wien südlich der Donau gelegen haben

15 Christéle Baillif-Ducros/George Mc Glynn, Stirrups and archaeological populations. Bio-anthropological considerations for determining their use based on the skeletons of two Steppe riders, in: Bulletin der Schweizerischen Gesellschaft für Anthropologie 19/2, 2013, S. 43f., https://doi.org/10.13140/2.1.3704.5765 (abgerufen am 15.5.2020).

16 Ebd. S. 475f.

17 Streinz/Daim 2018.

18 Elfriede Hannelore Huber, Neu entdeckte Awarengräber in Wien, Simmering. in: Fundort Wien – Berichte zur Archäologie 1, 1998, S. 117–143.

Abb. 2: Wandbild mit Jagdszene (berittener Bogenschütze) in der Wohnbausiedlung im Bereich des Fundortes des awarischen Gräberfeldes Wien 11-Csokorgasse.

dürfte. Zu beachten ist, dass es sich um eine Grenzzone handelt: Das Wiener Becken befindet sich am nordwestlichen Rand des awarischen Siedlungsgebietes. Soweit heute bekannt ist, stellte der östliche Hang des Wienerwaldes die Grenze der awarischen Siedlungstätigkeit dar, obwohl sich die ›politische Grenze‹ zum Frankenreich an der Enns befand. Das Gebiet zwischen dem Wienerwald und der Enns dürfte in der Awarenzeit weitgehend unbesiedeltes ›Niemandsland‹ gewesen sein.

Die Vergabe des Straßennamens »Awarenstraße« (Abb. 1), zur Erinnerung an das awarenzeitliche Gräberfeld Wien-Csokorgasse, war bereits am 3. November 1983 im Gemeinderatsausschuss für Kultur und Sport der Stadt Wien beschlossen worden.[19] Entlang der »Awarenstraße« befinden sich heute mehrere Einkaufszentren sowie die Hauptwerkstatt der Wiener Linien. Zudem erinnert auch der Name einer nahegelegenen Kleingartenanlage (»Bei den Awaren«; Simmeringer Hauptstraße 250) an das awarenzeitliche Gräberfeld im Bereich der Csokorgasse. An der Fundstelle des awarischen Gräberfeldes Wien-Csokorgasse selbst, innerhalb der Wohnbausiedlung im Kreuzungsbereich der Csokorgasse mit der Sängerstraße, erinnert rund 40 Jahre nach Beendigung der Ausgrabungen kaum mehr etwas an eines der größten frühgeschichtlichen Gräberfelder Österreichs. Die noch vor wenigen Jahren vorhandenen Informationstafeln mit Fotos von den Grabungsarbeiten sind inzwischen im Zuge von Renovierungsarbeiten entfernt worden. Jedoch entdeckt ein aufmerksamer Beobachter eventuell das moderne Wandbild[20] (Abb. 2), das sich über einem Durchgang befindet, der vom begrünten Innenhof der Wohnbausiedlung zur Straße führt. Das zentrale Motiv, ein galoppierender, von Hunden begleiteter Reiterbogenschütze bei der Niederwildjagd (Hasen?), hat ein konkretes Vorbild auf awarischem Gürtel-

19 S. Amtsblatt der Stadt Wien 1984, Nr. 1 (5. Jänner 1884), S. 26, https://www.digital.wienbibliothek.at/wbrobv/periodical/pageview/2234524?query=Awarenstra%C3%9Fe; https://www.geschichtewiki.wien.gv.at/Awarenstraße (abgerufen am 7.9.2019).

20 Leider findet sich an Ort und Stelle keinerlei Hinweis darauf, wer dieses Wandbild angefertigt hat; weitere Recherchen verliefen ebenfalls ohne Ergebnis.

Abb. 3: Museum Szeged (Ungarn): Awarische Hauptriemenzunge des 8. Jahrhunderts aus Klárafalva, Ungarn; Bronzeguss.

schmuck des 8. Jahrhunderts aus Klárafalva[21] (Komitat Csongrad, Ungarn): Hierbei handelt es sich um eine aus Bronze gegossene Hauptriemenzunge (Abb. 3), also um jene Komponente eines vielteiligen Gürtels, die das Riemenende geziert hat.

## »Schauplatz 2«: Wien 1, Kunsthistorisches Museum Wien, Antikensammlung, Goldkammer

Die fränkischen Quellen berichten, dass sich in der Residenz des awarischen Khagans zum Zeitpunkt der Eroberung durch Karl den Großen (um das Jahr 800) ein beachtlicher Schatz befand. Besonders anschaulich schildert dies Einhard in seiner Biographie Karls des Großen:

> Der bedeutendste Krieg von allen, die er führte, vom sächsischen abgesehen [...], (war) der gegen die Avaren oder Hunnen. Er (Karl) führte ihn mit mehr Eifer als die andern und mit weit größeren Zurüstungen [...] Wie viel Schlachten während desselben geschlagen, wie viel Blut vergossen wurde, wird dadurch bewiesen, dass Pannonien ganz unbevölkert ist und der Ort, wo vormals des Kagans Königsburg war, jetzt so verödet liegt, dass auch keine Spur menschlicher Behausung auf ihm zu entdecken ist. Der gesamte Adel der Hunnen kam in diesem Kriege um, ihr ganzer Ruhm ging unter. Alles Geld und die seit langer Zeit angehäuften Schätze fielen in die Hände der Franken, kein Krieg, soweit Menschengedenken reicht, brachte diesen so viel Reichtum und Macht. Denn während man sie (die Awaren) bis dahin beinahe als arm ansehen

21 Awaren in Europa 1985, S. 74 Abb. 75 Kat. Nr. XX/7.

> konnte, fand sich nun in der Königsburg eine solche Masse Gold und Silber, und in den Schlachten fiel so kostbare Beute an, dass man mit Recht glauben durfte, die Franken hätten gerechterweise den Hunnen das geraubt, was diese früher andern Völkern ungerechterweise geraubt hatten.[22]

In der Antikensammlung des Kunsthistorischen Museums befinden sich zwei bemerkenswerte frühmittelalterliche Schatzfunde, die im Zusammenhang mit der awarischen Geschichte von besonderem Interesse sind. Der bekanntere dieser beiden Fundkomplexe ist der Schatzfund von Sânnicolau Mare (ungarisch: Nagyszentmiklós): Es handelt sich um 23 goldene Gefäße (Gesamtgewicht 10 kg Gold), die im Jahr 1799 bei Feldarbeiten in Siebenbürgen (damals Ungarn; heute Rumänien) gefunden und in die kaiserlichen Sammlungen nach Wien gebracht worden sind. Nach aktuellem Forschungsstand[23] sind viele Frühmittelalterarchäologen der Ansicht, dass der Schatzfund einen starken Bezug zur materiellen Kultur des Awarenreiches aufweist. Hierfür sprechen sowohl die Form mancher Gefäße als auch die Verwendung bestimmter Motive und herstellungstechnische Kriterien. Bemerkenswert sind in diesem Zusammenhang auch die beiden Reiterdarstellungen auf Krug Nr. 2 (Abb. 4 und 5), einer Goldschmiedearbeit höchster Qualität. Daher ist es durchaus möglich, dass die Goldgefäße aus Sânnicolau Mare (Nagyszentmiklós) ursprünglich zum Schatz des awarischen Khagans gehörten. Allerdings ist nicht bekannt, wann, unter welchen Umständen und von wem die Goldgefäße dort vergraben wurden. Es ist nicht auszuschließen, dass die Verbergung dieses Schatzfundes erst einige Zeit nach dem Ende des Awarenreiches erfolgte.

Auch der sogenannte ›Schatz von Brestovac‹[24], der 1821 im damaligen Presztovác (heute Brestovac, Kroatien) gefunden wurde, gelangte bereits zur Zeit der k.u.k. Monarchie nach Wien in die kaiserlichen Sammlungen und wird heute in der Antikensammlung des Kunsthistorischen Museums ausgestellt.

22 Einhard, Vita Karoli Magni 13, 15f. (Einhard, Das Leben Karls des Großen [Einhardi Vita Karoli Magni], in: Reinhold Rau [Hrsg.], Quellen zur karolingischen Reichsgeschichte, Teil 1. Ausgewählte Quellen zur deutschen Geschichte des Mittelalters 5, Darmstadt 1955, S. 157–211, bes. S. 183).

23 Zusammenfassend: Csanád Bálint, Der Schatz von Nagyszentmiklós. Archäologische Studien zur frühmittelalterlichen Metallgefäßkunst des Orients, Byzanz' und der Steppe. Varia archaeologica Hungarica XVIb, Budapest 2010; Daim 2011.

24 Birgit Bühler, Der »Schatz« von Brestovac, Kroatien. Seine kulturellen Beziehungen und technologischen Aspekte. Monographien des Römisch-Germanischen Zentralmuseums Band 85, Mainz 2014.

Abb. 4: Kunsthistorisches Museum Wien, Antikensammlung, Inv. Nr. VII B 33, ›Goldschatz von Nagyszentmiklós‹, Krug Nr. 2; Medaillon »Siegreicher Reiter« (links) und Medaillon »Bogenschütze« (rechts).

Der aus zwölf Objekten bestehende Fundkomplex repräsentiert die vielfältigen kulturellen Einflüsse, denen Slawonien am Ende des 8. und in der ersten Hälfte des 9. Jahrhunderts ausgesetzt war. Spätestens nach der Eroberung des Awarenreiches durch Karl den Großen (791–803) geriet das von slawischen Fürsten regierte, zwischen Drau, Donau und Save gelegene südliche Randgebiet der pannonischen Ebene unter fränkische Oberherrschaft. Im Zuge des durch die Zerstörung des Awarenreiches am Ende des 8. Jahrhunderts entstandenen Machtvakuums versuchten auch die Bulgaren, ihre Einflusssphäre auszudehnen und die Herrschaft über Slawonien zu erlangen. Bei diesem lange Zeit fälschlich als ›Schatzfund von Brestovac‹ bezeichneten Fundkomplex dürfte es sich vielmehr um Beigaben handeln, die aus mehreren, unsachgemäß geborgenen Gräbern stammen. Die ursprüngliche Anzahl der Gräber und die Größe dieses frühmittelalterlichen Gräberfeldes lassen sich leider nicht mehr rekonstruieren.

Abb. 5: Kunsthistorisches Museum Wien, Antikensammlung, Inv. Nr. VII B 10, ›Goldschatz von Nagyszentmiklós‹, »gehörnte Löwenschale« Nr. 13 – Lichtmikroskopisches Detail des Schalenrandes: Treibziselierte ›Stäbchenrankenzier‹ mit ringpunziertem Hintergrund.

Da sowohl Frauenschmuck als auch – üblicherweise von Männern getragener – Trachtschmuck (Gürtelbeschläge) vertreten ist, kann man annehmen, dass die zwölf Objekte aus mindestens je einem, wahrscheinlich jedoch aus mehreren verschiedenen Frauen- und Männergräbern stammen. Insofern ist es auch nicht erstaunlich, dass zwischen dem Zeitpunkt der Herstellung bzw. Vergrabung der ältesten und jüngsten Objekte dieses Fundkomplexes jeweils mindestens 50 Jahre, unter Umständen sogar annähernd ein Jahrhundert (ca. Mitte 8. bis ca. Mitte 9. Jahrhundert) liegen könnten.

Mittels rasterelektronenmikroskopischer Untersuchungen am Vienna Institute of Archaeological Science (VIAS) der Universität Wien konnte gezeigt werden, dass die goldenen Gürtelbeschläge aus Brestovac nicht nur in stilistischer, sondern auch in herstellungstechnischer Hinsicht mit bestimmten Schalen aus

Abb. 6: Kunsthistorisches Museum Wien, Antikensammlung, Inv. Nr. VII B 79, 80 und 82. Goldene Hauptriemenzunge aus dem sog. ›Schatzfund von Brestovac‹, Kroatien. Treibziselierte »Stäbchenrankenzier«.

dem ›Schatzfund von Nagyszentmiklós‹ eng verwandt sein dürften: Beim Treibziselieren des auffallend deutlichen Reliefs der betreffenden Gefäße und dieser Gürtelbeschläge ist sehr ähnlich gearbeitet worden. Allerdings ist die treibziselierte Verzierung auf den Goldgefäßen sorgfältiger und mit einer größeren Vielfalt an Werkzeugen hergestellt worden als jene auf den Gürtelbeschlägen. Die Übereinstimmungen zwischen einer bestimmten Gruppe goldener Schalen mit ›Stäbchenrankenzier‹ (Abb. 5) aus dem ›Schatzfund von Nagyszentmiklós‹ und der goldenen Hauptriemenzunge[25] (Abb. 6) sowie dem Gürtelschnallenbeschlag aus Brestovac könnten auf die Anfertigung in Werkstätten mit eng verwandten, goldschmiedetechnischen Traditionen hinweisen. Es wäre denkbar, dass diese Goldschmiedewerkstätten im Umfeld des awarischen Herrschaftszentrums und der Schatzkammer des awarischen Khagans angesiedelt waren. Zweifellos haben diese Werkstätten einen bedeutenden Einfluss auf die kunsthandwerkliche Produktion im awarischen Siedlungsgebiet ausgeübt.

---

25 Die Hauptriemenzunge einer vielteiligen Gürtelgarnitur ist jener längliche Beschlag, mit dem ein Ende des ledernen Gürtels verziert ist. Am anderen Ende des Gürtels befindet sich die Gürtelschnalle mit dem Schnallenbeschlag.

## ›Reiterbogenschützen‹ – einst und jetzt

Obwohl die Awaren rund 250 Jahre die Geschichte Mitteleuropas entscheidend prägten, gehören sie zu den weniger bekannten, frühgeschichtlichen Reitervölkern. Und dennoch reichen die Spuren frühgeschichtlicher Reitervölker sogar bis in unsere moderne Freizeitkultur hinein: In fast jedem Fachgeschäft für Bogensport kann man heutzutage einen ›Reiterbogen‹ erwerben. Dabei handelt es sich allerdings vorwiegend um aus modernen Materialien gefertigte Massenware, die noch immer auf demselben physikalischen Grundprinzip beruht wie die Bögen der Awaren und anderer Reiterkrieger. Hinsichtlich ihrer Fertigungstechnik haben die meisten modernen Reiterbögen nur wenig mit den frühmittelalterlichen Originalen gemein. Der awarische Reiterbogen hingegen war ein qualitativ hochwertiges ›High-Tech-Produkt‹, das in einem aufwändigen, zeitraubenden Herstellungsprozess aus unterschiedlichen organischen Materialien angefertigt wurde. Bei Freizeitbogenschützen (mit oder ohne Pferd) ist die moderne Variante des ›Reiterbogens‹ sehr beliebt, weil er im Vergleich zu anderen Bogentypen relativ klein und handlich ist sowie wenig Zugkraft erfordert. Dieselben Vorteile waren auch der Grund, dass berittene Bogenschützen unterschiedlichster Epochen genau diesen Bogentyp verwendet haben. Im Gegensatz dazu wäre zum Beispiel ein Langbogen, wie er von englischen Fußtruppen des Hoch- und Spätmittelalters verwendet wurde, für das Bogenschießen vom Pferd aus nicht geeignet.

Die vermehrte Beschäftigung mit den Herstellungsverfahren frühmittelalterlicher Reiterbögen führte vor einigen Jahrzehnten zur praktischen Erprobung der rekonstruierten Bögen und zur Entstehung des berittenen Bogenschießens als Wettkampfsport in Mitteleuropa.[26] Allerdings spielt diese ›wiederentdeckte‹ Sparte des Reitsports neben etablierten, modernen Reitsportdisziplinen wie z.B. Dressur- oder Springreiten derzeit noch eine geringe Rolle. Jedoch dürften zum Beispiel auch die Dressur-, Spring- und Wanderreiter der Gegenwart den Awaren einen wichtigen Ausrustungsgegenstand verdanken – nämlich den Steigbügel. Soweit heute bekannt ist, waren die awarischen Reiterkrieger die erste berittene Streitmacht, die durchgehend mit Steigbügeln ausgestattet war. Zudem dürften die Awaren eine wichtige Rolle bei der Verbreitung dieser für die Kulturgeschichte des Mittelalters und der Neuzeit so bedeutenden Innovation in Europa gespielt haben: Weder die ›Ritterturniere‹ des Hochmittelalters noch

26 Vgl. z.B. »Horseback Archery. Berittenes Bogenschiessen als Sport« (Pferderevue Dezember 2019, S. 26-29).

die barocke Reitkunst (Stichwort: Spanische Hofreitschule Wien) wären ohne Steigbügel in dieser Form vorstellbar gewesen. Somit sind, aus kulturhistorischer Sicht, die Spuren der Awaren im Wiener Stadtgebiet wesentlich vielfältiger, als man zunächst vermuten würde.

Thomas Wallnig

# Undeutliche Spuren zwischen West und Ost

## Sebastian Tengnagel und der Herbst des Späthumanismus

> ausgehend von einigen spuren (traces)
> konstruieren die humanwissenschaften ›expli-
> kative trassen‹ (tracés), die also nicht zuletzt
> singularisieren: aus einem unendlich scheinenden
> netz wird jeweils eine route.[1]

Was sagen über Sebastian Tengnagel – den knienden Mann auf dem Bild, der gemeinsam mit seiner Frau den Gekreuzigten anbetet, vor einer zeitlich fernen Kulisse Wiens?

In welcher Sprache betet er?

Wir wollen Spuren zu einer Trasse verdichten, in dem Bewusstsein um ihre Zufälligkeit und Gemachtheit. Wir wollen den Spuren einer ›Wissenschaft‹ folgen, die umso seltsamere Züge anzunehmen scheint, je weiter wir in der Zeit zurückschreiten: Hinter uns liegen, auf unserem Weg in die Vergangenheit, die akademischen Aufbruchsjahre des letzten Jahrhunderts, davor die schreckliche Indienstnahme von Wissen für Mord und Diktatur, die Zeit der utopischen Hypertrophie der »deutschen Mandarine«[2], die mit den Mitteln von Staat und Stahl das umsetzten, wovon die Aufklärung nur geträumt hatte. Wir treffen dann, an den Vorgebirgen derselben, das Engagement religiös geprägter Intellektueller, die mit Aufwand jene Neuen Welten zu deuten suchten, die sich seit der Renaissance über, unter und neben ihnen aufgetan hatten. Sebastian Tengnagel, die Hauptperson unserer Geschichte, lebte damals – jener Zeit, in der sich der späthumanistische Himmel eintrübte und dasjenige eintrat, was Gelehrte zu allen Zeiten aus ihrer irenischen Friedfertigkeit gerissen hatte: Radikalisierung.

---

1 Georg Schmid, Die Geschichtsfalle. Über Bilder, Einbildungen und Geschichtsbilder, Wien 2000, S. 410f.

2 Fritz Ringer, Die Gelehrten: der Niedergang der deutschen Mandarine, 1890–1933, Stuttgart 1983.

Abb. 1: Epitaph von Sebastian Tengnagel an der Außenwand des Wiener Stephansdoms.

Tengnagel lebte von etwa 1573 bis 1636, die allermeiste Zeit davon in Wien, von 1608 bis zu seinem Tod war er der Hüter der kaiserlichen Bibliothek. Er stammte aus einem Teil des Herzogtums Geldern, das sich um die Zeit seiner Geburt gemeinsam mit anderen niederländischen Provinzen von der Herrschaft der spanischen Habsburger lossagte. Der folgende Krieg dauerte 80 Jahre und wurde erst durch den Westfälischen Frieden 1648 beendet, durch welchen die Republik der Vereinigten Niederlande aus dem Verband des Heiligen Römischen Reiches ausschied. Wir können nur vermuten, warum Tengnagel in den späten 1590er-Jahren den Weg nach Wien einschlug: Vielleicht war er ein Katholik aus einer stark calvinistisch geprägten Gegend[3]; vielleicht hatten er und seine Familie Loyalitäten gezeigt, die ihm nahelegten, die Nähe der habsburgischen Herrscher zu suchen. Eine wichtige Rolle spielte sicher sein Landsmann Hugo Blotius, der bereits seit den 1570er-Jahren als kaiserlicher Bibliothekar in Wien weilte und der Tengnagel um 1598 als Gehilfen aufnahm.

3 In Wien, 1599, ist er »Romanae« [religionis]: Paola Molino, L'impero di carta. Storia di una biblioteca e di un bibliotecario (Vienna, 1575–1608), Roma 2017, S. 225.

Tengnagels Weg hätte auch anderswohin führen können. Bevor er nach Wien kam, hielt er sich nach eigenen Angaben *studiorum causa* in Leiden auf.[4] Dies war nicht irgendein Universitätsstandort, sondern eine der wichtigsten Neugründungen der Reformationsbewegung und ein Zentrum des calvinistischen Späthumanismus in den um Unabhängigkeit kämpfenden niederländischen Provinzen – neben Heidelberg das ›dritte Genf‹. Es war jene Zeit, in welcher der internationale Humanismus dabei war, in seine konfessionellen und nationalen Teile zu zerfallen; neben die alten Zentren in Italien und am Oberrhein traten neue in Nordwesteuropa, und die blutigen Religionskriege in Frankreich machten Genf, die Niederlande und England zu einem Zufluchtsort für nicht-katholische Gelehrte.

Zu jener Zeit, genauer: 1583, brachte der Leidener Gelehrte Joseph Justus Scaliger mit seinem Werk *De emendatione temporum* der Gelehrtenwelt zu Bewusstsein, dass die Geschichte der Antike sich nicht in jener der Römer und Griechen erschöpfte. Die philologische und historische Auseinandersetzung mit der Bibel führte zu kulturhistorischen Fragen über die Religionen des Alten Orients, die Kulte der Israeliten wurden zum historischen, nicht nur zum theologischen Gegenstand kritischer Auseinandersetzung. Die Neuerungen in der Astronomie beeinflussten das Denken über biblische Chronologie, und neben allem stand das Anliegen der verlässlichen Ausgabe antiker Schriftsteller, das Pflegen von lateinischer Gelegenheitslyrik und die Entwicklung eines oft konfessionsneutralen christlichen Stoizismus oder hermetisch inspirierten Neuplatonismus.

Tengnagel war selbst mit Scaliger in Kontakt, ebenso mit zweien seiner Vertrauten, Jan Gruter und Isaac Casaubon: Ersterer stand der Bibliotheca Palatina in Heidelberg vor, ehe sie 1622 entwendet und als Kriegsbeute nach Rom gebracht wurde; Zweiterer legte eine kritische Ausgabe des neuplatonischen *Corpus Hermeticum* vor und starb in den Diensten des englischen Königs in London.

Wenn uns also die Spuren Tengnagels zu jener Zeit eher in den protestantischen Späthumanismus Westeuropas zu führen scheinen, so können wir auch fragen, welche Wissenschaft sie denn dokumentieren. Es verbirgt sich nämlich hinter dem Wort »Polyhistor« – oft gebraucht für die genannten Gelehrten – die hier ehrfurchtsvolle, dort abschätzige, immer jedoch in der Substanz verständnislose Verbeugung späterer Jahrhunderte vor dem Wissen der Vormoderne. Dieses hielt sich ohne Zweifel auch an jene grundsätzlichen Grenzen, wie sie sich in den universitären Disziplinen und Fakultäten spiegelten, also vor allem an die Trennung von menschlicher, natürlicher und göttlicher Erkenntnisge-

4 In der dortigen Matrikel ist er allerdings nicht dokumentiert.

wissheit. Doch wurden diese Grenzen im späten 16. Jahrhundert durchlässig: Mit einer neuen Naturerkenntnis, besonders in der mit Kopernikus ringenden Astronomie, musste ein neuer Maßstab des Göttlichen gefunden werden; und mit der Betrachtung der Bibel als Text, nicht nur als offenbarte Wahrheit, rückte plötzlich das historische Umfeld des alten Orients mit in den Fokus. Die Fähigkeit zur historischen und philologischen Kritik wurde dabei zur Voraussetzung dafür, überhaupt verlässliche Aussagen über eine ferne und nunmehr entgrenzte Antike machen zu können.

Mehr als tatsächliche Spuren sind dies freilich verlorengegangene Zusammenhänge. Sie in die Stammbäume heutiger akademischer Fächer – wie Orientalistik, Editionswissenschaft oder Kulturgeschichte der Antike – hineinreklamieren zu wollen, führt unweigerlich zu einer ungewollten Exotisierung der epistemischen Zusammenhänge der Zeit. Dennoch lebte auch der Späthumanismus an Universitäten, wie eben jenen von Leiden oder Heidelberg, von Wittenberg oder Padua, von Montpellier, Cambridge oder Oxford. Daneben freilich standen in großer Zahl, und an den entlegensten Orten, auch andere Stätten der Gelehrsamkeit: Bibliotheken.

Als Hugo Blotius Sebastian Tengnagel als Gehilfen aufnahm, stand er der Wiener Hofbibliothek bereits seit mehr als 20 Jahren vor. Er war vom kaiserlichen Leibarzt Crato von Krafftheim empfohlen worden und wurde 1575 durch Maximilian II. bestätigt. Auch nach dem Tod des zum Protestantismus neigenden Kaisers, unter seinem entschieden katholisch orientierten Nachfolger Rudolph II., betrieb der konfessionell neutrale Blotius eine gezielte Politik von Bestandsaufbau und -ordnung, zugleich auch der Zugänglichmachung der Bibliothek. Aber wem sollte was zugänglich gemacht werden?

Blotius verfolgte drei Sammlungsschwerpunkte, die zugleich die politische Agenda der Habsburger im ausgehenden 16. Jahrhundert umreißen. Er sammelte *Controversistica*, also Bücher zur polemischen Auseinandersetzung zwischen protestantischer und katholischer Theologie; *Austriaca*, also Material im Zusammenhang mit den politischen Machtansprüchen der österreichischen Habsburger; schließlich *Turcica*, Schriften über den neuen mächtigen Feind im Osten, das Osmanische Reich, wozu Blotius auch einen eigenen Katalog verfasste. Jeder dieser drei Themenbereiche veranschaulicht eine Dimension dessen, was Bücherwissen um 1600 bedeuten konnte; und jeder Themenbereich spiegelt zugleich eine eigene Ausprägung der politischen Situation wider, in der sich die Habsburger – und Wien – im späten 16. Jahrhundert befanden.

Nach dem Augsburger Religionsfrieden im Reich 1555, dem Ende des Konzils von Trient 1563, der Bartholomäusnacht 1572, dem Edikt von Nantes 1598 (das in Frankreich die Koexistenz von Katholiken und Protestanten regelte) und anderen wichtigen religionspolitischen Ereignissen der zweiten Hälfte des 16. Jahrhunderts wurde klar, dass die christlichen Konfessionen nicht schnell wieder zusammenfinden würden, und dass sich vielmehr die politische Philosophie um eine Entschärfung derartiger Konflikte zu bemühen hatte. Die abstrakte Idee von Staatlichkeit hat hier ihre Wurzel, daneben florierte noch bis weit ins 17. und 18. Jahrhundert hinein das Bestreben, den konfessionellen Gegner theologisch zu bekämpfen. Das erforderte einen gemeinsamen Bezugsrahmen – und erzeugte zugleich ein Ringen um die Deutung desselben.

Ein Gebiet, auf dem dieser Konflikt ausgetragen wurde, war jenes der mittelalterlichen Geschichte. Man erinnerte sich lebhaft daran, dass im Investiturstreit des 11. und 12. Jahrhunderts der römisch-deutsche Kaiser und der Papst erbittert um die oberste Legitimation von Herrschaft gestritten hatten. Die protestantische Kirchengeschichte konnte darin den frühen Versuch einer Lösung von Rom und einen Beleg für kaiserliche Machtansprüche auch in Kirchenfragen sehen; die Publikation und kritische Herausgabe von Schriften jener Zeit geriet so zum Politikum, weil sich auch die katholische Seite um die Verbreitung ihrer Version der Ereignisse bemühte. Es konnte hier entscheidend sein, über die bessere Textüberlieferung, die ältere und verlässlichere Handschrift zu verfügen – oder eben über einen Beleg, dass die Gegenseite ihre Argumente auf schlechte Quellen stützte. Konfessionspolitische Kontroversen wurden so auch auf dem Feld der Geschichte ausgetragen.

Ähnlich politisch hinterlegt war die Frage nach historischem Material zu Österreich. Mit diesem Begriff waren im 16. Jahrhundert die beiden Erzherzogtümer angesprochen – heute Ober- und Niederösterreich –, gegebenenfalls fungierte »Casa d'Austria« auch als Geschlechtername der Habsburger beider Linien, doch sind wir noch weit entfernt von den Versuchen des 18. Jahrhunderts, das Länderkonglomerat der späteren Habsburgermonarchie juristisch und begrifflich zu vereinheitlichen. Um 1600 waren freilich auch in Bezug auf Österreich historische Fragen von juristischen ebenso wenig zu trennen wie im Bereich der Religion von theologischen, und so zielte das systematische Sammeln von Rechtstiteln auf die jeweilige Fundierung und Begründung der Rechte des Fürsten – oder der ihm gegenüber ihre Macht behauptenden Stände. Es ist kein Zufall, dass Reichard Streun von Schwarzenau als der Blotius vorgesetzte *superintendens* der Hofbibliothek selbst eine umfangreiche Sammlung landständischer Rechtstitel anlegte, die klar auf eine Einschränkung fürstlicher Machtbefugnisse abzielten.

Die oftmals protestantischen Adeligen der habsburgischen Länder bezogen einen Teil ihrer starken Stellung in jenen Jahren aus ihrer wichtigen finanziellen und militärischen Rolle im Krieg gegen das Osmanische Reich. Das Wissen über *Turcica* war tatsächlich ein Gebot der Stunde, galt es doch nun, auf mikro- und makroregionaler Ebene ein Gleichgewicht der Kräfte auch jenseits von Europa zu finden. Am Ende des so genannten ›Langen Türkenkrieges‹ (1593–1606) standen sich der Kaiser und der Sultan erstmals auf Augenhöhe gegenüber. Persisch-christliche Allianzen gegen die Osmanen standen im Raum, und der diplomatische Kontakt mit dem Vorderen Orient wurde zur politischen Notwendigkeit. Dies setzte auch eine differenzierte Kenntnis der unterschiedlichen islamischen Glaubensströmungen – Sunna und Schia – und der Reichsbildungen des Vorderen Orients voraus.

Wollten die so gesammelten Materialien den Kaiser erreichen, mussten sie freilich einen langen Weg zurücklegen. Das Wien, in dem Sebastian Tengnagel nun in den ersten Jahren des neuen Jahrhunderts seinem Vorgesetzten Blotius in der Bibliothek zur Hand ging, war eine Stadt ohne Hof, denn Rudolph II. hatte seine Residenz 1583 nach Prag verlegt. Er war Kaiser des Heiligen Römischen Reiches, König von Böhmen und Ungarn – und hatte somit auch keine unmittelbare Notwendigkeit, in Wien anwesend zu sein. Sein streitbarer Bruder Matthias hingegen, seit den 1590er-Jahren Statthalter in Österreich, arbeitete an seiner eigenen Machtbasis und rang 1608 seinem Bruder auch nominell in Wien die Macht ab.

Wie stand es um die Bibliothek? Die rezente Umdeutung der Widmung eines Evangeliars von 1368 zum Gründungsdatum der Hofbibliothek ist als Spur nicht nur ein blinkendes Hologramm des frühen 21. Jahrhunderts, sondern sie legt willkürlich eine falsche Fährte, indem sie institutionelle Kontinuität andeutet, wo keine ist. Die habsburgische Büchersammlung befand sich zu Blotius' Zeit im (heute verschwundenen) Minoritenkloster nahe der Hofburg, in beengten Verhältnissen. Mehrfach bemühten sich Blotius und nach ihm Tengnagel um eine Verlegung, die erst stattfand, als sich der Hof in den 1620er-Jahren wieder nach Wien begab.[5] Erst wurde die Bibliothek in Räumen der Kammerbuchhalterei am Areal der Hofburg untergebracht, 1631 übersiedelte sie in acht Räume des so genannten ›Harrach'schen Hauses‹ nahe der Alten Burg. Auch diese Häuser stehen heute nicht mehr – der Reichskanzleitrakt nahm den Platz früherer Bauten ein, und seit dem frühen 18. Jahrhundert verfügte die Hofbibliothek über eine prunkvolle Manifestation imperialer Dominanz auch im Bereich des Wissens.

5 Franz Unterkircher, Sebastian Tengnagel, in: Joseph Stummvoll (Hg.), Die Geschichte der Österreichischen Nationalbibliothek, Wien 1968, S. 129–145, hier S. 133–135.

Solches Denken war dem 16. Jahrhundert nicht fremd, im Gegenteil gingen die bibliothekarischen Ordnungssysteme Hand in Hand mit den Versuchen, die beschreibbare Welt in Kategorien verräumlicht zu denken. Doch fanden solche Aspirationen oft ihre natürliche Grenze in Mauerwerk und Regalbrett sowie in der zunehmenden Verzeitlichung von Wissen: Es ist eine Sache, handschriftliche Werke zusammenzutragen, in denen sich eine recht endgültige Auffassung von Wahrheit aussprechen kann; eine andere Sache ist es, Druckwerke zu sammeln, die bereits im 16. Jahrhundert in immer größerer Zahl und Frequenz für die Übersichtlichkeit des humanistisch angereicherten Wissens zur Herausforderung wurden. Tatsächlich fällt in Tengnagels Zeit als Hofbibliothekar, ins Jahr 1624, auch ein kaiserlicher Erlass zur Abgabe eines Pflichtexemplars aller im Reich gedruckten Bücher. Hier wurde die Hofbibliothek nicht als Wissensreservoir habsburgischer Politik gedacht, sondern als zentrale Wissensinstitution für das Heilige Römische Reich.

Wir kennen Sebastian Tengnagel in erster Linie als Bibliothekar, das heißt: als Verfasser von Katalogen, als Verwalter, Verfügbarmacher und Erweiterer seiner Bestände. Wir kennen ihn aus der Lebensbeschreibung, die zwei Amtsgenerationen später sein Nachfolger Peter Lambeck von ihm verfasste[6]; wir kennen ihn in seiner Arbeitsweise auch dadurch recht genau, dass er sich, »einer allgemeinen Unart der Gelehrten seiner Zeit folgend, ausnahmslos durch Randnotizen bemerkbar machte.«[7] Diese sind in einer markanten, gut lesbaren und sehr individuellen Schrift verfasst. Schließlich kennen wir Tengnagel gut aus seiner Korrespondenz. Rund 700 Schreiben an ihn sind zusammen mit anderen Materialien erhalten.[8] Seine umfangreiche Privatbibliothek, die er parallel zur Hofbibliothek erweiterte, hat Tengnagel derselben vermacht; publiziert hat er lediglich ein Werk, die *Vetera monumenta contra schismaticos*, im Jahre 1612.

All diese scheinen aus heutiger Sicht Spuren ins Nichts zu sein. Wer ermisst, was es für den Ingolstädter Jesuiten Jakob Gretser bedeutete, dass Tengnagel in seinen Wiener Beständen über Schreiben der romtreu gesinnten Salzburger Erzbischöfe Gebhard (gest. 1088) und Eberhard I. (gest. 1164) verfügte? Zu ihrer Veröffentlichung – eben in den erwähnten *Alten Denkmälern gegen die Kirchenspalter* – regte Gretser den Hofbibliothekspräfekten an. Nicht einmal

6 Peter Lambeck, Commentarii de augustissima bibliotheca Vindobonensi, Bd. 1, Wien 1665, S. 57–64.

7 Alphons Lhotsky, Die Wiener Palatina und die Geschichteforschung unter Sebastian Tengnagel, in: Joseph Stummvoll (Hg.), Die Österreichische Nationalbibliothek. Festschrift für Josef Bick, Wien 1948, S. 450–462, hier S. 455.

8 ÖNB, Cod. 9373q-t.

Wikipedia kennt Paul von Bernried, den Verfasser einer wichtigen Lebensbeschreibung Gregors VII., jenes Papstes, der Kaiser Heinrich IV. zum Gang nach Canossa brachte. Tengnagel gelang, wiederum auf Anfrage Gretsers, eine Identifizierung des anonymen Textes im so genannten *Magnum Legendarium Austriacum*.[9]

Weitere versunkene Welten tun sich in der christlichen Antike auf. Die Kirchengeschichte des Nikephoros Kallistos Xanthopoulos, eines spätbyzantinischen Historikers, ist einzig in einer Handschrift der Hofbibliothek erhalten, die Tengnagel nach Paris auslieh[10] – wem bedeuten heute die Namen Jean-Auguste de Thou, Fronton du Duc und Jacques Sirmond etwas, jene Männer, die in Paris mit der Sache befasst waren? Was bedeutet es, dass de Thou am Edikt von Nantes maßgeblich beteiligt war; Fronton, jesuitischer Patristiker, erstmals die Geschichte der Jeanne d'Arc veröffentlichte; Sirmond eine romtreue Edition der gallikanischen Konzilien vorlegte?

Die heute undeutlichen Spuren führen aber auch nach der anderen Himmelsrichtung. Viele orientalische Handschriften erweckten Tengnagels Interesse, doch besonders bemühte er sich um den Erhalt der arabischen *Cosmographia* des Abū l-fidā (gest. 1331) in einer Heidelberger Handschrift.[11] Viele Jahre hindurch ist das Manuskript – besser: sind die Unwägbarkeiten rund um seine Übersendung von Heidelberg nach Wien – Gegenstand von Tengnagels Korrespondenz mit dem bereits genannten Jan Gruter.

Bücher- und Schriftensammlungen sind stets verdichtete Ansammlungen von Spuren einer schreibenden und lesenden Existenz, die ihrerseits nach vielen Seiten ausstrahlen, sich verzweigen und verdichten, noch während eines Lebens Farbigkeit und Intensität verändern, und nach dessen Ende kaum anderes als verblassen können. In größere Bestände eingemeindete Sammlungen verlieren diese eigentümliche, selbst- wie fremdbezogene intellektuelle Verästelung in der Gleichheit bibliothekarischer Pragmatik, wie die Greißlerei, die sich in das Corporate Design einer Supermarktkette eingliedert, wiewohl sie vielleicht noch dieselbe Milch anbietet.

Hier endlich, bei den Bestandserweiterungen der Hofbibliothek, haben wir ein Stück, das über die Jahrhunderte so zur Ikone geronnen ist, dass es dem

9 Lhotsky 1948, S. 453.

10 Lambeck 1665, S. 152–165.

11 Claudia Römer, An Ottoman Copyist Working for Sebastian Tengnagel, Librarian at the Vienna Hofbibliothek, 1608–1636, in: Proceedings of the XIIth Congress of CIEPO, Archív orientální, Supplementa VIII, Prague 1998, S. 330–349, hier S. 335–339.

heutigen Ohr gefahrlos anvertraut werden kann, mit der leisen Hoffnung eines Anflugs von ehrfürchtigem Erstaunen: Unter den Sammlungen, die Tengnagel für die Hofbibliothek erwarb, finden sich auch Handschriften von Tycho Brahe und Johannes Kepler.[12] Doch wenn wir im selben Atemzug mit den beiden Heroen der Wissenschaftsgeschichte auch die erworbenen Schriften und Bücher des Johannes Sambucus oder des Ogier Ghislain de Busbecq nennen, so scheint sich das 16. Jahrhundert wieder in undeutlichen Nebel zu tauchen. Wer sie waren? Es ist heute leicht, eine Zeile über sie von irgendwoher zu stehlen; schwer, sie würdigend einzuordnen.

Was sagt uns das alles über den knienden Mann auf dem Grabmal?

Vielleicht – dies ist Graphologie übelsten Zuschnitts – ist Tengnagels Schrift Ausdruck einer impermeablen und für äußere Blicke undurchdringlichen inneren Haltung. Natürlich sprach und agierte er in seiner Rolle als kaiserlicher Bibliothekar, die zunehmend zur Rolle eines antiquarischen Gewährsmanns gegenreformatorischer Publizistik wurde. Versorgte Tengnagel den Zwettler Abt Johann Seyfried 1613 noch mit einer bemüht freundlichen Einbegleitung für dessen Herleitung der Habsburger von einer stadtrömischen Adelsfamilie[13], so wollte der streitbar gegenreformatorisch eingestellte Abt ein knappes Jahrzehnt später vom Hofbibliothekar bibliographische Angaben für seine geplante österreichische Geschichte. Auf Tengnagels Hinweis auf ein Buch des Leidener Gelehrten Philipp Clüver reagierte Seyfried mit Entrüstung: »Was aber Clüver betrifft, jene kalvinische Krähe, so habe ich geschworen, ihr überall die Federn auszurupfen: was ich, wenn ich nicht irre, auch anlässlich von Ashkenaz, dem vermeintlichen Verwandten der Germanen, getan habe. Was Du aber unserem Werk, das ja noch roh und klein ist, durch solche Unzulänglichkeit für Schaden zufügst, wirst du selbst nur unter Erröten einsehen.«[14] Leiden war 1622 nicht mehr dasselbe Leiden wie um 1590.

Von späthumanistischer Unschuld konnte auch keine Rede sein, als Tengnagel 1619 den Auftrag erhielt, ein Gutachten gegen die oppositionellen Stände des

12 Unterkircher 1968, S. 142.

13 Alphons Lhotsky, Apis Colonna. Fabeln und Theorien über die Abkunft der Habsburger, in: Mitteilungen des Instituts für Österreichische Geschichtsforschung 55 (1944), S. 171–246, hier 198f. – Johann Seyfried, Arbor Aniciana seu Genealogiae serenissimorum augustissimae Austriae domus principum, Wien 1613, S. ††2r–v: Relatio de reveredissimi domini Ioannis Seifridi abbatis Zwethalensis opere genealogiae Austriacae historico ad illustrissimum, generosissimum et amplissimum sacrae caesareae maiestatis interius et sanctius Viennae relictum consilium Sebastiani Tengnagel, iuris utriusque doctoris et caesarei bibliothecarii.

14 Seyfried an Tengnagel, 4. Dezember 1622, ÖNB Cod. 9737s 279r–280v (Übersetzung Verf.).

Landes ob der Enns zu verfassen.[15] In diesem Zusammenhang steht auch seine Sammlung *zu den Böhmischen Unruhen*.[16] Wir erleben in Echtzeit die Indienstnahme späthumanistischer Gelehrsamkeit durch den sich konfessionell radikalisierenden Fürstenstaat im Kriegszustand. Tengnagels Rolle als Wiener ›Stadtanwalt‹, als landesfürstlicher Vertreter im Magistrat, kann vor einem ähnlichen Hintergrund gelesen werden.

Auch die orientalistischen Interessen waren nicht frei von politischen Resonanzräumen, nicht nur in geopolitischer Hinsicht. In einem Konzept an einen unbekannten Autor äußert sich Tengnagel in diesem Sinne: »die orientalischen und islamischen Handschriften haben für ihn den Sinn, daß die bei den Arabern verborgenen ›SS. Patrum monimenta‹ aufgedeckt werden könnten, wodurch großer Glanz sowohl für die weltliche Geschichte wie für die Kirchengeschichte Europas erzielt und zudem vieles zu den gegenwärtigen Diskussionen über kirchliche Riten beigetragen werden könnte«.[17] »Orientalistik« ante litteram gerät hier ebenso zum katholischen Instrument, wie es auch die Erforschung des Mittelalters und der Antike war.

Das Dissimulieren von Betroffenheit, das Vermeiden von Festlegung, ist ein humanistischer, ein neustoischer Habitus. Darin verlieren sich Spuren für alle äußeren Betrachter, nur das wertende Individuum selbst weiß zu wägen. Dass sich fast alle Spuren aus der Vormoderne in deren Vergangenheiten nahezu gänzlich aus dem kollektiven Bewusstsein unserer Gegenwart verabschiedet haben, macht die Annäherung dabei nicht leichter. Wer mutet sich eine Bewertung dessen zu, dass Tengnagel stolz davon berichtete, dass das wertvollste Buch seiner Privatbibliothek ein *Alcoran* sei?

Halten wir uns also an jene eine Spur, die uns Tengnagel gewissermaßen selbst hinterlassen hat und die bis heute im Wiener Stadtbild greifbar ist: sein Epitaph, das an der Außenwand des Chores des Stephansdoms angebracht ist. Die Inschrift unter dem knienden Paar lautet wie folgt:[18]

15 Lhotsky 1960, S. 462.

16 Stefan Benz, Zwischen Tradition und Kritik. Katholische Geschichtsschreibung im barocken Heiligen Römischen Reich, Husum 2003, S. 332: Adversaria ad motus Bohemicos, ÖNB Cod. 7990.

17 Benz 2003, S. 103.

18 Sebastianus Tengnagel iureconsultus natione Belga; patria Gelder; domo Buranus; imperatorum Rudolphi II, Mathiae, Ferdinandi II augustorum consiliarius, bibliothecarius, senatusque Viennensis praefectus, vir disertus linguarum quindecim peritus vis scire quarum: Hebraicae, Syriacae, Chaldaicae, Persicae, Arabicae, Turcicae, Aethiopicae, Graecae, Latinae, Italicae, Gallicae, Hispanicae, Germanicae, Belgicae, Anglicae. Sed heu tot linguas in uno viro maximo Proebi et Musarum moerore saeva mors intercludit pridie Nonas Aprilis anno MDCXXXVI, aetatis eius anno LXIII. Iacet hic cum coniuge Ursula Blotia, nata Ungelterin a Teissenhausen, Sueva, idibus Maii anno

> Sebastian Tengnagel, Rechtsgelehrter, von Geburt Niederländer [*Belga*], von Herkunft aus Geldern, von Heimat aus Buren; Rat der erhabenen Kaiser Rudolph II., Matthias und Ferdinand II., Bibliothekar sowie Wiener Stadtanwalt; ein Mann, bewandert in 15 Sprachen; du willst wissen, welche? Hebräisch, Syrisch, Chaldäisch, Persisch, Arabisch, Türkisch, Äthiopisch, Griechisch, Latein, Italienisch, Französisch, Spanisch, Deutsch, Niederländisch und Englisch. Aber ach! So vielen Sprachen in einem Mann vereint setzte der grausame Tod ein Ende am 4. April 1636; dem Apoll und den Musen zur Trauer. Er ruht hier mit der Gattin Ursula Ungelterin von Teissenhausen aus Schwaben, die am 15. Mai 1628 verstorben ist. Geh fort, Leser, und bete für die ewige Glückseligkeit ihrer Manen.

Die Spuren verdichten sich hier zur Trasse: ein polyglotter Bibliothekar in den treuen Diensten dreier Kaiser. Dennoch scheint durch die Zeilen des antikisierenden Christentums auch das Echo der anderen Spuren: ein Gelehrter in Zeiten von umfassender späthumanistischer Wissenserweiterung und -sichtung, zugleich von politischer und konfessioneller Indienstnahme professioneller Gelehrsamkeit; ein Intellektueller in Zeiten weltanschaulicher Radikalisierung. In welcher Sprache er betete, wusste nur er selbst.

---

MDCXXVIII defuncta. Abi lector, et horum manibus aeterna gaudia apprecare (Übersetzung ThW).

Simone Killen

# Wien als Wiege der Numismatik

## Warum ein Professor für antike Münzkunde am Maria-Theresien-Denkmal dargestellt ist

Die meisten Bewohner[1] und Besucher von Wien kennen sicherlich das Maria-Theresien-Monument auf dem gleichnamigen Platz: Majestätisch thront seit 1888 zwischen dem Kunsthistorischen und dem Naturhistorischen Museum die 6 m hohe Bronzestatue der ›Kaiserin‹ Maria Theresia auf einem massiven Sockel (Abb. 1). Doch die ›Landesmutter‹ ist an dem Monument des Bildhauers Caspar Zumbusch nicht alleine wiedergegeben: Den Sockel, auf dem ihr Thron steht, schmücken zahlreiche Reiterbilder, Statuen und Reliefs. Auf der Seite, die dem Naturhistorischen Museum zugewandt ist, befindet sich links außen vor dem Relief mit dem Wiener Universitätsgebäude die Statue von Joseph Hilarius Eckhel, der von 1774 bis zu seinem Tode 1798 antike Münzkunde an der Universität Wien lehrte (Abb. 2). Aber wie kam es dazu, dass ein Professor für Numismatik auf diesem berühmten Denkmal dargestellt ist? Welche Verbindung hatte er zu Maria Theresia? Und was hat es mit dem Buch *De Doctrina nummorum* auf sich, das seine Statue im Arm hält?

### 1. Eckhel im Reformzeitalter Maria Theresias

Joseph Hilarius Eckhel (Abb. 3) wurde am 13. Januar 1737 im niederösterreichischen Enzesfeld als fünftes Kind eines Verwaltungsdieners namens Johann Anton Eckhel und dessen Frau Maria Clara geboren.[2] Dass er von seinen Eltern

1 Im folgenden Text wird zugunsten der besseren Lesbarkeit die männliche Form zur Bezeichnung von Personengruppen gewählt; nichtsdestotrotz beziehen sich die Angaben auf alle Geschlechter.

2 Zu Eckhel und seinem Werdegang gibt es zahlreiche Publikationen, von denen hier lediglich die wichtigsten erwähnt seien: Joseph Bergmann, Pflege der Numismatik in Österreich im 18. Jahrhundert. Mit bes. Hinblick auf das K. K. Münz- u. Medaillen-Cabinet in Wien; mit erl. Anm., in: Sitzungsberichte der kaiserlichen Akademie der Wiss. Phil.-hist. Klasse 24, Wien 1857, S. 303–634. – Friedrich Kenner, Joseph H. von Eckhel, Wien 1871. – Robert Göbl, Eckhel-Gedenktag, in: Mitteilungen der Österreichischen Numismatischen Gesellschaft 16 (1970) S. 80–83 und S. 87–90. – Bernhard Koch, Joseph Hilarius Eckhel, in: Litterae numismaticae Vindobonenses 4

Abb. 1: Maria-Theresien-Denkmal, Maria-Theresien-Platz, Wien, Hauptansichtsseite.

Abb. 2: Statue Eckhels (links außen) am Maria-Theresien-Denkmal, linke Langseite.

Abb. 3: Porträt Eckhels, Punktierstich von Domenico Klemi-Bonati nach einer Radierung von Antoine Louis François Sergent-Marceau 1840.

im Alter von acht Jahren nach Wien auf die Lateinschule geschickt wurde, ist sicherlich seinem aufgeweckten Geist und seiner Intelligenz zuzuschreiben. Sechs Jahre später, also im Alter von 14 Jahren, wurde Eckhel bei St. Anna (im heutigen 1. Wiener Bezirk) in den Jesuitenorden aufgenommen. Während Eckhels Schulzeit begannen schon die Reformen Maria Theresias in Bezug auf das Bildungswesen,[3] wodurch die Monopolstellung des Jesuitenordens im Laufe des 18. Jahrhunderts aufgebrochen wurde.[4] So waren den Jesuiten bereits 1735

(1992) S. 323–333. – Peter Franz Mittag, Eckhel, Joseph Hilarius, in: Peter Kuhlmann/Helmuth Schneider (Hg.), Geschichte der Altertumswissenschaften. Biographisches Lexikon, Der Neue Pauly, Supplemente Band 6, Stuttgart 2012, Sp. 341–343.

3 Zu den Reformen vgl. Grete Klingenstein, Bildungskrise. Gymnasien und Universitäten im Spannungsfeld theresianischer Aufklärung, in: Walter Koschatzky (Hg.), Maria Theresia und ihre Zeit. Eine Darstellung der Epoche von 1740–1780 aus Anlaß der 200. Wiederkehr des Todestages der Kaiserin, Salzburg/Wien 1979, S. 213–223 und Adam Wandruszka, Maria Theresia und ihre Zeit, in: Koschatzky 1979, S. 17–39.

4 Wolfgang Szaivert, Die akademische Lehre der Numismatik in Österreich im 18. Jahrhundert, in: Heinz Winter/Bernhard Woytek (Hg.), Numismatik und Geldgeschichte im Zeitalter der Aufklärung. Beiträge zum Symposium im Residenzschloss Dresden, 4.–9. Mai 2009, Numismatische Zeitschrift 120/121 (2015) S. 461–478, bes. S. 461–464.

neue Methoden und Themen für den Unterricht vorgeschrieben worden, in deren Genuss wohl auch Eckhel gekommen sein dürfte. Die maria-theresianische Schulreform beinhaltete schließlich eine komplette Neuorganisation, die in der Einführung der allgemeinen Schulpflicht ab 1774 mündete.

Schon zehn Jahre zuvor, im Jahr 1764, empfing Eckhel als Ordensmitglied die Priesterweihe und feierte im selben Jahr seine Primiz (erste hl. Messe) in der Pfarrkirche in Wien-Hietzing. Neben Theologie studierte er auch die Humaniora (das griechisch-römische Altertum) in Leoben und Philosophie, Mathematik, Hebräisch und Altgriechisch in Graz. So verwundert es nicht, dass er gemäß der Satzung des Jesuitenordens in den folgenden Jahren als Lehrer für verschiedene Fächer an Jesuitenkollegien in Leoben, Steyr und Wien eingesetzt wurde. Durch diese Lehrtätigkeit kam er Mitte der 1760er-Jahre am Theresianum in Wien mit dessen Münzsammlung in Berührung, die von Pater Joseph Khell betreut wurde[5]. Eckhel freundete sich mit Khell an und entwickelte während seiner Studien in der Sammlung ein besonderes Interesse an den noch unedierten Münzen, die er in Buchform vorzustellen plante. Dass Eckhel bei der Bearbeitung antiker Münzen ein Händchen zu haben schien, erklärt auch, dass er in diesen Jahren schon mit der Bearbeitung der Sammlungen der Grafen Michael Viczay und Paul Festetics betraut wurde und seit 1770 Kustos der Münzsammlung am Theresianum war.[6]

Im Jahr 1772 wurde Eckhel vom Jesuitenorden »zur Erlernung der Antiquität«[7], also zum Studium der Altertümer, nach Italien gesandt. Vielfach wird seine schwächliche Gesundheit als Grund dafür genannt, dass er nicht länger dem Schuldienst nachgehen konnte und ins Ausland geschickt wurde; jedoch dürften sein Interesse an und seine Begabung für antike Münzen gleichermaßen ausschlaggebend gewesen sein. So bereiste er während dieses Jahres Bologna, Florenz und Rom und studierte die örtlichen (Münz-)Sammlungen. Eckhel fand in Florenz im Präfekten des großherzoglichen Museums, Raimondo Cocchi, einen einflussreichen Freund, der um Eckhels numismatische Expertise wusste und ihm in Florenz viele Türen öffnete. Seine wichtigste Tätigkeit auf dieser Reise wurde somit auch das Ordnen der Sammlung von Großherzog Peter Leopold, Sohn Maria Theresias und späterer Kaiser Leopold II. Eckhel hatte dabei immerhin mit etwa 30.000 Münzen zu tun, die diese Sammlung zur damaligen Zeit umfasst haben soll.

---

5 Zur Person Khells vgl. Bergmann 1857, S. 58f.

6 Mittag 2012.

7 Bergmann 1857, S. 307.

Noch während seiner Italienreise wurde 1773 der Jesuitenorden durch päpstlichen Erlass aufgehoben. Als Eckhel nach über einem Jahr auf Reisen Anfang 1774 also als Weltpriester heimkam – er führte fortan den Titel »Abbé« –, war er ohne Anstellung und Einkommen. Doch er wusste seine Kontakte von der Italienreise zu nutzen, um in Wien wieder Fuß zu fassen. So wurde er bereits kurz nach seiner Rückkehr in Wien mit der Überführung der ehemaligen Jesuiten-Münzsammlung in das k.k. Münzkabinett beauftragt. Denn mittlerweile betrafen die Reformen neben dem Bildungswesen auch das Sammlungswesen.[8] Der kulturelle Aufschwung nach dem Frieden von Aachen (1748) erfasste auch die kaiserlichen Schatzkammern. Hier ist vor allem der Einfluss von Kaiser Franz Stephan, Gatte von Maria Theresia, erwähnenswert: Er hatte eine Vorliebe für Naturwissenschaften und Technik und war begeisterter Münzsammler. So ließ er das althabsburgische Münzkabinett mit dem lothringischen zusammenlegen und holte zur Betreuung dieser Sammlung den Franzosen Valentin Jameray Duval 1743 von Florenz an den Hof nach Wien. Duval kam 1748 als Bibliothekar und Antiquar endgültig nach Wien und wurde 1765 zum Direktor des Münzkabinetts gewählt, dessen Oberdirektor er später wurde. Da man darüber hinaus zusätzliches erfahrenes Personal für die Sammlungsbetreuung suchte, ließ die Ernennung Eckhels zum Direktor der antiken Münzen eben jenes Kabinetts nicht lange auf sich warten: Auf Empfehlung des Großherzogs Peter Leopold bei seiner Mutter wurde Eckhel im März 1774 mit einem jährlichen Gehalt von 600 Gulden eingestellt.[9]

Im Rahmen dieser Anstellung war Eckhel dazu verpflichtet, zweimal pro Woche eine »ausführliche historische Explikation über die Beschaffenheit und Gegenstände der ihm anvertrauten antiken Münzen«[10] zu geben. Offensichtlich ist ihm dies derart gut gelungen, dass er bereits im September desselben Jahres zum »ordentlichen Lehrer der Numismatik und Alterthumskunde«[11] an der Universität Wien berufen wurde. Auch an der Wiener Universität waren die Reformen seit der Mitte des 18. Jahrhunderts deutlich zu spüren: Maria There-

8 Rudolf Neck, Das Sammelwesen, in: Koschatzky 1979, S. 269–276.

9 Zum Vergleich: Der Taglohn eines Maurers betrug in der zweiten Hälfte des 18. Jahrhunderts in Salzburg 18 Kreuzer, was bei 300 Arbeitstagen einem Jahreslohn von 90 Gulden entspräche. Vgl. Georg Stöger, 4 Dag Schneiderlohn. Handwerk und Dienstleistungen, in: Reinhold Reith/Luisa Pichler-Baumgartner/Georg Stöger/Andreas Zechner (Hg.), Haushalten und Konsumieren. Die Ausgabenbücher der Salzburger Kaufmannsfamilie Spängler von 1733 bis 1785, Schriftenreihe des Archivs der Stadt Salzburg 46, Salzburg 2016, S. 219–233, bes. 228f.

10 Bergmann 1857, S. 328.

11 Koch 1992, S. 325.

sias Leibarzt und Präfekt der Hofbibliothek, Gerard van Swieten, war damit beauftragt, die medizinische Ausbildung zu erneuern. Er riet der Monarchin darüber hinaus zur Modernisierung der anderen Fakultäten, die zentral verwaltet und staatlich finanziert sein sollten. Viele seiner Reformvorschläge wurden in der zweiten Hälfte des 18. Jahrhunderts umgesetzt und brachten mehr Praxisnähe und Gegenwartsbezug der einzelnen Fächer, die primär der Ausbildung zukünftiger Staatsdiener wie Ärzte, Beamte und Priester dienten. Die Wiener Universität sollte dabei zur Hauptuniversität des Landes ausgebaut werden und sich deutlich von der Jesuitendominanz in den Fächern Theologie und Philosophie abwenden, was sich zum einen im Umzug vom Akademischen Kolleg, erbaut von den Jesuiten, in die neuerrichtete Neue Aula[12] im Jahr 1756 ausdrückte. Zum anderen wurden ausländische Professoren berufen und zahlreiche neue Lehrstühle gegründet.

Auch Eckhels Lehrstuhl für Altertümer und historische Hilfswissenschaften gehörte zu diesen Neugründungen und stellt zugleich den ersten numismatischen Lehrstuhl weltweit dar. Eckhel erhielt dafür ein Gehalt von 800 Gulden im Jahr. Als im Februar 1776 der Oberdirektor des Antiken- und Münzkabinetts verstarb, wurde er von Eckhel beerbt, dem diese neue Stellung 1200 Gulden jährlich und Wohnräume in der kaiserlichen Burg einbrachten. 1797 wurde Eckhel zudem zum kaiserlich-königlichen Rat ernannt.

Seit seiner Rückkehr nach Wien im Jahr 1774 konnte Eckhel sich also ausschließlich dem Studium der antiken Numismatik widmen (Abb. 4), was sich auch in seinen zahlreichen Schriften niederschlug. Bereits 1775 erschien sein erstes Werk, in dem er unbekannte Münzen verschiedener Sammlungen veröffentlichte. Dieses Werk speiste sich noch aus seiner Tätigkeit als Jesuitenlehrer und aus seiner Italienreise. Doch schon kurz darauf kamen auch Publikationen auf den Markt, in denen er die Bestände des k.k. Münzkabinettes vorlegte. Die meisten seiner Werke sind in Latein verfasst, der damaligen Gelehrtensprache. Sein Hauptwerk *Doctrina numorum veterum* – zu Deutsch: Die Lehre der alten Münzen – erschien in insgesamt acht Bänden zwischen 1792 und 1798.[13] Das System, das sich schon in früheren Publikationen Eckhels andeutete, kam hier erstmalig in seiner Gänze zum Tragen: Eckhel hatte eine Systematik entwickelt, nach der sich antike Münzen einer Sammlung problemlos ordnen lassen. Wäh-

12 In der Neuen Aula (Dr.-Ignaz-Seipel-Platz 2) ist heute der Hauptsitz der Österreichischen Akademie der Wissenschaften untergebracht.

13 Der Titel ist am Denkmal um ein *de* erweitert, um das *veterum* gekürzt und *numorum* mit Doppel-m geschrieben.

Abb. 4: Porträt Eckhels, Stich.

rend Münzsammlungen zuvor oftmals nach Metallen oder Größe der Münzen sortiert waren, konnte Eckhel dank seiner ausgezeichneten Materialkenntnis die inhaltliche Einordnung – nach Herkunft, Chronologie usw. – einer Münze vornehmen. Dies war bislang nur in Ansätzen, beispielsweise vom Franzosen Joseph Pellerin, umgesetzt worden. Eckhels Verdienst besteht hingegen darin, dieses System perfektioniert und erweitert zu haben: Es geht vom Objekt aus und scheidet daher auch die griechischen von den römischen Münzen (»2 Systeme in einem«[14]), da sich für die Münzen des griechischen Kulturraumes eine Einordnung nach Städten und Herrschern als sinnvoll erweist, während die römischen Münzen nach chronologischen Gesichtspunkten zu ordnen sind. Dieses System ist bis heute wissenschaftlicher Standard, und sämtliche Münzsammlungen weltweit, die nach wissenschaftlichen Vorgaben arbeiten, bauen ihre Systematik darauf auf. Zugleich markieren Eckhels Werk und Wirken den Beginn der Numismatik als Wissenschaft. Zuvor war die Auseinandersetzung mit antiken Münzen eher Zeitvertreib und Liebhaberei, die jeglicher wissenschaftlicher Basis entbehrte. Sofern Sammelwerke vorhanden waren, enthielten sie

14 Kenner 1871, S. 13.

unwissenschaftliche Erläuterungen und waren unvollständig. Doch der Bestand an antiken Münzen mehrte sich unablässig durch neue Funde und Sammeleifer, während das Fehlen einer strukturierten Herangehensweise immer offensichtlicher wurde. Eckhel stellte die Auseinandersetzung mit antiken Münzen auf eine wissenschaftliche Basis und ebnete mit seinem Werk den Weg für die wissenschaftliche Numismatik. Als Altertumswissenschaftler, der von der klassischen Philologie kam, verstand er es zudem meisterhaft, interdisziplinär zu arbeiten: Er vereinte Geschichte, Philologie, Geographie, Mythologie, Epigraphik und Numismatik miteinander und gelangte mit dieser universalen Sichtweise zu neuen Forschungsergebnissen.

Eckhels bereits erwähnte schwächliche Konstitution scheint ihn ein Leben lang begleitet zu haben: So war er bemüht, seine *Doctrina* möglichst schnell fertigzustellen. Dies ist ihm zwar gelungen, aber bereits kurz danach, am 15. Mai 1798, wurde er während einer Vorlesung an der Universität von einer schweren Kolik heimgesucht, sodass er es danach nicht mehr nach Hause, sondern lediglich zu seinem Freund Alois Emmerich Freiherr von Locella schaffte, der schräg gegenüber des Universitätsgebäudes in der Bäckerstraße wohnte. Trotz ärztlicher Hilfe verstarb Eckhel am darauffolgenden Tag an ›Gedärmbrand‹ in der Wohnung seines Freundes, im Alter von 61 Jahren. Da er auf dem Friedhof St. Marx ohne Grabstein beigesetzt wurde, konnte sein Grab bereits 1836 nicht mehr lokalisiert werden.

Sicherlich ist es ein glücklicher Zufall, dass Eckhel in der maria-theresianischen Zeit lebte. Es zeigte sich, dass sein Werdegang mit den historischen Veränderungen aufs Engste verwoben war. Auch wenn die Auflösung des Jesuitenordens für ihn zunächst einen negativen Einschnitt darstellte, so profitierte er in der Folgezeit doch erheblich von dieser und den weiteren Reformen im Bildungswesen. Aufgrund des gestiegenen Interesses an den Objekten der k.k. Schatzkammer und der Formierung neuer Wissenschaftsdisziplinen an den Universitäten entstand eine neue Sammlungs- und Universitätslandschaft. Diese Landschaft bot einem Experten wie Eckhel nicht nur Anstellungsmöglichkeiten, die er als Direktor der antiken Münzen im Münzkabinett und als Professor für Altertümer und historische Hilfswissenschaften an der Wiener Universität fand, sondern auch Gelegenheit, seine Expertise einzubringen, sein Talent zu entfalten und Grundlegendes für die Wissenschaft zu leisten. So wurde aus dem begabten Knaben aus Enzesfeld ein international anerkannter Numismatiker, der mit seinem epochemachenden Werk *Doctrina numorum veterum* als wissenschaftlicher Begründer der Disziplin gelten darf.

## 2. Eckhel am Maria-Theresia-Denkmal in Wien

Auch wenn nun geklärt ist, welche herausragende Stellung Eckhel in der Wissenschaft des Reformzeitalters unter Maria Theresia einnahm, so bleibt doch die Frage, warum er als Figur am Maria-Theresien-Denkmal[15] dargestellt wurde und wer für seine Wahl verantwortlich war. Denn das Denkmal wurde am 13. Mai 1888 enthüllt, also 108 Jahre nach dem Ableben Maria Theresias und 90 Jahre nach Eckhels Tod. Die Errichtung des Denkmals steht in Zusammenhang mit der Frage nach der Legitimation des jungen österreichischen Kaisertums in der ersten Hälfte des 19. Jahrhunderts. Man suchte damals nach realen und mythischen Ursprüngen des Kaiserhauses und dachte bereits bei der Errichtung des Kaiser-Franz-Monumentes (Innerer Burgplatz, 1846) über ein Denkmal für Maria Theresia nach, das in unmittelbarer Nähe zum erstgenannten errichtet werden und die Monarchin als ›Landesmutter‹, als Magna Mater, darstellen sollte. Obwohl es bereits erste Entwürfe gab, wurde das Projekt erst nach der Wiener Stadterweiterung von 1857 weiterverfolgt. Doch auch die diesmal erstellten Entwürfe wanderten wieder in die Schublade, und erst nach 1866 wurden die Planungen konkreter. Die Finanzierung des Denkmals wurde hauptsächlich aus dem Fonds zur Stadterweiterung gedeckt, also vom Großbürgertum getragen. Doch der Einfluss von Kaiser Franz Joseph I. auf das Projekt war deutlich spürbar.

So wurde 1872 durch ein Kabinettschreiben des Kaisers die Einrichtung einer Kommission für den Bau des Denkmals beschlossen. Diese Kommission, die identisch war mit dem Hofbaucomité, zog für die inhaltlich-programmatische Planung des Denkmals den Direktor des Haus-, Hof- und Staatsarchivs, Dr. Alfred von Arneth, als Berater hinzu. Arneth war studierter Historiker, der die Geschichte Maria Theresias aufarbeitete und damit bestens für die inhaltliche Konzeption des Denkmals geeignet war. Er sprach sich für einen historisch-re-

15 Die Ausführungen zum Denkmal basieren auf folgenden Werken: Gerhardt Kapner, Ringstraßendenkmäler. Zur Geschichte der Ringstraßendenkmäler. Dokumentation, Die Wiener Ringstraße. Bild einer Epoche IX Plastik 1, Wiesbaden 1973. – Selma Krasa-Florian, Maria Theresia im Denkmalskult, in: Koschatzky 1979, S. 447–455. – Markus Kristan, Denkmäler der Gründerzeit in Wien I. Innere Stadt, in: Stefan Riesenfellner (Hg.), Steineres Bewußtsein I. Die öffentliche Repräsentation staatlicher und nationaler Identität Österreichs in seinen Denkmälern. Katalog zur Ausstellung »Steinernes Bewußtsein«, Wien 1998, S. 77–121. – Werner Telesko, Geschichtsraum Österreich. Die Habsburger und ihre Geschichte in der bildenden Kunst des 19. Jahrhunderts, Wien 2006, S. 83–93. – Richard Kurdiovsky, Carl von Hasenauer (1833–1894). Das architektonische und zeichnerische Werk des Miterbauers der Wiener Hofbauten und Gottfried Sempers Einfluß auf Hausenauers Stilentwicklung, phil. Diss., Wien 2008, Bd. I, S. 310–314.

alistischen Charakter des Monuments anstelle eines allegorischen Ansatzes aus. Folglich wurde er beauftragt, die historischen Personen am Denkmal zu bestimmen, und zu Beginn des Jahres 1873 legte er ein Konzept für das Denkmal vor: Die ›Kaiserin‹ sollte »umgeben und getragen von den besten Männern ihrer Zeit, den Stützen ihres Throns«[16] dargestellt werden. Insgesamt sind dies – ohne die Monarchin und die vier personifizierten Tugenden Kraft, Milde, Gerechtigkeit und Weisheit – immerhin 24 porträtgetreue Statuen: Dabei handelt es sich um vier Reiterfiguren, die den Sockel diagonal umstellen und die Feldherrn Leopold Joseph von Daun, Ludwig Andreas von Khevenhüller, Otto Ferdinand von Abensperg-Traun und Gideon Ernst von Laudon wiedergeben. Die Hauptansichtsseite des Sockels schmücken die Vertreter des politischen Österreichs (Wenzel Anton Kaunitz-Rietberg, Johann Christoph von Bartenstein, Gundacker Thomas von Starhemberg, Florimunde von Mercy-Argenteau), die Rückseite diejenigen des Militärs (Joseph Wenzel von Liechtenstein, Franz Leopold Nádasdy, Andreas Hadik, Franz Moritz von Lacy). Die Langseiten weisen jeweils sechs Personen auf und thematisieren dem Kunsthistorischen Museum zugewandt die Verwaltung und Justiz (Friedrich Wilhelm von Haugwitz, Anton Grassalkovich, Samuel Brukenthal, Paul Joseph Riegger, Joseph von Sonnenfels, Karl Anton von Martini), dem Naturhistorischen Museum zugewandt die Wissenschaften und Künste. Die Statuen der erstgenannten Person dieser Gruppen stehen jeweils in den Vordergrund gerückt auf derselben Ebene wie die Reiterstatuen vor den eigentlichen Sockelreliefs. Auf der Seite der Wissenschaften und Künste ist dies van Swieten, der bereits erwähnte Mediziner und Reformer der Universität. Eckhels Statue ist hinter ihm links außen platziert, rechts schließen sich György Pray (als Vertreter der Historie), Christoph Willibald Gluck, Joseph Haydn und Wolfgang Amadeus Mozart (als Vertreter der Musik) an (Abb. 2).

Arneths Konzept lag dabei der Gedanke zu Grunde, »jeden dieser verschiedenen Berufszweige durch das ausgezeichnetste Mitglied derselben zu repräsentieren, welches sich allein im Vordergrunde befände, während die übrigen Vertreter desselben, je nach Bedeutung näher oder ferner von ihm zu stehen kämen.«[17] Die Auswahl der Wissenschaftler durch Arneth basierte auf seinen fundierten historischen Kenntnissen und macht deutlich, welchen Stellenwert dem Wissenschaftler Eckhel etwa 100 Jahre nach seinem Wirken beigemessen wurde: »Die Längenseite links unter der Statue hätten die Vertreter der Kunst und Wissenschaft einzunehmen, vor Allem van Swieten, der Reformator des

16 Aus dem Konzept Arneths nach Kapner 1973, S. 20.

17 Arneths Konzept in ebd. S. 142.

österreichischen Universitätswesens, als ihr wichtigster Repräsentant. Ihm zunächst kämen der berühmte Direktor des Münz- und Antikenkabinetes Josef Eckhel, als der vielleicht hervorragendste österreichische Gelehrte jener Zeit, und etwa der Geschichtsschreiber Pray, als der am meisten berechtigte Vertreter ungarischer Wissenschaft.«[18]

Das Konzept Arneths wurde Grundlage für den Wettbewerb, den die Baukommission 1873 auslobte. Zu ihm wurden drei Künstler eingeladen: Die Bildhauer Karl Kundmann, Johannes Benk und Caspar Zumbusch hatten ein Jahr Zeit, um ihre Entwürfe und Konzepte einzureichen. Die Frist wurde dann aber doch bis Februar 1875 verlängert. Der Architekt Gottfried Semper war als Gutachter der drei Entwürfe bestellt, konnte aber kein eindeutiges Urteil fällen und schlug vor, alle drei Künstler mit der Errichtung zu beauftragen. Da Kaiser Franz Joseph I. Zumbuschs Beitrag bevorzugte, gab letztlich Zumbuschs Begründung seines Entwurfs den Ausschlag, und so erhielt er den Auftrag, bis Jahresende Verbesserungsvorschläge in seinen Entwurf einzuarbeiten. Auch wenn Zumbusch nicht allen Änderungswünschen nachkam, wurde eine Einigung erzielt und im September 1876 der Vertrag mit Zumbusch geschlossen. Die Arbeiten an Modellen, die Vergaben der Erzgießer- und Baumeisterarbeiten, die Auswahl der Materialien usw. konnten nun beginnen. Man veranschlagte zunächst eine sechsjährige Bauzeit, aus der dann letzten Endes fast zwölf Jahre wurden. Die Baukosten von insgesamt 284.000 Gulden haben sich in dieser Zeit im Vergleich zur ursprünglich berechneten Summe von 104.000 Gulden fast verdreifacht. Die eigentlichen Bauarbeiten, die der Architekt Carl Hasenauer beaufsichtigte, wurden 1886 abgeschlossen; danach nahmen die Bronzegießer noch abschließende Arbeiten an ihren Werken vor, bevor am 13. Mai 1888, dem 171. Geburtstag der ›Kaiserin‹, das Denkmal feierlich enthüllt wurde (Abb. 5).

Das Maria-Theresien-Denkmal stellt den Endpunkt der imperialen Denkmalentwicklung in Österreich dar. Es sollte kein Schlachtenmonument, sondern ein »Gesamtdenkmal aller staatstragenden Kräfte«[19] werden. Darin sollten die bedeutendsten Männer Österreich repräsentieren und den Betrachter das Wissen um die Vergangenheit lehren. Das Denkmal zeigt in eindrücklicher Form die Säulen der Herrschaft Maria Theresias und betont die Reformen der Monarchin. Dadurch stellt es ein Spiegelbild für die politischen Veränderungen zur Zeit der Denkmalerrichtung unter Kaiser Franz Joseph I. dar. Durch den Rückbezug auf die ›Landes- und Stammmutter‹ Maria Theresia diente es somit auch der Legiti-

18 Ebd. S. 144.
19 Telesko 2006, S. 92.

Abb. 5: Maria-Theresien-Denkmal, Aufnahme von Gottlieb Marktanner-Turneretscher unmittelbar nach der Enthüllung am 13. Mai 1888.

mation des Wandels vom Kaisertum Österreich, das nach den Revolutionen von 1848 verschiedenste Zugeständnisse hatte machen müssen, zur Doppelmonarchie nach dem Ausgleich von 1867 mit Ungarn.

## 3. Eckhels wissenschaftliches Vermächtnis in der heutigen Zeit

Abgesehen vom Maria-Theresien-Denkmal stößt man auch heutzutage an vielen Orten in Wien auf Eckhels Spuren, denn sein Vermächtnis wird auf vielfältige Weise weitergeführt. Zur Wiener Numismatik gehören neben den bereits zu Eckhels Zeiten existierenden Institutionen – Münzkabinett und Universität – heute auch die Österreichische Numismatische Gesellschaft und die numismatische Arbeitsgruppe an der Österreichischen Akademie der Wissenschaften. Die Numismatiker aller dieser Institutionen forschen und lehren im Sinne Eckhels und machen Wien gegenwärtig zum Zentrum der (antiken) Numismatik in Europa. Durch sie wird in diesen Institutionen die Tradition Eckhels bewahrt

Abb. 6: Eckhel-Medaille der Österreichischen Numismatischen Gesellschaft.

und gelebt:[20] So blickt Eckhel (Ölgemälde mit Porträt) im Direktionszimmer des Münzkabinetts im Kunsthistorischen Museum in der Reihe der ehemaligen Direktoren auf die heutigen Mitarbeiter herab.[21] Eine Kopie dieses Porträts ist im Saal I des Münzkabinetts ausgestellt. Eckhels Büste findet sich darüber hinaus im Deckengemälde des Saales X im Erdgeschoß des Kunsthistorischen Museums, das von Franz Simm gemalt wurde. Um das Andenken an den Vater der Numismatik und ehemaligen Direktor des Münzkabinetts in die breitere Öffentlichkeit zu tragen, ersuchten die Mitarbeiter 1972 eine Straßenbenennung nach Eckhel. Diese wurde genehmigt und seitdem gibt es im 10. Wiener Bezirk die Eckhelgasse.[22]

Die Österreichische Numismatische Gesellschaft wurde 1870 in Wien gegründet und vereint Wissenschaftler, Sammler sowie Münzhändler und ihre

20 Im Folgenden wird nur eine Auswahl der wichtigsten Spuren Eckhels in Wien vorgestellt.

21 Zu diesem und den im Folgenden erwähnten Porträts Eckhels vgl. Bernhard Koch, Zur Ikonographie von Joseph Hilarius Eckhel, in: Numismatische Zeitschrift 98 (1984) S. 85–90 Taf. 19–25.

22 Bernhard Koch, Zum 175. Todestag von Joseph Hilarius Eckhel, in: Mitteilungen der Österreichischen Numismatischen Gesellschaft 18,3 (1973) S. 26.

numismatischen Interessen. Seit dem Jahr 1958 ehrt die Gesellschaft Personen, die sich um die wissenschaftliche Numismatik und/oder um die Gesellschaft verdient gemacht haben, mit der Eckhel-Medaille.[23] Die Vorderseite zeigt das Porträt Eckhels im Profil nach links (Abb. 6) und wurde vom Medailleur Anton Scharff gestaltet.

An der Österreichischen Akademie der Wissenschaften, in der Arbeitsgruppe Numismatik des Instituts für Kulturgeschichte der Antike, gibt es nicht nur zahlreiche Projekte zur antiken und orientalischen Numismatik, sondern hier wird zudem ganz konkret zur Person Eckhel geforscht: Anhand der Eckhel'schen Korrespondenz wurde hier in den Jahren 2013 bis 2015 das Netzwerk des Numismatikers zu seinen Kollegen im In- und Ausland rekonstruiert und ausgewertet.[24] Seit 2017 untersucht man die Netzwerke der Wegbereiter Eckhels, seines Lehrers Joseph Khell und dessen Vorgängers Erasmus Froelich.[25]

Selbstverständlich wird das Erbe Eckhels auch an der Wiener Universität im Institut für Numismatik und Geldgeschichte in Ehren gehalten und weitergeführt.[26] Das Institut geht zurück auf den Numismatischen Lehrapparat am Archäologisch-Epigraphischen Seminar, der um 1900 aufgebaut wurde und eine numismatische Bibliothek und eine Sammlung antiker Münzen umfasste.[27] Im

---

23 http://oeng.at/wp/ehrungen/eckhel-medaille-2 (abgerufen am 25.06.2020).

24 Daniela Williams/Bernhard Woytek, The Scholarly Correspondence of Joseph Eckhel (1737–1798): A New Source for the History of Numismatics, in: Tiroler Numismatische Gesellschaft (Hg.), Beiträge zum 6. Österreichischen Numismatikertag. Hall in Tirol, 14.–16. Mai 2014, Haller Münzblätter 8, Hall i. T. 2015, S. 45–56. – Bernhard Woytek, Joseph Eckhel and his Network of Correspondents: A Research Project on Numismatics in the Age of Enlightenment, in: Maria Caccamo Caltabiano (Hg.), XV International Numismatic Congress, Taormina 2015. Proceedings, Roma/Messina 2017, S. 299–302. – Daniela Williams/Bernhard Woytek (Hg.), Ars Critica Numaria: Joseph Eckhel (1737–1798) and the Development of Numismatic Method, Wien (im Druck).

25 https://www.oeaw.ac.at/antike/forschung/documenta-antiqua/numismatik/die-numismatischen-netzwerke-der-oesterreichischen-vorgaenger-eckhels/ (abgerufen am 25.06.2020).

26 Zur Geschichte des Instituts und der numismatischen Lehre an der Universität Wien vgl. Edith Specht, Die Geschichte der numismatischen Lehre an der Universität Wien, in: Hubert Emmerig (Hg.), Vindobona Docet. 40 Jahre Institut für Numismatik und Geldgeschichte der Universität Wien 1965–2005, Veröffentlichungen des Institutes für Numismatik und Geldgeschichte 10, Wien 2005, S. 17–31.

27 Die Sammlungsgeschichte zeichnet in anschaulicher Weise Wolfgang Szaivert, Geld zum Anfassen: Die Sammlung am Institut für Numismatik und Geldgeschichte, in: Hubert Szemethy/Marianne Klemun/Martina Fuchs/Fritz Blakolmer/Matthias Beitl (Hg.), Gelehrte Objekte? – Wege zum Wissen. Aus den Sammlungen der Historisch-Kulturwissenschaftlichen Fakultät der Universität Wien, Kataloge des Österreichischen Museums für Volkskunde 99, Wien 2013, S. 182–199 nach. – Die ersten rund 1200 Münzen der Studiensammlung am Wiener Institut sind bereits online verfügbar: https://www.univie.ac.at/ikmk (abgerufen am 25.06.2020).

Abb. 7: Büste Eckhels im Institut für Numismatik und Geldgeschichte, Universität Wien.

Jahre 1965, zur 600-Jahr-Feier der Wiener Universität, wurde das Institut als eigenständige Einheit (Institut für antike Numismatik und vorislamische Geschichte Mittelasiens) gegründet, mit eigener Bibliothek und Studiensammlung. Seit 1978 ist es um die Numismatik des Mittelalters und der Neuzeit erweitert, seit 2000 auch namentlich um die Geldgeschichte. Damit ist es weltweit das einzige universitäre Institut, das Numismatik und Geldgeschichte aller Epochen und Kulturen in Lehre und Forschung betreibt.

Im Institut ist Eckhel ganz plastisch allgegenwärtig: Im Gang des Instituts, das seit 1988 im Gebäude der ehemaligen Hochschule für Welthandel am Währinger Park im 19. Bezirk untergebracht ist, heißt eine Büste Eckhels alle Besucher willkommen (Abb. 7). Auch wenn das Original dieser Büste bereits 1860/61 von der Numismatischen Gesellschaft in Berlin in Auftrag gegeben wurde, so kehrte doch mit diesem Abguss der Vater der Numismatik auch in bildlicher Form wieder an eine seiner einstigen Wirkungsstätten, die Universität Wien, zurück. Dass sich die Mitarbeiter und Studierenden des Instituts bis heute in der Tradition dieses großen Wissenschaftlers sehen, bezeugt nicht zuletzt der Titel einer Vortragsreihe am Institut: »Eckhels Erben«. Darin werden regelmäßig numismatische Abschlussarbeiten und neue Forschungsergebnisse einem numismatischen und altertumswissenschaftlichen Publikum präsentiert. Dieses Konzept hätte sicherlich auch Eckhel gefallen.

Daniel Luger

# Von der Lhotskygasse zum Hans-Hirsch-Park

## Wege der Erinnerung an österreichische Historiker im Straßenbild der Stadt Wien

Die Benennung von Verkehrsflächen ist nicht nur eine unentbehrliche Orientierungshilfe im Alltag, sondern bietet darüber hinaus auch der historischen Forschung vielfache Erkenntnismöglichkeiten, die über augenfällige Hinweise auf Flurnamen oder Lokalheroen hinausgehen. Neben kultur- und mentalitätsgeschichtlichen bzw. sprachwissenschaftlichen Ansätzen sind an dieser Stelle insbesondere neuere, teilweise vergleichende Studien zur Benennung von Straßen als Besetzung des öffentlichen Raumes im Sinne der zeitgenössischen Erinnerungstheorie zu nennen.[1]

Wer daran anknüpfend im amtlichen Wiener Straßenverzeichnis nach Verkehrswegen sucht, die nach Vertretern der modernen österreichischen Geschichtswissenschaft benannt wurden, wird im unmittelbaren, innerstädtischen Umkreis des alten oder neuen Hauptgebäudes der Universität Wien nicht fündig.[2]

1 Siehe etwa jüngst das Themenheft »Benennungen von Straßen und Orten«, in: Pro Civitate Austriae. Informationen zur Stadtgeschichtsforschung in Österreich NF 23 (2018). – Matthias Martens, Straßennamen – Lesezeichen im kulturellen Gedächtnis, in: Sabine Horn/Michael Sauer (Hg.), Geschichte und Öffentlichkeit: Orte–Medien–Institutionen, Göttingen 2009, S. 61–69. – Rainer Pöppinghege, Wege des Erinnerns. Was Straßennamen über das deutsche Geschichtsbewusstsein aussagen, Münster 2007. – Rudolf Jaworski/Peter Stachel (Hg.), Die Besetzung des öffentlichen Raumes. Politische Plätze, Denkmäler und Straßennamen im europäischen Vergleich, Berlin 2007. – Dietz Bering, Grundlegung kulturwissenschaftlicher Studien über Straßennamen: Der Projektentwurf von 1989, in: Jürgen Eichhoff u.a. (Hg.), Name und Gesellschaft. Soziale und historische Aspekte der Namengebung und Namenentwicklung, Mannheim 2001, S. 270–281. Für Wien siehe insbesondere die Arbeiten von Peter Autengruber, etwa: Straßennamen in Wien. Unter besonderer Berücksichtigung von Namen mit geographischem Bezug, in: Mitteilungen der Österreichischen Geographischen Gesellschaft 155 (2013), S. 263–290.

2 Allerdings wurde etwa bereits im Jahr 1873 eine unweit des Hauptgebäudes der Wiener Universität verlaufende Straße dem spätmittelalterlichen Theologen und Historiographen Thomas Ebendorfer gewidmet; zur Ebendorferstraße siehe Felix Czeike, Historisches Lexikon Wien, Band 2, Wien 2004, S. 115. Zur Geusaugasse (Wien-Landstraße) nahe dem alten Universitätsgebäude, die im Jahr 1876 nach dem Josephinischen Beamten und Wiener Stadtgeschichtsschreiber Anton Ferdinand von Geusau benannt wurde, siehe ebd., S. 528.

In unterschiedlichen Wiener Außenbezirken hingegen wurden etwa von 1914 bis 1932 einzelne Verkehrswege u.a. nach dem Historiker und sozialdemokratischen Politiker Ludo Moritz Hartmann[3] sowie den ehemaligen Vorständen des Instituts für Österreichische Geschichtsforschung Theodor von Sickel (1869–1891)[4], Heinrich von Zeißberg (1891–1896)[5], Engelbert Mühlbacher (1896–1903)[6] und Emil von Ottenthal (1903–1926)[7] benannt.

Eine auffallend hohe Zahl an Straßenbenennungen nach Historikern findet sich jedoch interessanterweise auf einem lediglich etwa 1,7 km² großen Areal an der nördlichen Peripherie der Stadt Wien. Es handelt sich dabei um die sogenannte »Großfeldsiedlung«, eine kommunale Wohnbauanlage im 21. Wiener Gemeindebezirk, die ab dem Jahr 1966 als größte Stadtrandsiedlung des peripheren Wohnbauprogramms der Stadt Wien (»Satellitenstädte«) zwischen dem historischen Ortskern von Leopoldau und der nach Mähren führenden alten Nordbahnstrecke errichtet wurde (Abb. 1).[8]

Erste kommunale Verbauungspläne für dieses nach dem Flurnamen »großes oder langes Feld«[9] benannte Areal sind bereits aus den Jahren unmittelbar vor dem Ersten Weltkrieg bekannt. 1932/33 errichtete schließlich die Gemeinnützige Siedlungs- und Bauaktiengesellschaft (GESIBA) als Treuhänderin der Stadt Wien zur Überwindung der Weltwirtschaftskrise durch (teilweise) Selbstversorgung an diesem Ort eine Stadtrandsiedlung für »Ausgesteuerte und Erwerbslose« (»Leopoldau I« bzw. »Leopoldau II«) in Form von 425 dürftig ausgestatteten Doppelhäusern aus Holz mit je 20 m² Wohnfläche und einem 13 m² großen Wirtschaftsteil samt Kleintierstall für die Zucht von Geflügel, Ziegen, Schweinen bzw. (Angora-)Kaninchen. Jede Siedlerfamilie verfügte über ein direkt angrenzendes, durchschnittlich 2.500 m² großes und zur landwirtschaftlichen Nutzung vorgesehenes Pachtgrundstück der Stadt Wien, auf dem neben dem Getreide- und Gemüseanbau für den Eigenbedarf insbesondere die Kultivierung von Marillenbäumen, Rhabarber und Schwarzwurzeln für den Markt

3 Siehe ebd., Band 3, S. 65f. und Band 4, S. 108. Ich bedanke mich sehr herzlich bei Thomas Winkelbauer für diesen Hinweis.

4 Theodor-Sickel-Gasse in Wien 10, benannt am 23. März 1932; siehe ebd., Band 5, S. 443.

5 Zeißberggasse in Wien 16, benannt im Jahr 1914; ebd. S. 693.

6 Mühlbachergasse in Wien 13, benannt am 13. Juni 1930, ebd. Band 4, S. 310.

7 Emil-Ottenthal-Gasse in Wien 10, benannt am 23. März 1932, ebd. Band 2, S. 179.

8 Zur historischen Entwicklung Leopoldaus siehe Felix Czeike, Wiener Bezirkskulturführer. XXI: Floridsdorf, Wien/München 1979, S. 3, 6 und 28. – Raimund Hinkel/Bruno Sykora, Heimat Floridsdorf. Mit erstem Floridsdorfer Straßenverzeichnis, Wien 1977, S. 53–63. – Raimund Hinkel, Wien XXI. Floridsdorf. Das Heimat-Buch, Wien 1994, S. 49–56.

9 Amtsblatt der Stadt Wien 1946, Nr. 40/41 (30. Oktober 1946), S. 11.

Abb. 1: Großfeldsiedlung von Südosten gesehen (1965).

propagiert wurde. In den Jahren 1934 bis 1937 wurde diese ursprünglich ausschließlich für Mitglieder der Sozialdemokratischen Partei vorgesehene Siedlung durch den autoritären »Ständestaat« mit dem Ziel einer Reagrarisierung von Teilen der Arbeiterschaft nach Norden erweitert (»Nordrandsiedlung«), wobei für diese Neusiedler der Wohnkomfort durch die Errichtung größerer, teilweise aus festem Mauerwerk bestehender Häuser erhöht werden sollte.[10]

Auch im Rahmen des darauffolgenden nationalsozialistischen Wohnbauprogramms wandte man sich diesem Areal zu und ergänzte die bereits bestehenden

10 »Der Gedanke der Nebenerwerbssiedlung, in der die Siedler ihre Tätigkeit zwischen Industrie- oder Gewerbearbeit und Gartenarbeit mit Kleintierzucht teilen, für sich und ihre Familien einen Großteil des Nahrungsbedarfes selbst erzeugen und den Produktionsüberschuß verkaufen können, soll auch in Zukunft jede mögliche Unterstützung durch die Stadverwaltung [sic!] erfahren«; siehe Amtsblatt der Stadt Wien 1936, Nr. 10 (15. Mai 1936), S. 22. Vgl. allgemein Andreas Suttner, Das schwarze Wien. Bautätigkeit im Ständestaat 1934–1938, Wien/Köln/Weimar 2017. – Margit Altfahrt, Anspruch und Wirklichkeit. Realität einer Arbeitslosensiedlung am Beispiel Leopoldau, in: Margit Altfahrt/Birgit Bolognese-Leuchtenmüller/Wolfgang Förster/Robert Hoffmann/Dieter Stiefel, Die Zukunft liegt in der Vergangenheit. Studien zum Siedlungswesen der Zwischenkriegszeit, Wien 1983, S. 77–100.

Häuserzeilen um eine »Dankopfersiedlung der SA« (ursprünglich »Bauteil III« am nordöstlichen Rand der Großfeldsiedlung). Diese lediglich 49 Gebäude umfassende Anlage wurde – nach dem Vorbild mehrerer gleichnamiger Siedlungen im »Altreich« – durch eine jährlich an Hitlers Geburtstag durchgeführte Spendenaktion der SA finanziert und war ursprünglich für Kriegsopfer und ehemalige Frontkämpfer vorgesehen, wurde später jedoch auch für langjährige Mitglieder der SA oder anderer Parteiorganisationen geöffnet. Im scharfen Kontrast zu den älteren Siedlungskonzepten in der Nachbarschaft verfügten die Bewohner der Dankopfersiedlung zwar über kleinere Grundstücksparzellen, für diese Neusiedler standen allerdings in erster Linie häuslicher Komfort und Gartenpflege statt Ackerbau und Kleintierzucht im Vordergrund. Anstelle der bisher praktizierten, schematischen Aneinanderreihung der einzelnen Siedlungsparzellen sollte nun durch Konstruktion einander zugewandter, variantenreicherer Gebäude aus festen Baustoffen ein dörfliches Siedlungsbild geschaffen werden. Während sich die übrigen Stadtrandsiedler mit großteils unbefestigten, kotigen Straßen begnügen mussten, verfügte diese Neusiedlung über durchgehend befestigte Gehsteige und Straßenbelag.[11]

Nach dem Ende des NS-Regimes erhielten 43 der 49 Bewohner der Dankopfersiedlung im Zuge der »Entnazifizierung« Räumungsklagen, ihre Häuser und Grundstücke wurden Opfern des Nationalsozialismus zugesprochen.[12] Im Jahr 1946 beschloss der Wiener Gemeinderat, die Bezeichnung »SA-Dankopfersiedlung« aufzulassen und diese der angrenzenden Großfeldsiedlung einzuverleiben. Auch die Bezeichnung der Verkehrsflächen sollte an den Gebrauch der umliegenden Siedlung angepasst werden, in der Straßen, Gassen und Plätze mit Zahlzeichen oder Buchstaben bezeichnet wurden.[13]

In der Nachkriegszeit versuchte die Stadt Wien, die bescheidene Wohnqualität der älteren sozialdemokratischen Großfeldsiedlung durch diverse Maßnahmen zu steigern. So machten erste Änderungen des Bebauungsplanes Zu- und Ausbauten der bislang wenig komfortablen Holzhäuser möglich, auch sollte durch die Ansiedlung weiterer Geschäfte eine bessere Nahversorgung mit Lebensmitteln und sonstigen Waren des täglichen Gebrauchs gewährleistet werden.[14] Zudem erklärte sich die Stadt Wien bereit, für die Wiedererrichtung im

11 Suttner 2017, S. 214. – Ingeburg Weinberger, NS-Siedlungen in Wien. Projekte–Realisierungen–Ideologietransfer, Wiener Studien zur Zeitgeschichte 7, Wien 2015, S. 214–219.

12 Ebd., S. 219.

13 Amtsblatt der Stadt Wien 1946, Nr. 40/41 (30. Oktober 1946), S. 11 bzw. 1954, Nr. 38 (12. Mai 1954), S. 2f.

14 Siehe z.B. Amtsblatt der Stadt Wien 1950, Nr. 18 (4. März 1950), S. 13; 1950, Nr. 80 (7. Oktober

Krieg zerstörter Häuser sowie die Instandsetzung und Erhaltung der wichtigsten Verkehrswege zu sorgen.[15] 1952 begannen Planungen zum Bau einer örtlichen Schule sowie eines Sportplatzes.[16] In den darauffolgenden Jahren wurden im Rahmen der »produktiven Arbeitslosenfürsorge« zahlreiche Straßen und Gassen in der Großfeldsiedlung betoniert.[17]

Wenig später erfolgte schließlich die Benennung dieser nun befestigten Verkehrsflächen, wobei man seitens der Stadtregierung interessanterweise gerade auf dem Areal dieses inhomogenen, ideologischen Experimentierfeldes der 30er- und 40er-Jahre nicht auf das Namensrepertoire ehemaliger Politiker und Parteigrößen, sondern neben österreichischen Schriftstellern in erster Linie auf Kultur- und Geisteswissenschafter und dabei zu einem großen Teil auf Professoren und Mitglieder des Instituts für Österreichische Geschichtsforschung als Widmungsträger zurückgriff.

Laut dem Amtsblatt der Stadt Wien beschloss der Wiener Gemeinderatsausschuss III (Kultur und Volksbildung) am 21. April 1954 einige bislang lediglich mit Ziffern und Buchstaben bezeichnete Verkehrsflächen in der Großfeldsiedlung wie folgt zu benennen:

Straße I: ›Julius Ficker-Straße‹ (Julius v. Ficker, 1826–1902, Historiker, beschäftigte sich hauptsächlich mit der Geschichte des Mittelalters, war Professor für allgemeine Geschichte in Innsbruck. Er ist als Begründer der Diplomatik in Österreich anzusprechen).
Straße II: ›Dopschstraße‹ (Alfons Dopsch, 1868–1953, Professor für Geschichte an der Universität Wien, Mitglied der Akademie der Wissenschaften und anderer gelehrter Gesellschaften. Zahlreiche Veröffentlichungen, insbesondere über Verfassungs- und Wirtschaftsgeschichte des Mittelalters).
Straße III: ›Oswald Redlich-Straße‹ (Abb. 2) (Oswald Redlich, 1858–1944, Professor für Geschichte an der Universität Wien, Präsident der Akademie der Wissenschaften. Grundlegende Arbeiten zur Urkundenlehre, hervorragende Verdienste um die wissenschaftliche Neuorganisation des staatlichen Archivwesens vor dem 1. Weltkrieg und

1950), S. 12; 1950, Nr. 84 (21. Oktober 1950), S. 13; 1951, Nr. 7 (24. Jänner 1951), S. 7; 1951, Nr. 33 (25. April 1951), S. 12.

15 Amtsblatt der Stadt Wien 1949, Nr. 24 (23. März 1949), S. 7; 1949, Nr. 38 (11. Mai 1949), S. 7f. und 11; 1949, Nr. 40 (18. Mai 1949), S. 11; 1949, Nr. 44 (1. Juni 1949), S. 4; 1949, Nr. 50 (22. Juni 1949 (22. Juni), S. 6; 1949, Nr. 58 (20. Juli 1949), S. 9.

16 Amtsblatt der Stadt Wien 1952, Nr. 24 (22. März 1952), S. 3.

17 Amtsblatt der Stadt Wien 1953, Nr. 93 (21. November 1953), S. 5; 1954, Nr. 2 (6. Jänner 1954), S. 3; 1954, Nr. 68 (25. August 1954), S. 2.

um die Erhaltung österreichischen archivalischen Eigentums nach dem Zerfall der Monarchie). [...]
Gasse VI: ›Thausinggasse‹ (Moritz Thausing[18], 1838–1884, Historiker, 1868 Leiter der Albertina, 1873 außerordentlicher, 1879 ordentlicher Professor für Kunstgeschichte an der Universität Wien, Korrespondierendes Mitglied der Akademie der Wissenschaften).
Straße VII: ›Haberditzlgasse‹ (Franz Martin Haberditzl[19], 1882–1944, Kunsthistoriker, Direktor der Österreichischen Galerie, Hofrat). [...]
Gasse F: ›Uhlirzgasse‹ (Karl Uhlirz, 1854–1914, Direktor des Archivs der Stadt Wien, Professor an der Universität Graz, Veröffentlichungen über österreichische Geschichte, insbesondere über die Verfassung und Verwaltung sowie Geschichtsquellen der Stadt Wien).
Gasse G: ›Kürschnergasse‹ (Franz Kürschner, 1840–1882, Historiker, 1874–1879 Direktor des Hofkammerarchivs, 1875 korrespondierendes Mitglied der Akademie der Wissenschaften). [...]
Gasse J: ›Rieglgasse‹ (Alois Riegl[20], 1858–1905, Professor an der Universität Wien, Kunstgelehrter. Gehört zu den Begründern der neueren Kunstwissenschaft).[21]

Außerdem erfolgte in derselben Sitzung die Benennung zweier weiterer Verkehrsflächen der Großfeldsiedlung nach außerhalb des Instituts für Österreichische Geschichtsforschung in Innsbruck und Wien tätigen Historikern:

Gasse IV: ›Heinrich Mitteis-Gasse‹ (Heinrich Mitteis, 1889–1952, Universitätsprofessor in Wien, Rechtshistoriker, beschäftigte sich besonders mit der Entwicklung des Lehnrechtes). [...]
Straße E: ›Pastorstraße‹ (Ludwig v. Pastor, 1854–1928, Historiker. Schrieb eine 16 Bände umfassende ›Geschichte der Päpste seit dem Ausgang des Mittelalters‹).[22]

---

18 Thausing war ein Schüler Theodor Sickels und laut Alphons Lhotsky »der erste Kunsthistoriker vom Fach, der aus dem Institut [für Österreichische Geschichtsforschung] hervorging«; siehe Alphons Lhotsky, Geschichte des Instituts für Österreichische Geschichtsforschung 1854–1954, Mitteilungen des Instituts für Österreichische Geschichtsforschung Ergänzungsband XVII, Graz/Köln 1954, S. 78f.

19 Haberditzl verfasste eine Institutsarbeit zum Thema »Die Siegel der deutschen Herrscher vom Interregnum bis Kaiser Sigmund«, später veröffentlicht in: Mitteilungen des Instituts für Österreichische Geschichtsforschung 29 (1908), S. 625–661.

20 Ein Schüler Thausings am Institut für Österreichische Geschichtsforschung, der sich vor seiner Karriere als Kunsthistoriker u.a. mit gefälschten mittelalterlichen Urkunden beschäftigte; siehe Alois Riegl, Alfonso Ceccarelli und seine Fälschungen von Kaiserurkunden, Wien 1905.

21 Amtsblatt der Stadt Wien 1954, Nr. 38 (12. Mai 1954), S. 2f.

22 Ebd.

Abb. 2: »Oswald Redlich-Straße«, Straßentafel mit Erläuterungstafel.

Überdies war bereits wenige Wochen zuvor in einer Sitzung des Gemeinderatsausschusses III vom 3. März des Jahres 1954 die Benennung dreier weiterer, neu errichteter Verkehrsflächen im 21. Wiener Gemeindebezirk (Strebersdorf) nach den beiden Institutsabsolventen Josef Kallbrunner und Karl Ausserer sowie dem Historiker und Balkanologen Konstantin Jireček beschlossen worden.[23]

Initiatoren und Hintergründe dieser Benennungen werden in den amtlichen Verlautbarungen der Stadt Wien nicht angeführt, erst nach Durchsicht von Akten der für die Verkehrsflächenbenennung zuständigen Magistratsabteilung 7 (Kultur) werden die Motive hinter diesen Widmungen deutlich. So ersuchte am 15. Dezember 1953 der seit vier Jahren im Kulturamt der Stadt Wien tätige Beamte und Doktor der Kunstgeschichte Robert Waissenberger[24] die Magistratsabteilung 18 (Stadtentwicklung und -planung) um Stellungnahme bezüglich der

23 Ebd. 1954, Nr. 22 (17. März 1954), S. 9f. Zu den Personalien siehe Manfred Stoy, Das Österreichische Institut für Geschichtsforschung 1929–1945, Mitteilungen des Instituts für Österreichische Geschichtsforschung Ergänzungsband 50, Wien/München 2007, S. 92. – Lhotsky 1954, S. 345 und 350.

24 Zu seiner Person siehe Felix Czeike, Historisches Lexikon Wien Bd. 5, 1997, S. 577. – https://www.geschichtewiki.wien.gv.at/Robert_Waissenberger (abgerufen am 25.2.2019).

noch unbenannten Verkehrsflächen in der Großfeldsiedlung sowie um Übersendung einer entsprechenden Planskizze dieses Areals.[25] Nachdem von Seiten der Stadtplanung am 8. Februar des folgenden Jahres kein Einwand gegen eine Benennung dieser Verkehrsflächen durch das Kulturamt erhoben und der gewünschte Planausschnitt übersandt wurde, erstellte Waissenberger am 27. Februar einen Benennungsvorschlag, der mit dem später im Gemeinderatsausschuss beschlossenen Antrag annähernd wortgleich übereinstimmt.

Zwar waren dem Magistratsbeamten Waissenberger aufgrund seines Studiums der Kunstgeschichte, Germanistik und Geschichte zweifellos auch die Protagonisten der Wiener Geschichtswissenschaft im Umfeld des Instituts für Österreichische Geschichtsforschung zumindest namentlich bekannt. Dennoch kann dieser Magistratsbeamte nicht als treibende Kraft hinter diesen Ehrungen gelten, sondern vielmehr der wenige Jahre zuvor gegründete Verband Österreichischer Geschichtsvereine (VÖG, heute: »Verband Österreichischer Historiker und Geschichtsvereine«) in Person zweier Absolventen des Instituts für Österreichische Geschichtsforschung: August Loehr[26], Honorarprofessor für Numismatik und Geldgeschichte des Mittelalters und der Neuzeit bzw. Mitinitiator und langjähriger geschäftsführender Vizepräsident des VÖG, sowie Hanns Leo Mikoletzky[27], Generalsekretär dieses Verbandes, Leiter des Finanz- und Hofkammerarchivs und später außerordentlicher Professor für Geschichte des Mittelalters und Quellenkunde an der Universität Wien.

August Loehr wurde 1903 zum ordentlichen Mitglied des Instituts für Österreichische Geschichtsforschung ernannt, promovierte zwei Jahre später bei Oswald Redlich und Alfons Dopsch und trat anschließend in das Münzkabinett

25 Zum Folgenden siehe WStLA, M.Abt. 350, A1 – Allgemeine Registratur: 5625/1953 (unpaginiert).

26 Siehe insbesondere den Rigorosen- und Personalakt Loehrs im Archiv der Universität Wien (PH RA 1860; PH PA 2492) sowie die autobiographischen Angaben in: Nikolaus Grass (Hg.), Österreichische Geschichtswissenschaft der Gegenwart in Selbstdarstellungen Band 1, Schlern-Schriften 68/69, Innsbruck 1950, S. 45–62. Vgl. auch Erwin M. Auer, DDr. August O. Loehr (31. März 1882 bis 11. Juli 1965), Veröffentlichungen des Verbandes Österreichischer Geschichtsvereine 24 – Biographien österreichischer Historiker VI, Wien 1982. – Lhotsky 1954, S. 342–344. – Thomas Winkelbauer, Das Fach Geschichte an der Universität Wien. Von den Anfängen um 1500 bis etwa 1975, Schriften des Archivs der Universität Wien 24, Wien 2018, bes. S. 219. – Alphons Lhotsky, August v. Loehr, in: Österreichische Akademie der Wissenschaften. Almanach für das Jahr 1965, 115. Jg., Wien 1966, S. 273–283.

27 Hanns Leo Mikoletzky war Mitglied des 40. Institutskurses (1935–1937) und verfasste eine Hausarbeit zum Thema »Kaiser Heinrich II. und seine Kirchenpolitik«. – Stoy 2007, S. 352f. – Lhotsky 1954, S. 388.

des Kunsthistorischen Museums ein, dessen Leitung er 1926 übernahm. Nach Alphons Lhotsky konnte er sich in weiterer Folge insbesondere als Organisator »einen Namen besonderen Klangs« machen, wobei Loehr gerade in der Nachkriegszeit aufgrund seiner guten Vernetzung, umfassenden Geschäftskenntnis und großen Erfahrung in administrativen Fragen erfolgreich für die Interessen des Instituts für Österreichische Geschichtsforschung und der österreichischen Historikerzunft im Allgemeinen auf unterschiedlichen Ebenen eingetreten sei.[28] Unter dem NS-Regime als »jüdisch versippt«[29] von der Lehre an der Universität Wien enthoben und in den darauffolgenden Jahren bei der Wahl zum wirklichen Mitglied der Österreichischen Akademie der Wissenschaften übergangen, leitete der als politisch »liberal« bzw. »völlig integer« beschriebene Loehr ab April 1945 das Kunsthistorische Museum als Erster Direktor.[30]

Am 6. Dezember 1948 fand im Hörsaal des Instituts für Österreichische Geschichtsforschung eine Versammlung österreichischer Historiker statt, bei der auf Anregung von August Loehr und Alfons Dopsch die Gründung des oben genannten Gesamtverbandes österreichischer Geschichtsvereine, Arbeitsgemeinschaften und anderer geschichtlich interessierter Institutionen im kommenden Jahr beschlossen wurde, der »die historische Forschung und den geschichtlichen Unterricht sowie die Erhaltung der geschichtlichen Denkmäler in Österreich fördern und die fachlichen Interessen nach außenhin wahren« sollte.[31]

Ein besonderes Anliegen scheint es Loehr als stellvertretendem Obmann des VÖG gewesen zu sein, die österreichische Historikerzunft insbesondere anlässlich des bevorstehenden einhundertjährigen Jubiläums des Instituts für Österreichische Geschichtsforschung im Jahr 1954 stärker in der Öffentlichkeit zu positionieren. So stellte er bereits im Jahr 1951 fest,

28 Lhotsky 1954, S. 343.

29 Zu einem entsprechenden Bescheid der Berliner Reichsstelle für Sippenforschung vom 15. Mai 1939 siehe Kunsthistorisches Museum, Archiv, (Teil-)Nachlass Loehr, Sign. IV 38 fol. 12.

30 Lorenz Mikoletzky, Der Verband Österreichischer Geschichtsvereine – Vergangenheit, Gegenwart und … Zukunft?, in: Hans Eugen Specker (Hg.), Aufgabe und Bedeutung historischer Vereine in unserer Zeit, Ulm 1992, S. 42. – Andreas Zajic, Hans Hirsch (1878–1940). Historiker und Wissenschaftsorganisator zwischen Urkunden- und Volkstumsforschung, in: Karel Hruza (Hg.), Österreichische Historiker 1900–1945. Lebensläufe und Karrieren in Österreich, Deutschland und der Tschechoslowakei in wissenschaftsgeschichtlichen Porträts, Wien/Köln/Weimar 2008, S. 403 Anm. 432.

31 Bericht über die konstituierende Versammlung des VÖG in Wien vom 21. bis 24. September 1949, hg. von dems., Wien 1950, S. 3. – Siehe auch Winkelbauer 2018, S. 170f. und Mikoletzky 1992, S. 41–48.

> dass im neuen Oesterreich seit 1918 eine überaus grosse Zahl von Historikern wissenschaftliche Leistungen vollbracht haben, die über unser Land Anerkennung gefunden und Bedeutung gewonnen haben, deren Wirken und Verdienste durch die allgemeinen Verhältnisse nicht immer so gewürdigt worden sind, wie sie es verdienen. Es ist daher die Histor. Kommission der Akademie zu ersuchen, eine Namensliste zu etablieren, die Biographien zu sammeln, die Ikonographie dieser Persönlichkeiten festzustellen, zu prüfen, ob eine literarische Ergänzung notwendig ist und ob eine bildnerische Erinnerung zu schaffen wäre und dann ihre Anträge so rechtzeitig zu stellen, dass jedenfalls vor dem in drei Jahren zu begehenden Jubiläum des Oesterr. Instituts für Geschichtsforschung an die Durchführung geschritten werden kann.[32]

An welche Persönlichkeiten Loehr unter diesem Gesichtspunkt konkret dachte, vermerkte er im Anschluss an diese Zeilen: »[Emil von] Ottenthal, [Oswald] Redlich, [Hans] Hirsch, [Ludwig von] Pastor, [Arnold] Luschin [von Ebengreuth], [August] Jaksch [von Wartenhorst], [Franz] Martin, [Julius] Schlosser, [Hans] Voltellini, [Ludwig] Bittner, [Heinrich] Kretschmayr«.[33] Einige dieser Wissenschafter finden sich – wie oben ausgeführt – tatsächlich drei Jahre später als Namensträger neuer Verkehrsflächen im 21. Wiener Gemeindebezirk.

Konkrete Beispiele für die von Loehr empfundene Geringschätzung für Österreichs Geschichtsforschung nach 1918 äußerte dieser wenig später während des zweiten österreichischen Historikertages in Linz:

> Bei verschiedenen Anlässen wurden die Leistungen der österreichischen Historiker nicht genügend berücksichtigt, zum Beispiel bei der österreichischen Ausstellungspublikation in Zürich[34] oder im Lexikon ›Österreicher der Gegenwart‹[35] usw. In zwei

32 Siehe Österreichische Akademie der Wissenschaften – Archiv, (Teil-Nachlass) Loehr, Geschichtsverein Karton 3 (unpag.).

33 Ebd.

34 Hier ist sicherlich der Katalogband zur Ausstellung »Meisterwerke aus Österreich. Zeichnungen, Gemälde, Plastik« gemeint, die von November 1946 bis März 1947 im Kunsthaus Zürich zu sehen war. Zu Loehrs Korrespondenz in dieser Angelegenheit siehe Kunsthistorisches Museum, Archiv, (Teil-)Nachlass Loehr, Sign. III 2302, fol. 265f. Zur Ausstellung siehe allgemein Stefan Spevak. Das Jubiläum »950 Jahre Österreich«. Eine Aktion zur Stärkung eines österreichischen Staats- und Kulturbewusstseins im Jahr 1946, Veröffentlichungen des Instituts für Österreichische Geschichtsforschung 37, Wien/München 2003, S. 156.

35 Robert Teigl, Österreicher der Gegenwart: Lexikon schöpferischer und schaffender Zeitgenossen, Wien 1951.

Jahren findet das Jubiläum des Instituts für Österreichische Geschichtsforschung statt, da ist der Anlaß, der Tätigkeit von erfolgreichen Historikern zu gedenken (z. B [Joseph] Zahn, [Viktor] Kleiner u.a.). Es werden daher die Vereine und Institute gebeten, die Namen (mit Biographie und Ikonographie) ihnen wichtig erscheinender Historiker ihres Gebietes zusammenzustellen.[36]

Eine ähnliche Motivlage offenbarte Loehr zwei Jahre später im Vorwort der von ihm initiieren Publikationsreihe »Biographien österreichischer Historiker«:

> Bedeutender kultureller Betätigung folgt das Festhalten von wichtigen äußeren Ereignissen und Zeugnissen materiellen und geistigen Lebens: so sind auch in Österreich Institutionen zur Bewahrung schriftlicher Denkmäler, Schatz- und Kunstkammern – Kunst in des Wortes alter Bedeutung – und eigene Geschichtsschreibung entstanden. Das Andenken an manche Männer, die in dieser Richtung sich bemüht haben, Bibliotheken, Archive und Museen betreut, der Wissenschaft eröffnet und die historische Lehre weiterverbreitet hatten, ist in starkem Umfange erhalten, das anderer aber durch die natürlichen Geschehnisse von Zeitablauf, Unachtsamkeit und auch aus politischen Gründen vom Untergange bedroht. Nicht wenige biographische Werke der letzten Zeit erweisen diese Lücken für die österreichische Geschichte. Daher ist im Vorstand des Österreichischen Historikerverbandes die Anregung gegeben worden, dieser Pflicht der Dankbarkeit nachzukommen und planmäßig biographisches Material zu sammeln und zu publizieren. [...][37]

Eine auf Basis des vorliegenden Aktenmaterials nicht näher zu bestimmende Rolle hinsichtlich des Vorhabens der Straßenbenennungen im 21. Wiener Gemeindebezirk muss neben Loehr auch dem gut vernetzten Generalsekretär des VÖG, Hanns Leo Mikoletzky, dem späteren Generaldirektor des Österreichischen Staatsarchivs, zugeschrieben werden, dessen besondere Verdienste nach Leopold Auer nicht zuletzt auf dem Gebiet der Wissenschaftsorganisation lagen.[38] In einem Schreiben vom 28. April 1954 bedankte sich Robert Waissenberger im Namen der Magistratsabteilung 7 bei dem Vorstand des VÖG »für die

36 Bericht über den zweiten österreichischen Historikertag in Linz a.d.D., veranstaltet vom VÖG in der Zeit vom 18. bis 20. September 1951, hg. von dems., Wien 1952, S. 17.

37 August Loehr, Vorwort zu: In memoriam Hans Hirsch (27. XII. 1878 – 20. VIII. 1940), Veröffentlichungen des VÖG 3 – Biographien österreichischer Historiker I, Wien 1953, S. 3.

38 Leopold Auer, Art. Mikoletzky, Hanns Leo, in: Neue Deutsche Biographie 17 (1994), S. 494f.

seinerzeit gegebenen Anregungen und hofft damit zur Ehrung einer Reihe von bedeutenden österreichischen Wissenschaftlern beigetragen zu haben«. Loehr und Mikoletzky drückten in ihrem Antwortschreiben vom 8. Mai wiederum »Dank für das bisher bezeigte große Verständnis und Entgegenkommen« aus und brachten »in der Hoffnung auf weitere gedeihliche Zusammenarbeit« neue Vorschläge für zukünftig in dieser Weise zu ehrende Historiker vor.[39]

Bevor allerdings das Wiener Kulturamt Waissenbergers Entwurf als Beschlussantrag im Gemeinderatsausschuss einreichen konnte, musste der Bezirksvorsteher des 21. Wiener Gemeindebezirkes, Ernst Theumer, um eine Stellungnahme ersucht werden. Dieser erhob keine Einwände, stellte jedoch fest, dass in diesem Vorschlag »die Gasse A (Westliche Randstraße) [...] nicht aufscheint«. Er empfahl daher, »die Benennung dieser Gasse zugleich mit den übrigen vorzunehmen«. Laut einem eigenhändigen Aktenvermerk habe Waissenberger daraufhin »mit dem Herrn Bez. Vorsteher Theumer gesprochen und [vermutlich ohne vorherige Rücksprache mit dem VÖG] vorgeschlagen, die Gasse A als ›Egon Friedell-Gasse‹ [nach dem scharfsinnigen, der akademischen Geschichtswissenschaft jedoch wenig wohlgesonnenen jüdischen Kulturhistoriker, Schauspieler und Feuilletonisten] zu bezeichnen. Der Herr Bezirksvorsteher erklärte sich damit einverstanden.«[40]

Einen hinsichtlich der Erinnerungskultur der Zweiten Republik bemerkenswerten Fall stellt der am 20. August 1940 verstorbene Historiker Hans Hirsch dar, welcher von 1929 bis zu seinem Tod als Vorstand des »Österreichischen Instituts für Geschichtsforschung« amtierte und wohl als eine der »bedeutendsten Persönlichkeiten der deutschsprachigen Mediävistik der Zwischenkriegszeit«[41] gelten kann.

Dennoch wird Hirsch in Waissenbergers Benennungsentwurf der Straßen und Gassen in der Wiener Großfeldsiedlung nicht angeführt, obwohl der VÖG auch

39 WStLA, M.Abt. 350, A1 – Allgemeine Registratur: 1953/1954: »An weiteren österreichischen Persönlichkeiten, die so geehrt werden sollten (falls es noch nicht geschehen ist), obwohl es sich nicht ausschließlich um reine Historiker handelt, erlaubt sich der Verband vorzuschlagen: die Bibliothekare Josef Bick, [Joseph] Karabaček, [Josef] Donabaum, [Friedrich] Baumhackl, die Geographen [Eugen] Oberhummer und Albrecht Penck sowie den kürzlich verstorbenen ehemaligen Präsidenten des Bundesdenkmalamtes Fortunat Schubert-Soldern«. Zur weiteren Korrespondenz Loehrs mit Waissenberger in anderen Angelegenheiten siehe Österreichische Akademie der Wissenschaften – Archiv, (Teil-)Nachlass Loehr, Geschichtsverein Karton 2.

40 WStLA, M.Abt. 350, A1 – Allgemeine Registratur: 5625/1953. Zu Friedell siehe etwa Roland Innerhofer, Kulturgeschichte zwischen den beiden Weltkriegen. Egon Friedell, Literatur in der Geschichte – Geschichte in der Literatur 20, Wien 1990.

41 So Zajic 2008, S. 307–417, hier: 337.

diesen Kollegen ausdrücklich als Widmungsträger vorgeschlagen hatte.[42] Hans Hirsch erwarb sich unzweifelhafte Verdienste als Urkundenforscher, charismatischer Redner und Lehrer, tatkräftiger Förderer seines großen Studentenkreises sowie als pragmatisch denkender »Forschungsstratege und Wissenschaftsorganisator.«[43] Allerdings vertrat er in Forschung und Lehre wie auch privat großdeutsch-völkische Positionen und befürwortete den Anschluss Österreichs an das Deutsche Reich. Im Kreis Gleichgesinnter äußerte er sich zudem dezidiert antisemitisch und galt bereits vor 1938 als tatkräftiger Förderer auch offen nationalsozialistisch gesinnter Studenten. Er selbst scheint jedoch kein Interesse an parteipolitischer Aktivität entwickelt zu haben und stand nach dem Anschluss als Kriegsgegner und besorgter Direktor des in seiner Sonderstellung bedrohten Instituts dem Lebenswirklichkeit gewordenen Nationalsozialismus möglicherweise reserviert gegenüber.[44] Auch hinsichtlich einer Neugestaltung der universitären Lehre im Sinne des neuen Regimes wollte sich Hirsch nicht engagieren und setzte sich noch im Jahr 1938 auch für jüdische und sozialdemokratisch gesinnte Absolventen des Instituts ein. Trotz mancher Kritik und Widerstände blieb Hirsch der Nazidiktatur gegenüber wohl bis zu seinem Tod im Jahr 1940 loyal gesinnt. Bei offiziellen Trauerfeierlichkeiten des Regimes nach Hirschs Ableben wurde der Verstorbene von Weggefährten unter anderem als ein »geistiger Wegbereiter des Nationalsozialismus« in Österreich bezeichnet[45], was ihm am 15. September 1942 die Umbenennung einer vormals nach Max Büdinger, einem Historiker jüdischer Herkunft, benannten Verkehrsfläche an der Grenze der Wiener Gemeindebezirke Währing und Döbling in »Hans-Hirsch-Gasse« einbrachte.[46] Nach dem Ende des NS-Regimes wurde diese Neubenennung mit

42 Siehe oben und WStLA, M.Abt. 350, A1 – Allgemeine Registratur: 1953/1954: Schreiben des Verbandes Österreichischer Geschichtsvereine an die M.A. 7 vom 8. Mai 1954.

43 Zajic 2008, S. 392.

44 Zajic 2008, bes. S. 361–403. Ähnlich auch Roman Zehetmayer, Hans Hirsch (1878–1940). Historiker und Urkundenforscher, in: Harald Hitz/Franz Pötscher/Erich Rabl/Thomas Winkelbauer (Hg.), Waldviertler Biographien Bd. 2, Schriftenreihe des Waldviertler Heimatbundes 45, Horn/Waidhofen a.d. Thaya 2004, S. 228f. sowie Stoy 2007, S. 234f.

45 Völkischer Beobachter (Kulturpolitik und Unterhaltung), 25. August 1940, S. 7. In einer Gedenkstunde im Dezember 1940 gab der Rektor der Universität Wien, Fritz Knoll, in seiner Würdigungsrede u.a. an, Hirsch habe »in seinen Seminaren in Prag und seit 1926 in Wien […] trotz Verbot und Gefahr für die großdeutsche Idee gekämpft.«; siehe Völkischer Beobachter (Aus dem NSD-Studentenbund), 3. Dezember 1940, S. 7.

46 Zu Max Büdinger und der Büdinger- bzw. Hans-Hirsch-Gasse siehe Bernhard Ch. Müller, Max Büdinger und die österreichische Geschichtswissenschaft, in: Mitteilungen des Österreichischen Staatsarchivs 16 (1963), S. 281–359, bes. 340 bzw. Czeike 2004, Bd. 1, S. 494.

zahlreichen weiteren vergleichbaren Fällen in der Gemeinderatssitzung vom 18. September 1945 revidiert.[47] Allerdings erschien fünf Jahre später im Amtsblatt der Stadt Wien eine Gedenkzeile anlässlich Hirschs Todestags.[48]

Am 28. April 1954 teilte das Kulturamt der Stadt Wien in Person von Robert Waissenberger dem VÖG die in den jüngst vergangenen Sitzungen des Gemeinderatsausschusses III beschlossenen Benennungen von Verkehrsflächen im 21. Bezirk mit. In der gleichzeitig übermittelten Auflistung der auf diese Weise ausgezeichneten Historiker fehlt nicht nur der Name des jüdischen NS-Opfers Egon Friedell, der vermutlich von Waissenberger selbst als Widmungsträger beantragt wurde, sondern auch der wohl aus politischen Gründen vom Wiener Magistrat nicht für eine derartige Ehrung in Betracht gezogene Hans Hirsch.[49] Dabei ließ es der Vorstand des VÖG jedoch nicht bewenden und teilte in einem von Loehr und Mikoletzky gezeichneten Dankschreiben vom 8. Mai mit,

> dass der Name des 1940 verstorbenen Vorstands des Instituts für Österreichische Geschichtsforschung, Univ.Prof. Dr. Hanns [!] Hirsch, bedauerlicherweise noch in der Reihe dieser Ehrungen fehlt, obwohl es h[ier]o[rts] entsprechend schiene, gerade nach ihm eine grössere Strasse oder einen Platz zu benennen, zumal das Institut für Österreichische Geschichtsforschung heuer Ende September sein hundertjähriges Jubiläum feiern wird und die vom unterzeichneten Verband herausgegebene beiliegende Biographie des Gelehrten mit Förderung des Amtes für Kultur und Volksbildung 1953 gedruckt werden konnte. Falls es nicht möglich wäre, eine Strasse oder einen Platz nach Hans Hirsch zu benennen, so käme vielleicht eine geeignete Parkanlage oder ähnliches dafür in Betracht.

Die erwähnte und diesem Schreiben beiliegende biographische Skizze Hirschs wurde von Loehr selbst verfasst.[50] Dem Vorstand des VÖG war angesichts der vergangenen Rückbenennung der »Hans-Hirsch-Gasse« die politische Brisanz dieses Falles sicherlich bewusst, man versuchte diese jedoch offensichtlich durch die nun vorgeschlagene Widmung eines Parks abzumindern. Diese Anregung

47 Amtsblatt der Stadt Wien 1945, Nr. 4 (26. September 1945), S. 4.

48 Amtsblatt der Stadt Wien 1950, Nr. 65 (16. August 1950), S. 2.

49 WStLA, M.Abt. 350, A1 – Allgemeine Registratur: 1953/1954.

50 Loehr 1953. Zu Loehrs allgemeiner Wertschätzung von Hirschs Persönlichkeit und akademischen Leistungen siehe überdies seinen Briefwechsel mit Hirsch [Institut für Österreichische Geschichtsforschung, Archiv, (Teil-)Nachlass Loehr, Karton 1 (A–Z)] sowie mit Wilhelm Bauer [Österreichische Akademie der Wissenschaften, Archiv, (Teil-)Nachlass Loehr, Geschichtsverein – Korrespondenz, Karton 1, Bauer].

aufgreifend stellte das Kulturamt am 14. Juni 1954 eine diesbezügliche Anfrage an das Stadtgartenamt (M.A. 42), wobei für dieses Vorhaben eine mögliche Verwechslungsgefahr mit einer ähnlich lautenden Gasse in Wien-Mariahilf als Vorwand herangezogen wurde:

> Der Verband Österreichischer Geschichtsvereine, Wien 1., Johannesgasse 6, ersucht, aus Anlass des 100-jährigen Jubiläums des Instituts für Österreichische Geschichtsforschung im Herbst des heurigen Jahres eine Verkehrsfläche oder eine Parkanlage nach dem 1940 verstorbenen Vorstand des Institutes, Univ. Prof. Dr. Hans Hirsch, zu benennen. Da es in Wien bereits eine Hirschengasse gibt, würde die Benennung einer Verkehrsfläche nur zu Verwechslungen führen, sodass wohl nur eine Parkanlage in Frage kommt. Da in der letzten Zeit einige Benennungen nach Historikern im 21. Bezirk vorgenommen wurden, würde sich auch in diesem Falle der 21. Bezirk eignen.[51] Die M.Abt. 7 ersucht daher um Mitteilung, ob sich im 21. Bezirk eine Parkanlage befindet, die für eine solche Benennung in Frage kommt.[52]

Das Stadtgartenamt verwies daraufhin am 5. Juli 1954 auf eine mögliche Umbenennung der öffentlichen Gartenanlage »Donaufelder Friedhof-Park« unweit der Großfeldsiedlung zwischen der Leopoldauer Straße und dem Satzingerweg, woraufhin dieser Vorschlag von Waissenberger am 21. Juli an den Floridsdorfer Bezirksvorsteher übermittelt wurde[53], der keinerlei Einwand erhob[54].

Dass es trotz dieser administrativen Schritte weiterhin politische Widerstände zu überwinden galt, wird anhand eines Aktenvermerks auf dem abschließend formulierten Beschlussantrag des Kulturamtes deutlich.[55] Demgemäß wurde dieser Vorschlag im August dieses Jahres vom zuständigen Gemeinderatsausschuss III unerledigt an die Magistratsabteilung 7 retourniert. Danach scheint diese Angelegenheit mehrere Monate geruht zu haben, ehe ein Schreiben Waissenbergers an den sozialdemokratischen Historiker und Direktor des Wiener Stadt- und

51 Zu der seit dem frühen 20. Jahrhundert im Magistrat üblichen Praxis der Benennung nach »Themenvierteln« siehe Autengruber 2013, S. 274.

52 WStLA, M.Abt. 350, A1 – Allgemeine Registratur: 1953/1954.

53 Ebd.: »[…] Wie bekannt, wurden vor einiger Zeit Verkehrsflächen in der Grossfeldsiedlung nach Mitgliedern des Instituts für Österreichische Geschichtsforschung benannt. Die Benennung einer Verkehrsfläche nach Prof. Dr. Hirsch erscheint nicht möglich, da es in Wien bereits eine Hirschengasse gibt. Um trotzdem dem Ersuchen des Verbandes Österreichischer Geschichtsvereine gerecht werden zu können, schlägt die M.Abt. 7 vor, […]«.

54 Ebd. Schreiben vom 7. August 1954.

55 Ebd. Antrag vom 11. August 1954.

Landesarchivs Rudolf Geyer[56] erging, in welchem er diesen mit Verweis auf ein vorangegangenes Telefongespräch um eine schriftliche Stellungnahme in der Causa Hirsch bat.[57] Geyer brachte schließlich am 21. Dezember 1954 seinen Standpunkt in dieser Angelegenheit zum Ausdruck:

> Hans Hirsch steht mit anderen großen Gelehrten wie etwa Oswald Redlich und Alfons Dopsch in der Reihe jener österreichischen Historiker, deren Weltgeltung heute unbestritten ist. Das Institut für Österreichische Geschichtsforschung in Wien, das als hohe Schule für die Heranbildung von Forschern auf dem Gebiet vor allem der Geschichte des Mittelalters und der historischen Hilfswissenschaften, aber auch von Archivbeamten, höchstes internationales Ansehen genießt, hat in Hans Hirsch einen seiner bedeutendsten Direktoren und Lehrer besessen. Die historische Wissenschaft verdankt ihm darüber hinaus eine große Zahl wichtiger Publikationen, von denen in erster Linie seine Bücher ›Die Klosterimmunität seit dem Investiturstreit‹ und ›Die Hohe Gerichtsbarkeit im deutschen Mittelalter‹ geradezu revolutionierend wirkten und zu einer engeren Einbeziehung der Rechtsgeschichte in die Problemkreise der historischen Nachbardisziplinen geführt haben.
> Alle, die Hirsch als Forscher und Lehrer persönlich kannten, werden sich auch der Lauterbarkeit und Integrität seines Charakters dankbar erinnern. Dies gilt auch für die Zeit der Herrschaft der NSDAP, der Hirsch meines Wissens nicht angehörte.
> Ich würde die geplante Ehrung durch Benennung einer Parkanlage vom wissenschaftlichen und menschlichen Standpunkt aus aufrichtig begrüßten [sic!].[58]

Rudolf Geyer, der mit August Loehr nicht nur durch eine langjährige, persönliche Freundschaft, sondern unter anderem auch durch die Zusammenarbeit an numismatischen Erschließungsprojekten und gleichzeitig ausgeübte Vorstandsfunktionen im VÖG verbunden war[59], legte seiner Erklärung auch eine weitere schriftliche Fürsprache Loehrs bei, in der dieser unter anderem auf Hirschs politische Gesinnung näher einging:

---

56 Zu seiner Person siehe Max Kratochwill, Rudolf Geyer †, in: Wiener Geschichtsblätter 14 (1959), S. 1f. und Ferdinand Opll, Geschichte des Wiener Stadt- und Landesarchivs, Veröffentlichungen des WStLA 5, Wien 1994, bes. S. 35–40.

57 WStLA, M.Abt. 350, A1 – Allgemeine Registratur: 1953/1954, Schreiben vom 16. Dezember 1954.

58 Ebd. Schreiben vom 21. Dezember 1954.

59 Siehe dazu einen Brief von Ida, der Gattin Rudolf Geyers, an Loehr vom 6. Jänner 1959; Institut für Österreichische Geschichtsforschung, Archiv, (Teil-)Nachlass Loehr, Korrespondenz Karton 1. Vgl. auch Loehr 1950, S. 46; Lhotsky 1966, S. 275f.

> Für Hans Hirsch habe ich als einer seiner nächsten Berufsgenossen und Freunde einen Nachruf verfasst, der eine umfassende Würdigung dieser besonders als akademischen [sic!] Lehrer erfolgreichen Persönlichkeit bedeutet. Als Vorstand der in Oesterreich tätigen Diplomata-Abteilung der Monumenta Germaniae historica war er ein Vertreter der Wissenschaft der deutschen Sprach- und Kulturgemeinschaft. Zeitlebens ein reiner Idealist, war er einer sehr hohen christlich-germanischen Kulturidee ergeben. An dem Scheitern dieses Ideals in der Wirklichkeit, an den brutalen Verletzungen der Dignitas humana hat er selbst auf das Schwerste gelitten und darin seine tötliche [!] Krankheit beschleunigt gesehen. So hat er trotz vieler Bemühungen von Freunden der NSDAP auch formal nicht angehört, deren Betätigung er weithin und entschieden ablehnte. Er war einer der erfolgreichsten Lehrer, unter dessen Vorstandsschaft [!] das Institut für Österreichische Geschichtsforschung eine Höchstzahl seiner Mitglieder erreicht hat; es ist mir kein akademischer Lehrer bekannt, der für die materielle Förderung seiner Schüler aus eigenen Mitteln und grösstenteils anonym soviel getan hätte.[60]

Mit Verweis auf diese beiden Stellungnahmen reichte die M.A. 7 den Vorschlag zur Umbenennung des Donaufelder Friedhof-Parks abermals beim Wiener Gemeinderat ein, woraufhin der zuständige Ausschuss III in seiner Sitzung vom 19. Jänner 1955 diesem Antrag schließlich stattgab.[61] In einem Schreiben an den VÖG teilte das Kulturamt diesen Beschluss mit und versicherte, »dass die übrigen in dem genannten Schreiben bekanntgegebenen Namen von Persönlichkeiten[62] […] für die Benennung von Verkehrsflächen in Vormerkung genommen [werden].« [63] August Loehr und Hanns Leo Mikoletzky sprachen in ihrem Dankschreiben an das Magistrat im Namen des VÖG ihre »aufrichtige Genugtuung« über diese Benennung aus und baten »alle an dieser Ehrung Beteiligten [ihren] allerherzlichsten und verbindlichsten Dank entgegennehmen zu wollen.«[64]

60 Ebd.

61 Amtsblatt der Stadt Wien 1955, Nr. 11 (9. Februar 1955), S. 4: »Die öffentliche Parkanlage, 21, Töllergasse, bekannt unter der nichtamtlichen Bezeichnung Donaufelder Friedhofpark, wird in Hans Hirsch-Park (Univ.-Prof. Dr. Hans Hirsch, 1878–1940, Vorstand des Instituts für Österreichische Geschichtsforschung, korrespondierendes Mitglied der Akademie der Wissenschaften) umbenannt.«

62 Siehe oben Anm. 39.

63 WStLA, M.Abt. 350, A1 – Allgemeine Registratur: 1953/1954, Schreiben vom 24. Jänner 1955.

64 Ebd. Antwortschreiben vom 28. Jänner 1955.

Abb. 3: »Hans-Hirsch-Park«, Benennungstafel.

In den Jahren 2011 bis 2013 wurden im Auftrag der M.A. 7 die namensgebenden Personen der Wiener Verkehrsflächen durch eine HistorikerInnen-Kommission unter der Leitung von Oliver Rathkolb hinsichtlich ihrer politischen Vergangenheit untersucht. In dem entsprechenden Endbericht »Straßennamen Wiens seit 1860 als ›Politische Erinnerungsorte‹« findet auch der »Hans-Hirsch-Park« Erwähnung (Abb. 3), fällt jedoch in die minderbelastete Kategorie C der »Fälle mit demokratiepolitisch relevanten biographischen Lücken.«[65]

Das »Historikerviertel« im 21. Wiener Gemeindebezirk erhielt knapp 20 Jahre nach dem einhundertjährigen Jubiläum des Instituts für Österreichische Geschichtsforschung neuerlich Zuwachs. In der Zwischenzeit war in der Leopoldauer Großfeldsiedlung jedoch ein erheblicher städtebaulicher Wandel eingetreten; anstelle der großteils abgerissenen Doppel- und Einfamilienhäuser, die Platz für etwa 2.000 Siedler boten, entstand im Zuge der Stadterweiterung ab

65 Der entsprechende Forschungsprojektendbericht online unter https://www.wien.gv.at/kultur/strassennamen/strassennamenpruefung.html (abgerufen am 25.2.2019). Siehe dazu auch Peter Autengruber/Birgit Nemec/Oliver Rathkolb/Florian Wenninger, Umstrittene Wiener Straßennamen. Ein kritisches Lesebuch, Wien/Graz/Klagenfurt 2014, S. 29f.

Abb. 4: Großfeldsiedlung von Süden gesehen; links im Vordergrund das linsenförmige Längsangerdorf Leopoldau (1973).

1966 eine Wohnhausanlage mit 6.500 Wohnungen für über 20.000 Bewohner (Abb. 4).[66]

Die Verdichtung und Ausweitung des Siedlungsgebietes ging mit der Errichtung neuer Verkehrsflächen einher, deren Benennung schließlich von der M.A. 7 ab dem Jahr 1971 erarbeitet wurde. In der Auffassung, dass diese »in Fortsettung [!] der vorhergehenden Benennungen nach Geisteswissenschaftern und Dichtern benannt werden« sollten, erstellten die Magistratsbeamten Karl Foltinek, Leiter des Kulturamtes und Vorstandsmitglied des Vereins für Geschichte der Stadt Wien[67], und Franz Pascher, zuständiger Referent und studierter Historiker (Doktorvater: Erich Zöllner)[68], einen Benennungsvorschlag (Abb. 5). Dabei

66 Siehe Czeike 1979, S. 3 bzw. Historisches Ortslexikon. Statistische Dokumentation zur Bevölkerungs- und Siedlungsgeschichte Wien – Floridsdorf, Großfeldsiedlung, online: https://www.oeaw.ac.at/fileadmin/subsites/Institute/VID/PDF/Publications/diverse_Publications/Historisches_Ortslexikon/Ortslexikon_Wien.pdf (abgerufen am 25.2.2019).

67 Zu seiner Person siehe https://www.geschichtewiki.wien.gv.at/Karl_Foltinek (abgerufen am 25.2.2019).

68 Siehe Franz Pascher, Joseph Freiherr von Sperges auf Palenz und Reisdorf, Diss. Wien 1965 bzw. https://www.geschichtewiki.wien.gv.at/Franz_Pascher (abgerufen am 25.2.2019).

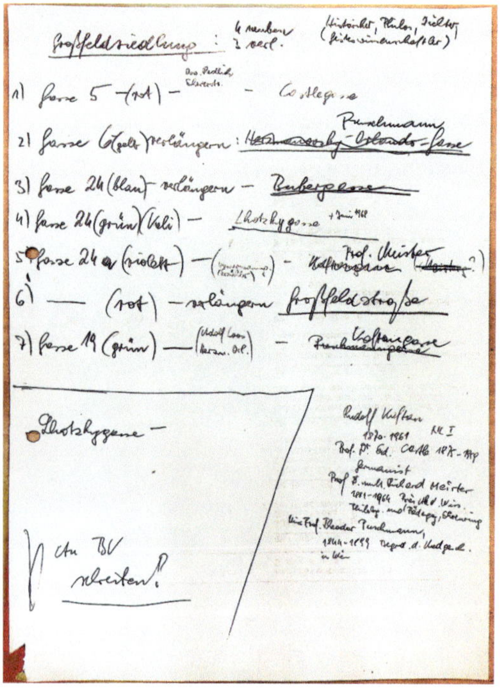

Abb. 5. Konzept der M.A. 7 zur Straßenbenennung im Erweiterungsgebiet der Großfeldsiedlung.

griffen sie allerdings nicht auf eine etwaige Eingabe des VÖG zurück, sondern ausdrücklich auf eine zuvor beim Kulturamt eingelangte Anregung der Österreichischen Akademie der Wissenschaften, die in Person ihres Generalsekretärs, des Sprachwissenschafters Manfred Mayrhofer, vorschlug, Verkehrsflächen nach ehemaligen Akademiemitgliedern, insbesondere nach dem im Jahr 1968 verstorbenen Alphons Lhotsky, Professor für Österreichische Geschichte an der Universität Wien[69], sowie nach dem Germanisten Eduard Castle und klassischen Philologen Richard Meister zu benennen.[70] In der Gemeinderatssitzung vom 1. Februar 1972 wurde dieser Benennungsantrag beschlossen[71], wenige Tage später die Österreichische Akademie der Wissenschaften auch hinsichtlich der Flächenwahl informiert: »Die Fläche wurde deshalb gewählt, weil in der Großfeldsiedlung überwiegend große Geisteswissenschafter durch Gassenbenennun-

69 Siehe Heinrich Koller, Art. Lhotsky, Alphons, in: Neue Deutsche Biographie (NDB), Band 14, Berlin 1985, S. 439f.

70 WStLA, M.Abt. 350, A1 – Allgemeine Registratur: 3535/1971 (Erwähnung in einem Schreiben vom 8. Februar 1972).

71 Ebd. Beschlussbogen vom 1.2.1972. Zu der bis 1989 geltenden, dreijährigen Interkalarfrist bei Straßenbenennungen siehe Autengruber 2013, S. 271f.

gen geehrt wurden. […] Die Magistratsabteilung 7 ersucht Sie auch weiterhin, entsprechende Vorschläge zu machen.«[72]

Die Ehefrau des Verstorbenen, Wanda Lhotsky, übersandte am 4. März dieses Jahres ein Dankschreiben an das Magistrat[73], wenige Tage später folgte ein Brief der Österreichischen Akademie der Wissenschaften, in dem Generalsekretär Mayrhofer seine »große Freude« über diese Entscheidung mit den programmatischen Worten zum Ausdruck brachte: »diese Benennung bedeutet nicht nur eine Ehrung der betreffenden Persönlichkeiten, die sich um die Österreichische Wissenschaft große Verdienste erworben haben, sondern wird auch ihr Andenken in der Öffentlichkeit festhalten.«[74]

Wenige Jahre später, am 13. Juni 1977, wurde schließlich mit Leo Santifaller († 5. September 1974) ein weiterer Vorstand des Instituts für Österreichische Geschichtsforschung vom Gemeinderatsausschuss für Kultur, Jugend und Bildung zum Widmungsträger einer unweit des Leopoldauer Platzes gelegenen Straße bestimmt,[75] wodurch das »Historikerviertel« an der nördlichen Peripherie der Stadt Wien schließlich seinen vorläufigen Abschluss erhielt.

72 WStLA, M.Abt. 350, A1 – Allgemeine Registratur: 3535/1971 (Schreiben vom 8. Februar 1972).

73 Ebd. sub dato.

74 Ebd. Schreiben vom 8. März 1972.

75 Amtsblatt der Stadt Wien 1977, Nr. 30 (21. Juli 1977), S. 21.

Maria Wirth

# Hertha Firnberg

## Erinnerungen an Österreichs erste Wissenschaftsministerin und ehemalige Mitarbeiterin der Universität Wien: im öffentlichen Raum und in der Programmgeschichte des FWF

### Hertha Firnberg im öffentlichen Raum

Hertha Firnberg (1909–1994) ist eine der prominentesten Politikerinnen der Nachkriegsgeschichte. In die österreichische Zeitgeschichte ist sie als zweite Frau eingegangen, die je einem Ministerium vorstand, und als diejenige, die 1970 ein eigenständiges Wissenschaftsministerium aufbaute.[1] Ihr Name scheint in zahlreichen Publikationen, Lexika, filmischen Dokumentationen und Medienberichten auf, wobei sie insbesondere als Reformministerin der Ära Kreisky (1970–1983) und ›Mutter‹ des Universitäts-Organisationsgesetzes (UOG) 1975 erinnert wird, das zu einer ›Demokratisierung‹ der Universitäten beitragen sollte.

Im öffentlichen Raum ist der Name Hertha Firnberg in mehrfacher Form präsent: Alleine in Wien[2] tragen seit 1998 ein Studentenheim in der Brigittenau, seit 2001 eine Straße in ihrem langjährigen Wohnbezirk Favoriten[3], wo auch eine Volkschule nach ihr benannt ist[4], und seit 2010 ein Platz vor den Hertha-Firnberg-Schulen für Wirtschaft und Tourismus in Donaustadt ihren Namen.[5] Letztgenannte sind aus der Transformation der früheren Höheren

1 Dieser Beitrag ist im Rahmen des vom Jubiläumsfonds der Oesterreichischen Nationalbank geförderten Projekts »Hertha Firnberg. Eine wissenschaftspolitische Biographie« (Projektnummer 17929) entstanden, das von 2019 bis 2021 am Institut für Zeitgeschichte der Universität Wien durchgeführt wird.

2 In Villach gibt es einen Hertha-Firnberg-Weg und in Traiskirchen eine Dr. Herta-Firnberg-Gasse (sic!). In Innsbruck existiert mit dem Dr. Herta Firnberg Heim (sic!) ein Studentenheim, das nach Hertha Firnberg benannt ist.

3 Peter Autengruber, Lexikon der Wiener Straßennamen. Bedeutung – Herkunft – frühere Bezeichnungen, 10. Auflage, Wien 2019, S. 142.

4 Bei der GTVS Hertha-Firnberg in der Hertha-Firnberg-Straße handelt es sich um eine öffentliche Ganztagsvolksschule der Stadt Wien. Vgl.: https://hertha-firnberg.schule.wien.at/ (abgerufen am 1.8.2020).

5 Autengruber 2019, S. 98.

Abb. 1: Portrait von Hertha Firnberg.

Lehranstalt für wirtschaftliche Frauenberufe in der Wassermanngasse (Floridsdorf) in eine moderne Tourismusschule mit neuem Standort hervorgegangen und wurden 2007 nach ihr benannt.[6]

## Das Hertha-Firnberg-Programm des FWF

Eine überregionale und für den akademischen Bereich zentrale Bedeutung erlangte ab 1998 das gegenwärtig in Auflösung befindliche Hertha-Firnberg-Programm des Fonds zur Förderung der wissenschaftlichen Forschung (FWF), an

6 Margit Eisl/Maria Ettl/Monika Wiedermann, Eine Erfolgsgeschichte. Wie die Hertha Firnberg Schulen zu dem wurden, was sie heute sind, http://www.firnbergschulen.at/wp-content/uploads/2018/12/hfs_schulgeschichte_A5_final_04_einzelseiten.pdf (abgerufen am 1.8.2020). – HBLW 21: »Hertha Firnberg Schulen für Wirtschaft und Tourismus«. APA-OTS-Presseaussendung vom 28.3.2007, https://www.ots.at/presseaussendung/OTS_20070328_OTS0248/hblw-21-hertha-firnberg-schulen-fuer-wirtschaft-und-tourismus (abgerufen am 1.8.2020).

dessen gesetzlicher Etablierung 1967 Firnberg bereits als Nationalratsabgeordnete der SPÖ mitgewirkt hatte.[7]

Das Programm stellte neben dem seit 1992 existierenden Charlotte-Bühler-Programm, das Habilitationen fördern sollte, das zweite Förderprogramm des FWF für Frauen dar und war nach dem Charlotte-Bühler- und Lise-Meitner-Programm zur Anwerbung und Finanzierung ausländischer Postdocs das dritte Programm, das nach einer Frau benannt wurde.[8] Sein Ziel war es, Frauen am Beginn der wissenschaftlichen Karriere zu unterstützen und so ergänzend zum bereits bestehenden Bühler-Programm für fortgeschrittene Wissenschaftlerinnen hinzuzutreten.[9]

Ausschlaggebend für seine Initiierung war die starke Unterrepräsentanz von Frauen im Universitätsbetrieb – insbesondere im Bereich der Professuren –, was in einem krassen Missverhältnis zur Zunahme der Zahl der Studentinnen in den vorhergehenden Jahren stand. Infolge eines bereits in den 1950er-Jahren beginnenden Ausbaus der Allgemein- und später auch der Berufsbildenden Höheren Schulen, einer Erweiterung des Universitätssystems und gezielten Maßnahmen, die in der Ära Kreisky gesetzt wurden, um eine regionale und soziale Öffnung des Bildungssystems zu erreichen, war nicht nur die Gesamtzahl der Studierenden stark gestiegen. Es hatten auch immer mehr Frauen ein Studium begonnen bzw. vor allem die Mädchen vom Ausbau der Schulen und Universitäten, der Einführung der Schülerfreifahrt in öffentlichen Verkehrsmitteln, der Ausgabe von kostenlosen Schulbüchern und der Abschaffung der Studiengebühren profitiert. Lag der Frauenanteil unter den Studierenden 1970/71 noch bei ca. 25 Prozent (53.152), waren 1980 bereits ca. 40 Prozent (115.616) und 1990 ca. 44 Prozent aller Studierenden (193.479) weiblich. Im Jahr 2000 überstieg der Frauenanteil bereits die 50-Prozent-Marke (ca. 51 Prozent).[10] Der Anteil der Frauen unter den ProfessorInnen blieb demgegenüber weit zurück und lag 1980 bei

---

7 Vgl. hierzu ausführlich: Rupert Pichler/Michael Stampfer/Reinhard Hofer, Forschung, Geld und Politik. Die staatliche Forschungsförderung in Österreich 1945–2005 (Innovationsmuster in der österreichischen Wirtschaftsgeschichte 3), Innsbruck/Wien/München 2007.

8 Charlotte Bühler (1893–1974) war eine Entwicklungspsychologin, die an der Universität Wien lehrte und Österreich 1938 verlassen musste. Lise Meitner (1878–1968) war eine bedeutende aus Wien stammende Kernphysikerin.

9 Fonds zur Förderung der wissenschaftlichen Forschung, Jahresbericht für 1998, Wien 1998. – Stabsstelle Gender-Thematik und Strategie – Karriereentwicklung des FWF, Frauen in der Wissenschaft Infomaterial, Broschüre, Wien 2015.

10 Die Zahlen beziehen sich auf ordentliche Studierende an öffentlichen Hochschulen. Vgl.: https://www.statistik.at/web_de/statistiken/menschen_und_gesellschaft/bildung/hochschulen/studierende_belegte_studien/021631.html (abgerufen am 1.8.2020).

1,5 Prozent, 1990 bei 2,1 Prozent und 1999 bei 4,4 Prozent.[11] Auch das bereits bestehende Charlotte-Bühler-Programm hatte somit nur punktuell zu einer Erhöhung des Frauenanteils unter den ProfessorInnen beitragen können.

Im Wissenschaftsministerium bzw. von dessen Arbeitsgruppe für Gleichbehandlungsfragen wurden daher Pläne für ein neues Programm entwickelt, mit denen Eva Knollmayer Mitte der 1990er-Jahre an den FWF herantrat. Knollmayer war noch von Firnberg erstmals mit frauenspezifischen Angelegenheiten befasst worden und entwickelte sich später zur zentralen Schlüsselfigur für alle Maßnahmen zur Frauenförderung im Bereich des Wissenschaftsministeriums.[12] Im FWF war damals trotz Meitner- und Bühler-Programm noch eine Haltung vorherrschend, wonach man zwar von Diskriminierungen von Frauen im Wissenschaftsbereich wusste, sich davon aber ›unberührt‹ fühlte. Und auch auf Seiten von FWF-Präsident Arnold Schmidt bestand (im Gegensatz zur damaligen Generalsekretärin Eva Glück) anfangs Skepsis gegenüber dem Programm. Nach ausführlichen Beratungen konnten 1998 aber ein Beauftragungsvertrag zwischen Ministerium und FWF unterzeichnet und die ersten Hertha-Firnberg-Stipendien ausgeschrieben werden. Der FWF verfügte damit am Ende eines Jahrzehnts, in dem mehrere Schritte zur Förderung von Frauen an den Universitäten gesetzt worden waren, über sein zweites Förderprogramm für Frauen.[13]

Nachdem noch unter Hertha Firnberg erste Maßnahmen zur Verbesserung der Situation von Frauen an den Universitäten bzw. in der Wissenschaft unternommen worden waren – darunter die Einrichtung einer ersten Einheit für ressortspezifische Frauenfragen mit Eva Knollmayer[14] –, stellten die 1990er-Jahre

11 Angeführt sind die ordentlichen Professuren; der Frauenanteil bei den außerordentlichen Professuren war minimal höher und lag bei höchstens ca. 6 Prozent. Vgl. Bundesministerium für Wissenschaft und Verkehr, Hochschulbericht 1999, Band 1, Wien 1999, S. 92.

12 Zur Bedeutung von Eva Knollmayer vgl. ausführlich: Roberta Schaller-Steidl/Barbara Neuwirth (Hg.), Frauenförderung in Wissenschaft und Forschung. Konzepte, Strukturen, Praktiken (Materialien zur Förderung von Frauen in der Wissenschaft 19), Wien 2003.

13 Arnold Schmidt, Der Fonds zur Förderung der Wissenschaft und die Frauen, in: Schaller-Steidl/Neuwirth 2003, S. 361–364.

14 Diese hatte noch keine spezifische Ausrichtung und beschäftigte sich mit einer Vielzahl unterschiedlicher Fragen und Themen. Im Rahmen des Projekts »Hertha Firnberg. Eine wissenschaftspolitische Biographie« wird dem Themenkomplex Frauen (-förderung) in der Wissenschaft besondere Aufmerksamkeit geschenkt. Vgl.: Interview mit Eva Knollmayer und Edith Stumpf-Fischer am 4.3.2019. – Brigitte Krassnigg-Jesner, Förderungsprogramm für Frauen im Bundesdienst. Ein Rückblick auf die Aktivitäten der Arbeitsgruppe im Bundesministerium für Wissenschaft und Forschung, in: Gertraud Seiser/Eva Knollmayer (Hg.), Von den Bemühungen der Frauen in der Wissenschaft Fuß zu fassen (Materialien zur Förderung von Frauen in der Wissenschaft 3), Wien 1994, S. 33–39. – Edith Stumpf-Fischer, Anfänge der Gleichbehand-

Abb. 2: Plakat zum Hertha-Firnberg-Programm des FWF.

---

lungspolitik im BMBWK. Ein Kapitel aus der »Unendlichen Geschichte«, in: Schaller-Steidl/Neuwirth 2003, S. 129–142.

eine Phase verstärkter Gleichbehandlungs- und Fördermaßnahmen dar. Den Beginn markierte (noch im UOG 1975) die Einrichtung von Arbeitskreisen für Gleichbehandlungsfragen an den einzelnen Universitäten. 1993 folgte – nachdem dieses für die Privatwirtschaft bereits seit 1979 bestand – ein Gleichbehandlungsgesetz für den öffentlichen Dienst, dem beinahe der gesamte Bildungsbereich zuzuordnen ist. Das ebenfalls 1993 verabschiedete Universitäts-Organisationsgesetz (UOG 1993) brachte den Universitäten nicht nur die Teilautonomie. Es schrieb auch die Gleichbehandlung von Männern und Frauen fest und verpflichtete die Universitäten zur Formulierung von Frauenförderungsplänen. Ein erster Frauenförderplan im Bereich des Wissenschaftsministeriums wurde 1995 und ein *Weißbuch zur Förderung von Frauen in der Wissenschaft* 1999 vorgelegt. Und auch als 2002 das heute gültige Universitätsgesetz (UG 2002) erlassen wurde, das die Universitäten in die Vollautonomie führte, wurden die Gleichstellung von Frauen und Männern und ein Fördergebot bzw. die Ausarbeitung von Frauenförderplänen explizit festgehalten. Das vom Ministerium initiierte Hertha-Firnberg-Programm, das der FWF wie das Bühler-Programm für dieses administrierte, war somit Teil eines umfassenderen Prozesses.[15]

## Anknüpfungspunkte zwischen Wissenschaftsministerin und Frauenpolitikerin

Die Benennung des Förderprogrammes nach Hertha Firnberg ging vom Ministerium aus. Während sich der FWF wie bereits zuvor beim Meitner- oder Bühler-Programm eine Wissenschaftlerin als Namenspatronin vorstellen konnte und schon damals den Namen Elise Richter ins Spiel brachte, votierte das Wissenschaftsministerium für seine einstige Gründerin.[16] Als 2005 ein neues Förderprogramm gestartet wurde, das an die Stelle des Charlotte-Bühler-Programms trat und wie dieses Frauen auf dem Weg zur Habilitation bzw. Professur unterstützen sollte, wurde dieses dann jedoch nach Elise Richter benannt.[17]

15 Gertraud Seiser, »Man muss die gewinnen, die das Handeln haben.« Die Entwicklung der Frauenförderung an Österreichs Universitäten in den 1990er-Jahren aus Verwaltungsperspektive, in: Schaller-Steidl/Neuwirth 2003, S. 17–39.

16 Mail von Dr. Inge Unfried (FWF) an die Verfasserin vom 29.7.2020. Die Romanistin Elise Richter (1895–1943) war die erste Frau, die sich 1905 an der Universität Wien habilitierte. Sie wurde 1943 in Ghetto Theresienstadt ermordet.

17 Stabsstelle Gender-Thematik und Strategie – Karriereentwicklung des FWF, Frauen in der Wissenschaft Infomaterial, Broschüre (Status Quo 2015).

Abb. 3: Hertha Firnberg Schulen für Wirtschaft und Tourismus in Wien 22.

Die 1998 erfolgte Namensgebung war ähnlich wie bei den Hertha Firnberg Schulen für Wirtschaft und Tourismus primär durch die Bedeutung Firnbergs als erste Wissenschaftsministerin, aber auch durch ihr Eintreten für Frauen begründet[18] – hieß es doch auch bei der Namensgebung der Schulen, dass »der Grund, weshalb wir uns nun nach Hertha Firnberg benennen, der ist, dass Firnberg für die Öffnung der Universitäten, die Chancengleichheit der Frauen und somit generell für Bildung, Aufklärung und Emanzipation steht.«[19] Mit ihrem Engagement für Frauen wurde aber auch auf die Frauenpolitikerin Bezug genommen, da Firnberg über viele Jahre Vorsitzende der SPÖ-Frauen (1967 bis 1981) war und für Justizminister Christian Broda eine zentrale Partnerin bei der Verwirklichung der Familienrechtsreform der 1970er-Jahre darstellte. Die in der SPÖ vor allem von den Frauen vorangetriebene Reform beseitigte zahlreiche, noch auf das frühe 19. Jahrhundert zurückgehende Benachteiligungen der Frau im Ehe- und Kindschaftsrecht und schaffte u. a. den Mann als »Oberhaupt der Familie« ab.[20]

Dass Hertha Firnberg ihr Berufsleben an der Universität Wien startete und später über viele Jahre als Wissenschaftlerin tätig war, wurde hingegen nicht

18 Mail von Dr. Inge Unfried (FWF) vom 29.7.2020 an die Verfasserin.

19 HBLW 21: »Hertha Firnberg Schulen für Wirtschaft und Tourismus«, APA-OTS-Presseaussendung vom 28.3.2007, https://www.ots.at/presseaussendung/OTS_20070328_OTS0248/hblw-21-hertha-firnberg-schulen-fuer-wirtschaft-und-tourismus (abgerufen am 1.8.2020).

20 Vgl. hierzu ausführlich: Maria Wirth, Christian Broda. Eine politische Biographie (Zeitgeschichte im Kontext 5), Göttingen 2011.

aufgegriffen und ist allgemein weniger bekannt. Im Folgenden soll daher das Augenmerk auf Firnberg als Mitarbeiterin an der Universität Wien gelenkt und ihr zweimaliger Versuch beleuchtet werden, an ihrer ehemaligen Ausbildungsstätte beruflich Fuß zu fassen.

## Hertha Firnberg als Studierende und Mitarbeiterin der Universität Wien

Hertha Firnberg wurde 1909 in Wien geboren und wuchs gemeinsam mit drei jüngeren Geschwistern in Niederrußbach (Niederösterreich) auf, wo ihr Vater als Gemeindearzt tätig war. Die Familie hatte väterlicherseits jüdische Wurzeln und war sozialdemokratisch eingestellt.[21] Vor allem die Mutter, die vor der Verehelichung eine Handelsschule besucht und im Anschluss u.a. als Comptoristin gearbeitet hatte, legte Wert darauf, dass auch die beiden Mädchen Bildung erhielten.[22] Zu Hause herrschte – wie Hertha Firnberg mehrfach betonte – das Matriarchat.[23]

Nach der Volksschule wurde Hertha Firnberg daher der Besuch der Bundeserziehungsanstalt für Mädchen in der Kalvarienberggasse ermöglicht, die für sie den Wechsel in eine Internatsschule nach Wien-Hernals bedeutete. Die (insgesamt sechs österreichischen) Bundeserziehungsanstalten gingen aus der Transformation ehemaliger Kadetten- und Offiziers- bzw. Beamtentöchterschulen in Pilotschulen für eine Schulreform hervor und wurden von Unterstaatssekretär Otto Glöckel zu Beginn der Ersten Republik eingerichtet. Zu ihren wichtigsten Zielsetzungen gehörte es, reformpädagogische und curriculare Neuerungen zu erproben und offen für alle sozialen Schichten zu sein. Begabten Kindern – wenn auch nur einer (elitären) Auswahl – sollte deshalb der Internatsbesuch durch die Übernahme der Kosten vom Staat ermöglicht werden.[24] Die Aufnahmeprüfung bestand Hertha Firnberg im Sommer 1920

21 Vgl. hierzu: Marlen Schachinger, Hertha Firnberg. Eine Biographie, Wien 2009.

22 »Die Frauen müssen in die erste Reihe«. AZ-Interview zum 65. Geburtstag von Hertha Firnberg – Position der Frauen auch in SPÖ nicht befriedigend, in: Arbeiter-Zeitung, 15.9.1974, S. 3.

23 Ihr Beruf heißt Politik, in: Kurier, 2.10.1971, S. 3.

24 Wilfried Göttlicher, Das Rote Wien. Eine »Musterschulstadt«, in: Werner Michael Schwarz/Georg Spitaler/Elke Wikidal (Hg.), Das Rote Wien 1919–1934, Wien 2019, S. 96–103, S. 97. – Helmut Engelbrecht, Geschichte des österreichischen Bildungswesens. Erziehung und Unterricht auf dem Boden Österreichs, Band 5: Von 1918 bis zur Gegenwart, Wien 1989, S. 132–139.

mit der Durchschnittsnote »Gut«[25]; die Reifeprüfung absolvierte sie 1928 mit Auszeichnung.[26]

An der Universität Wien, wo bereits ihr Vater Josef Firnberg (noch unter dem Namen Salomon) Medizin studiert hatte[27], begann Hertha Firnberg im Wintersemester 1928/29 zunächst ein Studium an der Juridischen Fakultät. Nach zwei Semestern wechselte sie jedoch an die Philosophische Fakultät, was sie in einem Lebenslauf damit begründete, dass sie im Rahmen des Rechtsstudiums »vornehmlich rechtsgeschichtliche Vorlesungen« besucht und sich von diesen »angeregt« für die Aufnahme eines Geschichtsstudiums entschieden habe.[28] Der wahre Grund dürfte – wie Firnberg später mehrfach betonte – jedoch darin gelegen sein, dass ein Professor angekündigt hatte, bei Prüfungen prinzipiell keine Frauen durchkommen zu lassen.[29] Rund dreißig Jahre nachdem Studentinnen erstmals an der Philosophischen Fakultät (1897) bzw. etwa zehn Jahre nachdem sie an der Juridischen Fakultät (1919) zugelassen worden waren, hatten zumindest Teile der Professorenschaft somit immer noch nicht akzeptiert, dass nun auch Frauen eine Universitätsausbildung offenstehen sollte.[30]

An der Philosophischen Fakultät studierte Firnberg Geschichte mit einem Schwerpunkt auf Wirtschafts- und Sozialgeschichte sowie Völkerkunde. Das Rigorosum legte sie nach zwei Auslandssemestern in Freiburg/Breisgau (Wintersemester 1930/1931 und Sommersemester 1931) und einer ersten Eheschließung mit dem Zeichenlehrer Walter Hon (1932 bis 1942) 1935 ab.[31] Die Promotion erfolgte ein Jahr später[32] und somit mitten in einem Jahrzehnt, in dem die Universität Wien immer mehr zu einem Kampfplatz der Ideologien, zu einem Ort des intellektuellen Aderlasses sowie der politisch und antisemitisch motivierten Gewalt wurde. Das enorme Spannungsfeld, in dem sich die Universität damals befand, zeigen auch die Inskriptionsscheine von Firnberg, in denen sich Namen von

25 ÖStA (Österreichisches Staatsarchiv) / AVA (Allgemeines Verwaltungsarchiv), Unterricht und Kultus, Kleinbestände, Bundeserziehungsanstalten, Ktn. 40, Zl. 5346/20.

26 AKNÖ (Arbeiterkammer Niederösterreich) / PA (Personalakt) Firnberg, Hertha, Bewerbungsschreiben vom 27.5.1948.

27 UAW (Archiv der Universität Wien), Medizinische Fakultät, Hauptrigorosenprotokoll, angefangen 1903; Promotionsprotokolle, Medizin IX, Nr. 343.

28 UAW, Rigorosenakt Nr. 12.764 (Hertha Hon, geb. Firnberg).

29 Herren beugen das Haupt, in: Die Zeit, Nr. 10, 5.3.1982, S. 75. – Hertha Firnberg, seit 1970 Ministerin der Regierung Kreisky, in: Basler Zeitung (Magazin), 6.6.1981, S. 15.

30 An der Medizinischen Fakultät wurden Frauen 1900, an der Theologisch-Evangelischen Fakultät 1923 und an der Katholisch-Theologischen Fakultät 1945 zugelassen.

31 UAW, Rigorosenakt Nr. 12.764 (Hertha Hon, geb. Firnberg).

32 UAW, NL (Nachlass) Erich Heintel, 131.88.01.01 (Promotionsfoto).

Professoren finden, die ein äußerst unterschiedliches Schicksal ereilte:[33] Während Hans Kelsen, der Architekt der österreichischen Bundesverfassung, Österreich verlassen musste und Moritz Schlick, einer der Begründer des berühmten Wiener Kreises, an der Universität Wien von einem ehemaligen Studenten ermordet wurde, machten Heinrich Ritter von Srbik, der eine gesamtdeutsche Geschichtsschreibung propagierte, und Josef Nadler, der für eine deutsche Literaturgeschichte nach völkischen Gesichtspunkten stand, im Nationalsozialismus Karriere.[34]

Eine besonders enge Bindung entwickelte Firnberg zum Seminar für Wirtschafts- und Kulturgeschichte, was u.a. daraus deutlich ersichtlich wird, dass dessen Leiter Alfons Dopsch ihr Doktorvater war und ihre mehrfach rezensierte Dissertation *Lohnarbeiter und freie Lohnarbeit im Mittelalter und zu Beginn der Neuzeit* auch als Band 11 der *Veröffentlichungen des Seminars für Wirtschafts- und Kulturgeschichte an der Universität Wien* erschien.[35] Alfons Dopsch war seit 1900 ordentlicher Professor an der Universität Wien und fungierte 1920/21 sogar als Rektor. Das Seminar für Wirtschafts- und Kulturgeschichte wurde 1922, nachdem Dopsch einen Ruf an die Universität Berlin erhalten hatte, im Zuge von Berufungsabwehrverhandlungen errichtet, um ihn in Wien zu halten. Ein erneuter Ruf an die Universität München bzw. nochmalige Abwehrverhandlungen erlaubten Dopsch kurz darauf, das Seminar noch besser auszustatten und eine eigene Publikationsreihe zu starten. In den folgenden Jahren entwickelte sich das Seminar zu einem Ort, der sich durch eine besondere Pluralität der Studierenden auszeichnete. Auch wenn Dopsch ein großdeutscher Historiker war, starke Verbindungen ins deutschnationale (d.h. antimarxistische und antisemitische) Vereinsleben hatte und auch Kontakte zu nationalsozialistischen Organisationen bestanden[36], zählten zukünftige Nationalsozialisten ebenso wie

33 UAW, Juridische Fakultät, Nationale WS 1928/29 und SS 1929; Philosophische Fakultät, WS 1929/30 bis SS 1933.

34 Vgl. zur Entwicklung der Universität Wien in der Zwischenkriegszeit u. a. Klaus Taschwer, Hochburg des Antisemitismus. Der Niedergang der Universität Wien im 20. Jahrhundert, Wien 2015.

35 Hertha Hon-Firnberg, Lohnarbeiter und freie Lohnarbeit im Mittelalter und zu Beginn der Neuzeit. Ein Beitrag zur Geschichte der agrarischen Lohnarbeit in Deutschland (Veröffentlichungen des Seminars für Wirtschafts- und Kulturgeschichte an der Universität Wien 11), Baden/Wien/Leipzig/Brünn 1935. Vgl. aus dem Bereich der Rezensionen u. a.: Carl Brinkmann, Referate: Hertha Hon-Firnberg, Lohnarbeiter und freie Lohnarbeit im Mittelalter und zu Beginn der Neuzeit. Ein Beitrag zur Geschichte der agrarischen Lohnarbeit in Deutschland (Veröffentlichungen des Seminars für Wirtschafts- und Kulturgeschichte an der Univ. Wien, ed. Alfons Dopsch 11.) Baden-Wien-Leizig-Brünn, R. Rohrer, 1935, 115 S., in: Vierteljahresschrift für Sozial- und Wirtschaftsgeschichte 30 (1937) 2, 1937, S. 199f.

36 So soll er – laut einer Mitteilung des Kreisleiters an das Gaupersonalamt – dem illegalen Natio-

Sozialdemokraten oder Kommunisten zu seinen Studierenden. Vor allem entwickelte sich das Seminar aber – wie mehrfach festgehalten wurde – zu einem Ort, der auch gegenüber Frauen eine gewisse Offenheit ausstrahlte, womit es sich nicht zuletzt vom Institut für Geschichtsforschung abgrenzte, das erst 1929 seine Pforten für Studentinnen öffnete. Ausdruck davon ist etwa, dass ein hoher Anteil der bei Dopsch verfassten Dissertationen von Frauen stammen und dass mit seiner späteren Lebensgefährtin Erna Patzelt eine Frau die einzige dem Seminar zugeordnete wissenschaftliche Stelle innehatte. Ein langes Leben war dem Seminar zunächst jedoch nicht beschieden, da es bereits 1937 wieder in das Historische Seminar eingegliedert wurde. Ausschlaggebend dürften dafür mehrere Gründe gewesen sein, die von der Pensionierung Dopsch' und seiner Ablehnung durch das Schuschnigg-Regime bis zu fachinternen Rivalitäten an der Universität Wien reichten.[37]

Hertha Firnberg war – nach eigenen Angaben – nach dem Studienabschluss als unbezahlte Hilfsbibliothekarin am Seminar für Wirtschafts- und Kulturgeschichte tätig und wollte an der Universität bleiben. Ihr Berufsziel war es, weiterhin wissenschaftlich tätig sein zu können und irgendwann eine Dozentur zu erreichen. Richtig Fuß fassen konnte sie an der Universität Wien jedoch nicht, weshalb sie sich mit verschiedenen Tätigkeiten wie dem Schreiben populärwissenschaftlicher Beiträge für diverse Medien, Nachhilfe und Vorträgen über Wasser halten musste.[38]

---

nalsozialistischen Hochschullehrerbund angehört haben. Vgl.: Gernot Heiß, Von Österreichs deutscher Vergangenheit und Aufgabe. Die Wiener Schule der Geschichtswissenschaft und der Nationalsozialismus, in: Ders./Siegfried Mattl/Sebastian Meissl/Edith Saurer/Karl Stuhlpfarrer (Hg.), Willfährige Wissenschaft. Die Universität Wien 1938 bis 1945 (Österreichische Texte zur Gesellschaftskritik 43), Wien 1989, S. 39–76, S. 65 (FN 38).

37 Thomas Winkelbauer, Das Fach Geschichte an der Universität Wien (Schriften des Archivs der Universität Wien 24), Göttingen 2018, S. 205–218. – Thomas Buchner, Alfons Dopsch (1868–1953). Die »Mannigfaltigkeit der Verhältnisse«, in: Karel Hruza (Hg.), Österreichische Historiker 1900–1945. Lebensläufe und Karrieren in Österreich, Deutschland und der Tschechoslowakei in wissenschaftsgeschichtlichen Porträts, Band 1, Wien/Köln/Weimar 2008, S. 155–190. – Klaralinda Ma-Kircher, Dopsch – Redlich – Srbik, in: Kai Luehrs-Kaiser/Gerald Sommer (Hg.), »Flügel und Extreme«. Aspekte der geistigen Entwicklung Heimito von Doderers (Schriften der Heimito von Doderer-Gesellschaft 1), Würzburg 1999, S. 131–150. Vgl. zum Frauenstudium zudem: Alfons Dopsch, Dreißig Jahre Frauenstudium in Österreich, in: Dreißig Jahre Frauenstudium in Österreich 1897 bis 1927, herausgegeben vom Festausschuss anlässlich des dreißigjährigen Frauenstudiums, Wien 1927, S. 6–8.

38 AKNÖ/PA Firnberg, Hertha, Bewerbungsschreiben vom 27.5.1948. – ORF-Archiv, Das politische Portrait, ausgestrahlt am 21.11.1970, Produktionsnummer 1970102116.

Die Jahre des Nationalsozialismus verbrachte Hertha Firnberg in Wien, wo sie von 1941 bis 1945 beim Wiener Weltmoden Verlag im Bereich Buchhaltung/Rechnungswesen beschäftigt war. Sowohl über ihre Tätigkeit beim nach 1945 liquidierten Verlag als auch über ihr sonstiges Leben zu dieser Zeit ist kaum etwas bekannt, was nicht zuletzt daran liegt, dass Hertha Firnberg nur äußerst sparsam über ihr Leben sprach und es stets ablehnte, eine Autobiographie zu schreiben. Umfangreichere Informationen über sie liegen erst wieder aus der Nachkriegszeit vor, als sie nach einer kurzen Tätigkeit als Bilanzbuchhalterin bei der Städtischen Bestattung der Gemeinde Wien eine zweite, ebenfalls nur kurze Zeit bestehende Ehe mit dem Bundesbeamten Josef Hugo Maria Krist (1947 bis 1949) einging und neuerlich versuchte, an der Universität Wien tätig zu sein.[39]

Den Ausgangspunkt dafür stellte die 1946 erfolgte Reinstallierung des Seminars für Wirtschafts- und Kulturgeschichte (zunächst unter seiner ursprünglichen Bezeichnung, später als Seminar für Wirtschafts- und Sozialgeschichte) dar, für die sich insbesondere Erna Patzelt und damit die ehemalige Assistentin von Alfons Dopsch einsetzte. Patzelt, die sich 1925 als erste Frau in Geschichte habilitierte, war seit 1922 in verschiedenen Beschäftigungsverhältnissen (Wissenschaftliche Hilfskraft, außerordentlicher Assistent, ordentlicher Assistent, außerordentlicher Universitätsprofessor [sic]) am Seminar tätig, nach dem Ende ihres Dienstverhältnisses 1938 aber nur mehr über einzelne Lehraufträge und jährliche Diäten an die Universität Wien gebunden gewesen. Nach Kriegsende nützte sie ein Machtvakuum bzw. den Umstand, dass sich alle vier ordentlichen Professoren des Historischen Instituts einem Entnazifizierungsverfahren stellen mussten und drei von ihnen in den vorzeitigen Ruhestand versetzt wurden, um das ehemalige Dopsch-Seminar wieder als eigenes Institut zu etablieren. Patzelt selbst hatte zwar in den 1930er-Jahren ebenfalls ein Naheverhältnis zum Nationalsozialismus gehabt, sich später aber von diesem distanziert, weshalb sie nun als »unbelastet« eingestuft wurde. Nach der erfolgreichen Wiedererrichtung des Seminars stand sie diesem zunächst als Oberassistentin (mit dem Titel eines außerordentlichen Professors), später (von 1955 bis zu ihrer krankheitsbedingten Pensionierung 1959) als außerordentlicher Professor auch vor.[40]

---

39 Ebd.

40 Winkelbauer 2018, S. 264–269. – Brigitte Mazohl-Wallnig/Margret Friedrich, Patzelt, Erna, in: Brigitte Keintzel/Ilse Korotin (Hg.), Wissenschaftlerinnen aus Österreich. Leben – Werk – Wirken, Wien/Köln/Weimar 2002, S. 555–560. – Anne-Katrin Kunde/Julia Richter, Erna Patzelt (1894–1987) und Luci Varga (1904–1941). Leben zwischen Kontinuität und Diskontinuität, in: Karel Hruza (Hg.), Österreichische Historiker. Lebensläufe und Karrieren 1900–1945, Band 3, Wien/Köln/Weimar 2019, S. 405–438.

Hertha Firnberg war ab Mai 1946 im Seminar für Wirtschafts- und Kulturgeschichte als wissenschaftliche Hilfskraft beschäftigt und für den Wiederaufbau der Bibliothek zuständig.[41] Wie sie später selbst in einem Lebenslauf festhielt, bewarb sie sich nach einer Einladung von Erna Patzelt, die sie bereits während ihres Studiums kennen gelernt hatte, um die Stelle als Bibliothekarin. Die Möglichkeit, zu ihrem eigentlichen Studiengebiet zurückzukehren, sich hauptberuflich mit wissenschaftlichen und organisatorischen Fragen zu beschäftigen, eine wissenschaftliche Bibliothek selbständig zu leiten und auszubauen, ergriff sie »mit Freude«. Gleichzeitig trat Firnberg, die während ihrer Beschäftigung an der Universität Wien ihre theoretischen und praktischen Kenntnisse im Bibliothekswesen durch den Besuch einschlägiger Vorlesungen und Übungen vertiefte, über Vermittlung von Patzelt auch eine Stelle bei Karl Skowronnek in dessen Werbewissenschaftlichem Institut an.[42] Bei Skowronnek, der parallel zu seinem außeruniversitären Institut auch eine Karriere an der Hochschule für Welthandel aufbaute, die ihn bis ins Rektorat führte[43], zählten der Aufbau einer werbewissenschaftlichen Bibliothek und eines entsprechenden Archivs ebenso zu Firnbergs Aufgaben wie die Mitarbeit an Vorträgen und Publikationen. Im Juli 1947, gleichzeitig mit ihrer zweiten Verehelichung, kündigte Firnberg diese Stelle jedoch wieder, da ihr die Position einer wissenschaftlichen Assistentin in Aussicht gestellt worden war. Eine solche soll sie – nach eigenen Angaben, nicht jedoch ihrem Personalakt zufolge – auch ab Jänner 1948 unter gleichzeitiger Leitung der Bibliothek »verwaltet« haben. Und als Patzelt einen Teil des Wintersemesters 1947/48 in den USA verbrachte, soll sie – wiederum nach eigenen Angaben und in den Erinnerungen von Rudolf Neck präsent[44], offiziell aber nicht genehmigt[45] – auch die Abhaltung von

---

41 UAW, PA Firnberg-Hon, Hertha, PA Krist, Hertha. – ÖStA, AdR (Archiv der Republik), BMU (Bundesministerium für Unterricht), PA Krist, Hertha (vormals Hon-Firnberg). Der vom Unterrichtsministerium angelegte Personalakt wurde Hertha Firnberg zum 70. Geburtstag von der Personalvertretung überreicht und ging so in ihren Nachlass bzw. an ihren Erben über. 2020 wurde er dem Österreichischen Staatsarchiv übergeben.

42 AKNÖ/PA Firnberg, Hertha, Bewerbungsschreiben vom 27.5.1948.

43 Vgl. zu Skowronnek u.a.: WWG Informationen, 25.3.1972, Folge 50 (o. Professor Dr. Karl Skowronnek zum 70. Geburtstag).

44 Neck war später Generaldirektor des Österreichischen Staatsarchivs. Vgl.: Rudolf Neck, Alfons Dopsch und seine Schule, in: Wolf Frühauf (Hg.), Wissenschaft und Weltbild. Festschrift für Hertha Firnberg, Wien 1975, S. 369–383, S. 380.

45 Von Seiten der Fakultät wurde dies untersagt, Hertha Firnberg aber gestattet, die bereits zugeteilten Referate weiter zu betreuen, damit die Übungen nach der Rückkehr von Patzelt rasch »wieder aufgenommen werden können.« Vgl.: UAW, PA Patzelt, Erna.

Seminarübungen übernommen haben.[46] Eine wirkliche Perspektive dürfte Firnberg, die selbst einmal von einem »aussichtlosen Beginnen« sprach[47], trotz der schriftlich erhaltenen Verlängerung ihrer Stelle als wissenschaftliche Hilfskraft bis 14. Mai 1949 jedoch nicht gesehen haben.[48]

Vielmehr ergriff Firnberg die Möglichkeit, sich bei der im Aufbau befindlichen Arbeiterkammer für Niederösterreich zu bewerben und damit in einem wissenschaftsnahen Bereich arbeiten zu können. An der Arbeiterkammer baute sie eine sozialwissenschaftliche Bibliothek auf, übernahm die Leitung der Statistik-Abteilung und entwickelte sich zu einer namhaften Expertin auf dem Gebiet der Sozialstatistik, die häufig publizierte. Ihre Veröffentlichungen zeigen, dass sie sich – von der Bevölkerungsentwicklung und den Lebensverhältnissen von Arbeiterfamilien über die Entwicklung der Frauenarbeit bis zur sozialen Herkunft der niederösterreichischen Studierenden an den Wiener Hochschulen – mit einer Vielzahl sozialwissenschaftlicher Themen beschäftigte und immer wieder auch Gelegenheit fand, ihrer »Vorliebe für Geschichte zu frönen.«[49]

Ihre Karriere als Wissenschaftsministerin startete sie erst, nachdem sie an der Arbeiterkammer in Pension gegangen war und somit bereits ein volles Berufsleben hinter sich hatte. Wichtig war ihr dabei, sich der traditionellen Aufgabenverteilungen in der Politik zu widersetzen, wonach Frauen vorrangig für Familien- oder Sozialpolitik zuständig sein sollten, und kein »klassisch weibliches Ressort« zu übernehmen. Firnberg, die gerne an der Universität geblieben wäre und auch in späteren Jahren immer wieder wissenschaftlich gearbeitet hatte, wollte dem Wissenschaftsministerium vorstehen und tat dies über 13 Jahre hinweg. Ihre Amtszeit ist – wie bereits genannt – vom Ausbau der Universitäten und deren Öffnung sowie einer umfassenden Universitätsreform (UOG 1975) geprägt, die nach einem längeren Diskussionsprozess sowie einigen vorgelagerten Reformen verstärkte Mitsprachemöglichkeiten für den Mittelbau und die Studierenden brachte.[50] Der freie Hochschulzugang war für sie – auch nachdem angesichts

46 AKNÖ/PA Firnberg, Hertha, Bewerbungsschreiben vom 27.5.1948.

47 ORF-Archiv, Das politische Portrait, ausgestrahlt am 21.11.1970, Produktionsnummer 1970102116.

48 ÖStA, AdR, BMU, PA Krist, Hertha (vormals Hon-Firnberg).

49 Vgl. hierzu: Monika Bernold/Eva Blimlinger/Andrea Ellmaier, Hertha Firnberg, »Meine Leidenschaft: Die Anliegen der Frauen und die Wissenschaft«, in: Bundesministerium für Wissenschaft und Verkehr (Hg.), 100 Jahre Frauenstudium. Zur Situation der Frauen an Österreichs Hochschulen (Materialien zur Förderung von Frauen in der Wissenschaft 6), Wien 1997, S. 17–51, insbesondere S. 27f.

50 Vgl. hierzu u. a.: Heinrik Kreutz/Heinz Rögl, Die umfunktionierte Universitätsreform, Wien 1994. – Sascha Ferz, Ewige Universitätsreform. Das Organisationsrecht der österreichischen Universitäten von den theresianischen Reformen bis zum UOG 1993, Frankfurt 2000.

steigender Studierendenzahlen vor den Gefahren einer ›Massenuniversität‹ gewarnt wurde – ein unverrückbares Prinzip. Auf die Akademikerarbeitslosigkeit angesprochen, antwortete sie in den 1980er-Jahren, dass auch sie das in ihrer Jugend erlebt hatte: »Wir waren froh, wenn wir überhaupt einen Beruf erwischt haben.« Bildung sei jedoch ein Wert für sich und ganz generell als Steigerung der Lebensqualität anzusehen – auch wenn die »Berufsanwendung nicht immer ganz dem entsprechen wird, was man sich als ausgebildeter Akademiker wünscht.«[51]

## Schwindende und bleibende ›Erinnerungsorte‹

Das Hertha-Firnberg-Programm des FWF befindet sich – wie anfangs erwähnt wurde – derzeit in Auflösung. Wie der FWF im Dezember 2019 bekanntgab, hat er sich in Folge eines Konsultationsprozesses dazu entschieden, seine Karriere-Programme neu zu strukturieren und mit der Schaffung eines neuen Early-Stage-Programms zu beginnen. Das Lise-Meitner- und Hertha-Firnberg-Programm sollen im Zuge dieses Prozesses im Frühjahr 2021 im neuen Programm zusammengeführt werden. In einem weiteren Schritt ist geplant, auch das Elise-Richter- und das START-Programm, das fortgeschrittene WissenschaftlerInnen durch den Aufbau und die Leitung von Arbeitsgruppen für Führungspositionen im Wissenschaftssystem qualifizieren soll, in einem neuen Advanced-Stage-Programm aufgehen zu lassen. Die Förderung von Frauen soll – so der FWF – auch nach der Umstellung ein wichtiges Anliegen bleiben bzw. sogar noch verbessert werden, indem einheitliche Antragsrichtlinien anstelle der schlechter dotierten Frauenprogramme treten und sichergestellt werden soll, dass die Hälfte der Projektförderungen an Frauen geht.[52] Wie sich die Entscheidung in der Praxis auswirken wird, werden die kommenden Jahre zeigen. Die Reaktionen waren angesichts eines nach wie vor niedrigen Prozentsatzes an Professorinnen (25 Prozent) und dem besonderen Aufforderungscharakter, den Frauenprogramme haben, jedenfalls kontrovers.[53]

51 »Die Zeit allein arbeitet nicht für die Frauen«. Hertha Firnberg über weibliche Karrieren. Ein Gespräch mit Brigitte Lehmann und Helene Maimann, in: Helene Maimann (Hg.), Die ersten 100 Jahre. Österreichische Sozialdemokratie 1888–1988, Wien 1988, S. 54–56, S. 55.

52 Konsultationsprozess zu den Karriereprogrammen abgeschlossen, 18.12.2019, https://www.fwf.ac.at/de/news-presse/news/nachricht/nid/20191218-2464/ (abgerufen am 1.8.2020). – FWF reformiert Angebot für Forschende am Karrierebeginn, 29.1.2020, https://www.fwf.ac.at/de/news-presse/news/nachricht/nid/20200129-2474/ (abgerufen am 1.8.2020).

53 Vgl. hierzu u.a.: Beate Hausbichler, Frauenförderung – ein Auslaufmodell, in: Der Standard (on-

Abb. 4: SchülerInnen der Hertha Firnberg Schulen mit Hertha-Firnberg-Masken im Jahr 2019 anlässlich einer Feier zum 110. Geburtstag von Hertha Firnberg

Das Hertha-Firnberg-Programm in seiner bisherigen Form wird damit Geschichte sein, in der Programmhistorie des FWF wird es jedoch einen wichtigen Platz einnehmen. Die nach Firnberg benannten Plätze, Studentenheime und Schulen werden bleiben und im öffentlichen Raum weiterhin an die einstige Wissenschaftsministerin und Mitarbeiterin der Universität Wien erinnern. Gleichfalls wird Firnberg auch in der Universitäts-, Wissenschafts- und Zeitgeschichte weiterhin einen wichtigen Platz einnehmen. Wer sich mit der Entwicklung der Zweiten Republik beschäftigt, wird auch in Zukunft auf ihren Namen stoßen.

line), 21.7.2019, https://www.derstandard.at/story/2000106362738/frauenfoerderung-ein-auslaufmodell (abgerufen am 1.8.2020). Vgl. zu den Zahlenangaben auch: Datawarehouse Hochschulbereich des Bundesministeriums für Bildung, Wissenschaft und Forschung, https://unidata.gv.at/Pages/auswertungen.aspx (abgerufen am 19.8.2020).

Ingeborg Schemper-Sparholz

# Ein Tor der Erinnerung ist noch lange keine Triumphpforte

## Auf den biografischen Spuren der Kunsthistorikerin Renate Wagner-Rieger (1921–1980)

Bezugnehmend auf die Antike entwickelte sich seit dem Humanismus eine Tradition der Gelehrtenmemoria, die ihren Höhepunkt im 19. Jahrhundert erreichte. Das signifikanteste Beispiel in Österreich stellt der Arkadenhof der Universität Wien mit über 150 Gelehrtendenkmälern dar, in dem auch die Kunsthistoriker Rudolf von Eitelberger und Julius von Schlosser vertreten sind. Ersterem ist im 13. Bezirk auch eine Gasse gewidmet worden. Weibliche Gelehrte waren von dieser Form der Ehrung bis vor kurzem ausgeschlossen. Erst jüngst wurden auch sieben Professorinnen durch nunmehr zeitgemäße Denkmalsformen im Arkadenhof Ehrungen zuteil. Ein öffentliches Denkmal mit dem Porträt einer Kunsthistorikerin findet man allerdings bis heute vergeblich.

### Spuren der Wissenschaft – Was erinnert an Renate Wagner-Rieger?

Es ist eines der vielen Verdienste von Renate Wagner-Rieger (Abb. 1), durch die Wiederentdeckung des Historismus des 19. Jahrhunderts zum Verständnis für Denkmalsetzungen und die Ehrung individueller Leistungen beigetragen zu haben. So ist es auch an der Zeit, derjenigen eine historische Studie zu widmen, die zu diesem Bewusstseinswandel in Österreich beigetragen hat. Begeben wir uns also auf Spurensuche und fragen wir, wo diese Spuren noch mit dem Namen der Universitätsprofessorin und Wissenschaftlerin in Verbindung gebracht werden.

Wagner-Rieger hat, wie es sich für eine Gelehrte gehört, in erster Linie durch ihre Arbeit Spuren hinterlassen – nicht nur durch ihre Schriften, auch durch ihren Einsatz für den Erhalt von Baudenkmälern in der Nachkriegszeit. Durch ihr Engagement und die Motivierung ihrer StudentInnen hat sie wesentlich dazu beigetragen, markante und für uns heute selbstverständlich zum Stadtbild gehörende Bauten in Wien wie das ehemalige Bank- und Börsengebäude auf der Freyung (1859/60) oder das ehemalige Etablissement Ronacher (1887/88) vor dem

Abb. 1: Porträtfoto Renate Wagner-Rieger.

Abbruch oder der Verschandelung zu bewahren. Das Wissen um ihre Persönlichkeit ist bedauerlicherweise hinter diesem Engagement für die Architektur verblasst.

Ihr Name wird aber für immer eng verbunden bleiben mit der Rehabilitierung der Kunst des 19. Jahrhunderts, der Kunst des Historismus und besonders der Erforschung der Wiener Ringstraße. Für dieses Forschungsprojekt hat Wagner-Rieger die deutsche Thyssen-Stiftung gewinnen können und damit über Jahre hinweg Arbeitsmöglichkeiten für ein Team von jungen KunsthistorikerInnen geschaffen – was damals nicht selbstverständlich war. Ergebnis war ein elfbändiges Werk in 17 Teilen zu den Bauten der Wiener Ringstraße (1969–1981) und ihrem kultur- und wirtschaftshistorischen Kontext. Wagner-Rieger hat damit aber auch die Grundlage für weitere Forschungen gelegt, von denen HistorismusexpertInnen, aber auch Studierende noch heute profitieren. Ihnen ist der Name Wagner-Rieger vertraut. Aber wo wird ihrer im öffentlichen Raum gedacht? Vergeblich suchen wir ein Ehrengrab am Zentralfriedhof, wie es Rudolf Eitelberger oder Julius Schlosser, die Pioniere der kunsthistorischen Forschung in Wien, erhalten haben, obwohl die viel zu früh Verstorbene auch an diesem Ort ihre letzte Ruhe gefunden hat. Nur über die Suche in der Friedhofsdatenbank der Stadt Wien findet man das Familiengrab, in dem sie und ihr Mann, der His-

Abb. 2: Grabmal Familie Wagner am Wiener Zentralfriedhof im Jahr 2017.

toriker Walter Wagner, ruhen. Ein barockes Steinkreuz mit dem Namen Wagner verweigert jegliche individuelle Erinnerungskultur (Abb. 2).

Wollte sie selbst es so? Die Ahnung eines herannahenden schnellen Todes hatte sie vielleicht auch mit Ihrem Nachleben konfrontiert. Aber sie war nicht eitel – wohl aber überzeugt, ein fortsetzbares schriftliches Werk hinterlassen und ihren SchülerInnen, zu denen auch ich mich zählen darf, die Augen für die wesentlichen Fragestellungen, im Besonderen der oft marginalisierten regionalen Kunst, geöffnet zu haben.

Im Seminarraum 4 des Instituts für Kunstgeschichte blickt eine Reihe würdiger Herren den Studierenden über die Schulter, es sind die Institutsvorstände seit der Gründung des Instituts durch Rudolf Eitelberger (1817–1885). Eine einzige Frau findet sich in dieser Männerrunde unterhalb ihres Lehrers Karl Maria Swoboda (1889–1977) und rechts von Otto Pächt (1903–1988) (Abb. 3). Sie schaut streng, lächelt verhalten. Es ist Renate Wagner-Rieger, erste habilitierte Kunsthistorikerin an der Universität Wien und erste ordentliche Professorin für Kunstgeschichte an diesem Institut. Das Foto ist eine der wenigen überlieferten Porträtaufnahmen der Wissenschaftlerin. Sie hat sich durchgesetzt in der von der Männerwelt beherrschten Universität. Aber wo ist sie heute noch präsent?

Zu Lebzeiten hat Renate Wagner-Rieger durchaus Anerkennung erfahren. 1978 war sie mit der Theodor-Ritter-von-Karajan-Medaille für ihre Leistungen auf dem Gebiet der Stadtgeschichtsforschung ausgezeichnet worden, worauf auch der Verein der Geschichte der Stadt Wien auf seinem virtuellen *Wien Wiki* verweist.[1] 1979 überreichte ihr die Bundesministerin für Wissenschaft und Forschung Hertha Firnberg die Medaille für Verdienste um den Denkmalschutz (Abb. 4). Nach ihrem Tod wurde ihrer in sehr persönlichen Nachrufen durch ihren langjährigen Kollegen am Institut für Kunstgeschichte, Gerhard Schmidt, gedacht.[2] Wie angesehen die Architekturhistorikerin in der wissenschaftlichen Community war, mag daran zu erkennen sein, dass sie als einzige Frau in *Metzlers Kunsthistoriker Lexikon* aufgenommen wurde. Der Herausgeber Peter H. Feist stellt sie »in die erste Reihe der Architekturhistoriker, indem sie wichtige, aber vorher zu wenig erforschte Bereiche der mittelalterlichen Baukunst erschloss und vor allem entscheidend zur Neubewertung des historistischen Schaffens im 19. Jahrhundert beitrug.«[3]

Ihre Schüler und Kollegen haben sich verpflichtet gesehen, ihrer Professorin – den damals zur Verfügung stehenden Möglichkeiten entsprechend – ein Gedächtnismal zu setzen. Der Arkadenhof der Universität Wien war lange für Neusetzungen von Denkmälern gesperrt, wollte man doch seinen musealen Charakter wahren. Als 1989 der Uni-Campus des ehemaligen AKH eröffnet wurde, erinnerte man sich erstmals auch der Leistungen weiblicher Wissenschaftlerinnen an der Universität Wien und gedachte ihrer durch Anbringung von Inschriftentafeln an den Durchgangstoren zwischen den Höfen.[4] Man bettete sie in die männerdominierte Universitätsgeschichte seit Joseph von Sonnenfels ein. Aber Tore der Erinnerung sind keine Triumphpforten, wie sie in der Barockzeit oder im 19. Jahrhundert errichtet wurden. Unauffällig und inzwischen verschmutzt weisen Plexiglastafeln mit immer schlechter lesbarer Inschrift auf

---

1 https://www.geschichtewiki.wien.gv.at/Verein_für_Geschichte_der_Stadt_Wien (abgerufen am 22.11.2019).

2 Gerhard Schmidt, Renate Wagner Rieger (gest. am 11. Dezember 1980), in: Zeitschrift für Kunstgeschichte 44 (1981) 2, S. 196–198.

3 Renate Wagner-Rieger, in: Peter Betthausen/Peter H. Feist/Christina Fork (Hg.), Metzler Kunsthistoriker Lexikon. Zweihundert Porträts deutschsprachiger Autoren aus vier Jahrhunderten, Stuttgart/Weimar 1999, S. 446–449. – Als gelehrter Frau widmet ihr Sabine Plakolm-Forsthuber einen Eintrag in: Brigitte Keintzel/Ilse Korotin (Hg.), Wissenschaftlerinnen in Österreich, Wien/Köln/Weimar 2002, S. 780–785.

4 Kurt Mühlberger, Wagner-Rieger-Tor, in: Alfred Ebenbauer/Wolfgang Greisenegger/Kurt Mühlberger (Hg.), Historie und Geist, Der Universitätscampus, Bd. 1, Wien 1998, S. 182–183. – Herbert Posch, Tore der Erinnerung am Campus der Universität Wien, http://geschichte.univie.ac.at/de/artikel/tore-der-erinnerung-am-campus-der-universitaet-wien (abgerufen am 28.4.2020).

Abb. 3: Porträtreihe der Ordinarien am Institut für Kunstgeschichte.

Abb. 4: Frau Bundesminister Hertha Firnberg überreicht 1979 Renate Wagner-Rieger die Medaille für Verdienste um den Denkmalschutz.

die NamensgeberInnen hin. Bei dem Renate Wagner-Rieger gewidmeten Tor – es verbindet Hof 8 mit Hof 9 – wird zwar die Universitätskarriere angesprochen, aber kaum auf wissenschaftliche Leistungen verwiesen.[5] Kein Bild, keine starke Farbe oder sonst ein ›eye catcher‹ ziehen den Blick der vorbeieilenden Studierenden, der jungen Mütter, die mit ihren Kindern zum Spielplatz streben, den Hungrigen, die ins Uni-Bräu oder zum Supermarkt wollen, an. Die Tafeln bleiben weitgehend unbemerkt. Wäre das Tor ein markanter Treffpunkt, was ja auch eine wichtige Aufgabe von Denkmälern ist, so würde man wenigstens den Namen aussprechen: »Treffen wir uns um 5 Uhr beim Wagner-Rieger-Tor? Oder beim Charlotte-Bühler-Tor?« Der Vorteil bei der Benennung eines Hörsaales ist, dass der Name ständig in den Mund genommen wird: Elise-Richter-Saal, Marietta-Blau-Saal. Dort muss man jede Woche zur Vorlesung hin und dann hinterfragt man vielleicht auch seine Benennung, wirft einen Blick auf die Tafel beim Eingang oder googelt den Namen der betreffenden Person. Die Tore der Erinnerung bleiben aber derzeit weitgehend unbemerkt.

Wo hat Renate Wagner-Rieger also Spuren ihrer Wissenschaft hinterlassen, und werden sie mit ihrem Namen in Verbindung gebracht? Die Biografie spielt für die Formung des Rufes einer Wissenschaftlerin eine wichtige Rolle. Betrachten wir zunächst ihren Lebensweg: Wie kam sie zur Kunstgeschichte? Wie gelang in den Jahren nach dem Zweiten Weltkrieg die für eine Frau noch außergewöhnliche Universitätslaufbahn?

## »... die beste Leistung meines Lebens« – die Entscheidung für eine wissenschaftliche Laufbahn

Es war Renate Wagner-Rieger nicht unbedingt in die Wiege gelegt, eine Universitätskarriere anzustreben. Sie selbst hat erst auf Umwegen ihre eigenen intellektuellen Fähigkeiten und ihre Begeisterung für die Kunstgeschichte entdeckt. Sehr offen spricht sie darüber in der Rede anlässlich ihrer Aufnahme als korrespondierendes Mitglied in die Akademie der Wissenschaften.[6] Vielmehr wollte

---

5 Das Tor ist bedauerlicher Weise nicht eingebunden in das didaktische Konzept des Instituts für Zeitgeschichte »Achse der Erinnerung«. Der Erhaltungszustand der Gedenktafel ist so schlecht, dass die Schrift kaum mehr lesbar ist. Vgl. https://de.wikipedia.org/wiki/Renate_Wagner-Rieger (abgerufen am 13.3.2021). Nach Auskunft von Herbert Posch, Institut für Zeitgeschichte, ist eine Neugestaltung der Tore der Erinnerung mit Porträtfotos und besser lesbaren Tafeln in Arbeit.

6 Institut für Kunstgeschichte der Universität Wien (Hg.), Hermann Fillitz/Peter Haiko/Walter Krause (Red.), Renate Wagner Rieger, Wiesbaden 1981, S. 7–12.

Abb. 5: Renate Rieger als Bibliothekarin im ersten Institut für Kunstgeschichte, Universität Wien, Hauptgebäude.

die Tochter des Direktors der Radiofabrik Ingelen möglichst bald finanziell unabhängig sein. So trat sie nach Besuch der Handelsschule in dem politisch brisanten Jahr 1938 als Sekretärin bei einem Patentanwalt ihren Dienst an, entwickelte aber neben dieser trockenen Tätigkeit reges Interesse für Musik – sie nahm auch Gesangstunden – und bildende Kunst. Das Unsystematische dieser Weiterbildung empfand sie jedoch als unbefriedigend. So entschloss sie sich 1939, die Matura in einer Abendschule nachzuholen, die sie 1941 erfolgreich ablegte. Diese zwei Jahre durchgehalten zu haben, bezeichnet sie als »die beste Leistung« ihres Lebens. 1942 inskribiert sie Kunstgeschichte an der Universität Wien. Von ihrer Studienzeit während der Kriegsjahre spricht Renate Wagner-Rieger nüchtern. Die Begeisterung für das Studium half wohl über die politisch problematische Zeit hinweg. Ihre Aufnahme ins Institut bei Kerzenschein – es gab kein elektrisches Licht – empfand sie als weihevoll.[7] Nicht erwähnt werden der politische Druck und die Ausgrenzung, die jüdische Studierende damals unter Hans Sedlmayr (1896–1984) erlitten. Renate Rieger konnte als Bibliothekarin

7 Ihre Aufnahmearbeit »Das Riesenkreuz von Wimpassing« 1943/44 hat sich im Archiv des Instituts für Kunstgeschichte erhalten.

und wissenschaftliche Hilfskraft unter dem Mittelalterexperten Karl Öttinger (1906–1979) arbeiten, der als NSDAP-Mitglied aber 1945 das Institut verlassen musste (Abb. 5). Mit ihrer Dissertation über die Fassade des Wiener Wohnhauses vom 16. bis zum 18. Jahrhundert hat sie ihren Schwerpunkt als Architekturhistorikerin gefunden.[8] Wissenschaftlich geprägt wurde die junge Kunsthistorikerin besonders durch Karl Maria Swoboda, der 1946 nach der Zwangspensionierung Sedlmayrs die Institutsleitung übernahm. Schon er hat als Schüler von Max Dvorak die Methodik der ›Wiener Schule‹, die man kurz gesagt als Verknüpfen von aus vergleichender Analyse der Kunstwerke gewonnener Beobachtungen mit historischen Quellen und Verortung im geistesgeschichtlichen Hintergrund charakterisieren kann, auf die Architekturgeschichte angewandt.[9]

## Zwei unterschiedliche Zugänge zur Kunst – Die Schwestern Hermine und Renate Rieger

Woher kam die Beziehung zur Kunst? Der Vater dilettierte in der Freizeit in der Malerei, die Mutter liebte die Musik, aber die Kunst zum Beruf zu machen, stand wohl nicht zur Diskussion. Ein gemaltes Porträt, das mir Wagner-Riegers Sohn Michael zeigte, bildet die junge Renate Rieger ab (Abb. 6). Wie ich erfuhr, hat es ihre Schwester gemalt. Gegen den Willen des Vaters wurde die ältere Tochter Hermine Malerin. In der oben genannten autobiografischen Rede erwähnt Renate Wagner-Rieger kurz ihre Schwester – »sie ist freischaffende Malerin und musikalisch recht begabt«.[10] Nur wenige wussten von dieser familiären Verbindung zwischen der lebenslustigen, unkonventionellen Künstlerin und der ernsten, zielgerichtet und strukturiert denkenden Wissenschaftlerin.

Hermine Aichenegg-Rieger (1915–2007) gehörte dem Hagenbund und seit 1951 der Sezession an. Sie arbeitete mit unterschiedlichen Materialien und liebte das große Format. Finanziell bot die Ausbildung als Gebrauchsgrafikerin und eine Wandbildlehre bei Rudolf Holzinger eine gute Grundlage für öffentliche

8 Publiziert später in überarbeiteter Form: Renate Wagner-Rieger, Wiener Bürgerhaus des Barocks und Klassizismus, Wien 1957.

9 Zum Begriff »Wiener Schule der Kunstgeschichte«, der sich nach dem ersten Weltkrieg an der Universität Wien etablierte, s. Tanja Jenni/Raphael Rosenberg, Die Analyse der Objekte und das Studium der Quellen – Wiens Beitrag zur Etablierung einer universitären Kunstgeschichte, in: Karl A. Fröschl/Gerd B. Müller u.a. (Hg.), Reflexive Innenansichten aus der Universität. Disziplinengeschichte zwischen Wissenschaft, Gesellschaft und Politik, Wien 2015, S. 121–134.

10 Wie oben Anm. 6, S. 7.

Abb. 6: Hermine Aichenegg-Rieger, Porträt Renate Rieger, um 1935, Aquarell auf Karton, Privatbesitz.

Aufträge. Für Wien und das Umland schuf sie in den Fünfziger- und Sechziger-Jahren des 20. Jahrhunderts Kunst am Bau – Fresken, Mosaike, Sgraffiti oder Textilien wie einen Wandteppich in der Erlöserkirche am Schüttel. Renate Wagner-Rieger grenzte sich in der Öffentlichkeit von ihrer so unterschiedlichen Schwester ab. Vielleicht konnte sie sich nicht so recht mit ihrer bohemienhaften Lebensweise und ihrer expressionistischen Malweise identifizieren. Wenige Monate vor ihrem Tod hat sie jedoch bei der Eröffnung einer Ausstellung von Hermine Aichenegg sehr einfühlsam die Kunst ihrer Schwester charakterisiert: »In früheren Bildern dominiert das Streben, die Umwelt in ihrer vielseitigen Lebendigkeit einzufangen; Signifikanz figürlicher Bewegung, unmittelbare Ähnlichkeit im Porträt und Erfassung von Charakter und Stimmung einer Landschaft, besonders im Aquarell, wirken in den späteren Arbeiten weiter. Dann führte das Experimentieren mit Form und Farbe in abstrakte Studien und Sprengung realer Zusammenhänge im Bilde zu neuen Lösungen [...]. Immer ist die Farbe das primäre Ausdrucksmittel, nie wird das Gegenständliche völlig aufgelöst und oft erscheint die Figur als Träger künstlerischen Ausdrucks.«[11]

11 Renate Wagner-Rieger anlässlich der Ausstellung von Hermine Aichenegg-Rieger im Sandoz

Privat bestand eine enge Verbindung, nahm sich die freischaffende Künstlerin doch sehr um die Kinder der beruflich voll ausgelasteten Wissenschaftlerin an. Vor allem der besonderer Fürsorge bedürftigen Tochter, die ihr immer wieder als Modell diente, galt ihre Zuneigung.

## »Lehr- und Wanderjahre«: Mit der Lambretta unterwegs – Freiheit des systematischen Forschens

Die unbeschwerteste Zeit ihres Lebens genoss die junge Kunsthistorikerin Renate Rieger als Stipendiatin am österreichischen Kulturinstitut 1950/51 und 1955/56 in Rom.[12] Angetreten ist sie mit dem Ziel, die Ursprünge der niederösterreichischen Renaissancearchitektur in Italien zu studieren, eine Forschungsfrage, die sich bei ihrer Hausarbeit am Institut für Österreichische Geschichtsforschung gestellt hatte.[13] Aus der Erkenntnis, dass bei der Suche nach Voraussetzungen für die Renaissancearchitektur in Österreich keine konkreten italienischen Vorbilder der Hauptmeister der Hochrenaissance gefunden werden können, strebte sie danach, möglichst flächendeckend die Bauten in Italien seit der Frührenaissance zu erfassen, legte akribisch Karteikästen an, in denen sie Daten und Beobachtungen sammelte. Durch vergleichendes Sehen und Aufspüren stilgeschichtlicher Entwicklungen konnte sie bestehende noch an der Künstlergeschichte Vasaris orientierte Literaturmeinungen korrigieren – u.a. dass Filippo Brunelleschi in Florenz die markanten Formen der Frührenaissance nicht voraussetzungslos geschaffen hat. Ihre Arbeitsmethode erschließt sich am besten aus ihren Berichten über den Studienaufenthalt an die Stipendienstelle des Ministeriums in Wien (1952 und 1956):[14]

---

Forschungsinstitut Kantinengebäude, 1980, zit. nach: Martin Suppan (Hg.), Hermine Aichenegg (1915–2007). Malerin des Aufbruchs, Wien 2008, S. 20f.

12 Sie selbst bezeichnet die Stipendiatenzeit und die folgenden Reisen in ihrer Akademierede, zit. Anm. 6, in Anlehnung an Goethe als ihre »Lehr- und Wanderjahre«.

13 Renate Rieger, Die Stellung der niederösterreichischen Baukunst des 16. Jahrhunderts im Rahmen der Renaissance, unpubl. Hausarbeit, Institut für Österreichische Geschichtsforschung 1950. – Nach dem Studienaufenthalt in Italien publiziert: Renate Wagner-Rieger, Die Renaissancearchitektur in Österreich, Böhmen und Ungarn in ihrem Verhältnis zu Italien bis zur Mitte des 16. Jahrhunderts, in: Arte e artisti dei laghi lombardi, I, Como 1959, S. 457–481.

14 Nachlass R.W.R. [Nachlass Renate Wagner-Rieger, Archiv am Institut für Kunstgeschichte der Universität Wien], https://kunstgeschichte.univie.ac.at/ueber-uns/institutsarchiv/wagner-rieger-renate/, Neuordnung Caroline Mang 2020, Karton Romaufenthalt 1951/52, 1955/56.

> […] Es handelt sich […] insbesondere darum, jene breite Schicht von Bauwerken zu erfassen, für welche wohl eine verhältnismäßig sichere Datierung zu gewinnen ist, die aber – entweder zufolge ihrer weniger überragenden Qualität, oder weil sie nicht einem bestimmten Künstler zugewiesen werden können – in umfassenderen Bearbeitungen der italienischen Renaissancearchitektur kaum aufscheinen. Anlass zu einer derartigen Materialsammlung ist die Methode, nach welcher ich meine Arbeit aufbaue. Ein möglichst objektives Bild der Geschichte der Architektur kann nur dann gewonnen werden, wenn nicht allein die hervorstechenden Künstlerpersönlichkeiten einer Untersuchung gewürdigt werden, sondern auch die allgemeine künstlerische Situation, aus welcher sie herauswachsen. Um diese zu erfassen und analysieren zu können, muss unter Hintansetzung der monographischen Behandlung des einzelnen Künstlers möglichst lückenlos das jeweils einer Zeitspanne angehörige Denkmälermaterial geprüft werden, gegen die vorangegangene und die folgende Stilphase abgegrenzt werden; erst auf Grund dieser Basis kann dann das Vorausschauende oder Rückschrittliche des einzelnen Künstlers und seines Stiles eindeutig festgelegt werden.[15]

Dieser methodische Zugang verrät den in Wien vertretenen entwicklungsgeschichtlichen Denkansatz, den Renate Wagner-Rieger aber nie mit einer Wertung versieht.

Das Streben nach den Ursprüngen führte die junge Kunsthistorikerin immer tiefer ins Mittelalter, das während des zweiten Romstipendiums ihr Forschungsinteresse in Anspruch nahm. Es entsteht das zweibändige Werk zu den Anfängen der Gotik in Italien, das ihre Habilitationsschrift werden sollte.[16] Wieder folgt sie ihrer Methode. Ausgestattet mit Notizblock und Kamera versucht sie per Bahn und Lambretta[17] möglichst vollständig die Bauten in den unterschiedlichen Regionen Italiens kennenzulernen (Abb. 7). Sie zieht ihre Schlüsse aus der Autopsie und dem kritischen Studium der Quellen. Im Zentrum ihres Interesses steht bei dieser Studie der Stilwandel von der Romanik zur Gotik unter burgundischem Einfluss, wobei sie »die unterschiedliche Aufnahmefähigkeit in den einzelnen historisch differenziert vorgeprägten Provinzen konstatiert«.[18]

15 Wie Anm. zuvor.

16 Renate Wagner-Rieger, Die italienische Baukunst zu Beginn der Gotik, Band 1, 2, Wien/Köln/Weimar 1956.

17 Die Lambretta ist ähnlich der Vespa ein Motorroller, der von der italienischen Firma Innocenti entworfen und gebaut wurde.

18 Mario Schwarz, Die Baukunst des 13. Jahrhunderts in Österreich, Wien/Köln/Weimar 2013, S. 19. Die Differenzierung von historisch bedingten »Kunstlandschaften« sollte für Wagner-Rieger auch bei ihren Untersuchungen zur mittelalterlichen Architektur in Österreich ein entscheidendes

Abb. 7: Renate Rieger als Stipendiatin in Rom 1951.

Nach dem Erscheinen von *Die italienische Baukunst der Gotik* erhielt sie in einer ausführlichen Rezension Anerkennung von einem der damals wichtigsten Architekturhistoriker für das Mittelalter, Wolfgang Krönig (1904–1992).[19] Als Kenner dieser Epoche lobt er die dichte handbuchartige Übersicht aller Bauten und würdigt die erstaunliche Arbeitsleistung. Er bescheinigt der Autorin umfangreiche Materialkenntnis und folgt ihren Thesen – sie erkennt das erste Auftreten burgundischer Einflüsse in Oberitalien, sieht die modernsten Bauten in der ersten Hälfte des 13. Jahrhunderts in Süditalien, während Ende des 13. Jahrhunderts die Toskana die Führung übernimmt. Die Rolle der Zisterzienser als Vermittler gotischer Ideen aus Frankreich schränkt sie ein, unabhängig davon sind spätromanische, gotische oder in Unteritalien staufische Bauten entstanden.

Kriterium der Beurteilung werden, am anschaulichsten in ihrem posthum veröffentlichten Vorlesungsmanuskript »Mittelalterliche Architektur in Österreich« (hg. von Artur Rosenauer, bearbeitet von Mario Schwarz), St. Pölten/Wien 1988.

19 Wolfgang Krönig, Die italienische Baukunst der Gotik von Renate Wagner-Rieger, in: Zeitschrift für Kunstgeschichte 23 (1960) 3/4, S. 266–275.

Krönig anerkennt auch manche Korrektur seiner eigenen Thesen. Das Buch ist bis heute für Forschungen zur italienischen Gotik unverzichtbar.

Renate Riegers Reisetätigkeit beschränkte sich aber nicht auf Italien. Studienreisen nach Holland, England, Frankreich, Deutschland und die Tschechoslowakei wurden durch Stipendien ermöglicht oder durch die Übernahme von Reiseleitungen. Ziemlich kühn war die Idee, sich für die wissenschaftliche Leitung einer Spanienreise beim Akademischen Reisedienst zu bewerben, ohne je in Spanien gewesen zu sein. Doch es gelang, erhöhte die Denkmälerkenntnis und brachte Ideen für weitere Aufsätze.[20]

## Karriere und Familie

»Wann, frage ich, schreiben Sie eigentlich neben Haushalt und Universität alle Ihre Aufsätze?«[21] So fragt der Kollege aus der Stipendiatenzeit Hanno Hahn (1922–1960) in einem seiner freundschaftlichen Briefe. Renate Rieger verfolgte zielstrebig ihre Karriere, hatte aber auch den Wunsch, eine Familie zu gründen. 1956 reichte sie nicht nur die Habilitation ein, sondern heiratete auch den Historiker Walter Wagner (1923–1989)[22], den sie wohl schon im Studienkurs am Institut für Österreichische Geschichtsforschung kennengelernt hatte und der, wenn man beider Biografien überprüft, gleichzeitig mit ihr ein Stipendium in Rom innehatte. Sie ergänzten einander bestens, gehörte doch auch für die Kunsthistorikerin historische Quellenforschung zu den Grundlagen fundierter wissenschaftlicher Aussagen. Es verband sie gleichfalls die Überzeugung, dass es für die österreichische Geschichte und Kunstgeschichte noch unendlich viel aufzuarbeiten und in den europäischen Kontext einzuordnen bedurfte. Ihr Mann

20 U. a. Renate Rieger, Studien zur mittelalterlichen Architektur Englands, in: Alte und neue Kunst, II, 1953, S. 15–31. – Islamische Einflüsse auf die mittelalterliche Profanarchitektur, in: Alte und neue Kunst, IV, 1955, S. 1–23.

21 Hanno Hahn an Renate Rieger, 24. Jänner 1960, Briefe von Hanno Hahn im Nachlass R.W.R., Karton 14, Mappe 2, verschiedene Korrespondenz. Der Sohn des Chemikers Otto Hahn verunglückte 1960 tödlich.

22 Walter Wagner wurde Direktor des Kriegsarchivs am Haus-, Hof und Staatsarchiv in Wien und war Lehrbeauftragter für das Archiv der Akademie der bildenden Künste in Wien, s. Walter Wagner, Geschichte der Akademie der Bildenden Künste in Wien, Wien 1967, S. 417. – Walter Krause, Nachruf auf Walter Wagner, in: Mitteilungen der Gesellschaft für vergleichende Kunstforschung 41 (1989) 3, S. 10. – Fritz Fellner/Doris A. Corradini, Österreichische Geschichtswissenschaft im 20. Jahrhundert. Ein biographisch-bibliographisches Lexikon (= Veröffentlichungen der Kommission für Neuere Geschichte Österreichs Bd. 99), Wien u.a. 2006, S. 434f.

begleitete sie einige Male bei Studienaufenthalten u.a. im Rahmen eines Professorenaustauschprogramms nach Berlin 1975.

Es war für eine Frau in den 1960er-Jahren nicht selbstverständlich, neben der wissenschaftlichen Karriere auch Kinder zu haben. 1961 bekam sie Zwillingsbuben, 1964 ein Mädchen. Ein aus einem Familienalbum stammendes Foto zeigt nur ein Jahr später die eben zur außerordentlichen Universitätsprofessorin ernannte Renate Wagner-Rieger im Gedenkjahr des 600-jährigen Gründungsjubiläums der Wiener Universität mit drei Kolleginnen im Arkadenhof des Hauptgebäudes (Abb. 8).[23] Es scheint, als hätten die Damen in den eigens für den Festakt angefertigten Professorenroben vor einer der Professorenbüsten Aufstellung genommen, um zu demonstrieren: Wir gehören auch dazu. Zu erkennen sind von rechts die Physikerin Bertha Karlik (1904–1990) und die Psychologin Sylvia Bayr-Klimpfinger (1907–1980), links neben der Kunsthistorikerin ist vermutlich die Ägyptologin Gertrud Thausing (1905–1997) zu sehen.[24] Mit Ausnahme von Renate Wagner-Rieger widmeten diese Professorinnen ihr Leben völlig der Wissenschaft. Dies ist eine für die Geisteswissenschaftlerinnen der ersten Generation, die Professorenstellen an der Universität Wien erlangten, charakteristische Haltung, wie Doris Ingrisch betont: »Die Zuwendung zum Geistigen und zur Wissenschaft ließ keinen Platz mehr für etwas anderes.« Für die Soziologin basiert diese Wissenschaftsauffassung »auf der Tradition des Klosters und dem daraus folgenden Ausschließlichkeitsprinzip eines Lebens, das der Wissenschaft zur Gänze geweiht ist.«[25] Durch ihre disziplinierte Arbeitsweise und ihr Organisationstalent gelang es aber Renate Wagner-Rieger, Familie und Beruf miteinander zu vereinbaren. Mitarbeiterinnen berichten, dass sie stets ihre Arbeit unterbrach, wenn eines der Kinder sich meldete. In einem Schreiben an die Katholische Akademie, in der sie als außerordentliches Mitglied aufgenommen worden war, bat sie um Verständnis, dass sie wegen familiärer

23 Für die Hilfe bei der Bestimmung des Aufnahmedatums und der Identifikation der Dargestellten danke ich Thomas Maisel und Barbara Bieringer, Universitätsarchiv Wien, herzlich.

24 Bertha Karlik erhielt 1956 als erste Frau eine ordentliche Professur an der Universität Wien, Sylvia Bayr-Klimpfinger 1956 ein Extraordinariat für Entwicklungspsychologie und Pädagogische Psychologie. Sie wurde 1967 auf ein neu geschaffenes Ordinariat für Pädagogische Psychologie berufen. Gertrud Thausing war ab 1953 außerordentliche Professorin für Ägyptologie und Institutsleiterin, ab 1969 ordentliche Universitätsprofessorin.

25 Doris Ingrisch, Weibliche Exzellenz und Nationalsozialismus an der Universität Wien, in: Geisteswissenschaften im Nationalsozialismus. Das Beispiel der Universität Wien, Göttingen 2010, S. 153. – Doris Ingrisch, »Alles war das Institut«. Eine lebensgeschichtliche Untersuchung über die erste Generation von Professorinnen an der Universität Wien, Wien 1993.

Abb. 8: Vier Professorinnen im Arkadenhof der Universität Wien anlässlich der Feiern zum dreihundertjährigen Gründungsjubiläum der Universität Wien 1965: von links nach rechts: Gertrude Thausing, Ägyptologie; Renate Wagner-Rieger, Kunstgeschichte; Sylvia Bayr-Klimpfinger, Psychologie; Bertha Karlik, Physik.

Verpflichtungen nur selten an Veranstaltungen teilnehmen könne.[26] Umgekehrt wurde aber die Forschung auch in den familiären Alltag eingebunden. Renate Wagner-Rieger konnte im Urlaub mit der Familie angetroffen werden, wie sie wetterfest ausgerüstet mit Kamera und Notizblock für den Reclam-Kunstführer in Kärntner Kirchen recherchierte.[27]

---

26 R. Wagner-Rieger an das Präsidium der Katholischen Akademie, 12.12.1963: »[...] Der Grund dafür liegt in der mir aufgetragenen Doppelrolle als berufstätige Mutter. Meine Tätigkeit an der Universität stellt intensive Anforderungen an meine Zeit und an meine Kraft und ich glaube es meinen Kindern gegenüber derzeit nicht verantworten zu können, ihnen die Mutter länger zu entziehen, als es dieser Beruf erforderlich macht, von dem ich mich aus den verschiedensten Gründen nicht zurückziehen kann. Die Reduktion aller ausserhalb dieser Tätigkeit liegenden Verpflichtungen erscheint mir zumindest so lange geboten als meine Kinder in dem Alter sind, in dem sie der mütterlichen Führung in so intensivem Maße bedürfen, wie dies im vorschulpflichtigen Alter der Fall ist [...]«, Nachlass R.W.R., Karton 12, Mappe 9.

27 Reclams Kunstführer Österreich, Band I: Wien, Niederösterreich, Oberösterreich, Burgenland. Baudenkmäler (hg. von Karl Oettinger/Renate Wagner-Rieger/Franz Fuhrmann/Alfred Schmeller), Stuttgart 1961.

## Erste Ordinaria für Kunstgeschichte an der Universität Wien – Erster Lehrstuhl für österreichische Kunstgeschichte – Verpflichtung und Leidenschaft

1964 war Wagner-Rieger zum »außerordentlichen Professor [sic!] für Österreichische Kunstgeschichte« ernannt worden, nachdem ihr bereits 1962 der Titel eines ao. Professors verliehen worden war. 1971 erfolgte die Ernennung zur Ordinaria.[28] 1978 wurde sie zum »Vorstand [sic!] des Kunsthistorischen Instituts der Universität Wien« gewählt. Der neu geschaffene Lehrstuhl für Österreichische Kunstgeschichte zeigt den Stellenwert, welcher der regionalen Forschung und Lehre damals beigemessen wurde. Das Interesse war wohl schon in der Zwischenkriegszeit von ihrem Lehrer Karl Maria Swoboda Studierenden vermittelt worden. Renate Wagner-Rieger war durch ihre umfangreichen fachspezifischen Publikationen als bestmögliche Inhaberin ausgewiesen, ja sie hat durch ihre Aufsätze und Artikel in ausländischen Zeitschriften und Lexika wie der *Enciclopedia Universale dell'Arte* oder den ins Französische übertragenen Text des Österreich-Bandes des *Guide bleu* zur internationalen Kenntnis der Kunstdenkmäler in Österreich und des neuesten Forschungsstandes wesentlich beigetragen.[29] Diese ›Spuren der Wissenschaft‹ in weltweit genützten Nachschlagewerken sind nicht zu unterschätzen, verhindert doch oft die Sprachbarriere die Rezeption des aktuellen Wissensstandes deutschsprachiger Literatur im Ausland. Die epocheübergreifenden Texte verlangten von der Forscherin ein enormes Überblickswissen.

Dies kam auch der Lehre zugute. Das Lehrangebot verrät ihre Breite. Es umfasste die Architekturgeschichte vom frühen Mittelalter bis ins 19. Jahrhundert.[30] In ihrer Vorlesungsreihe 1977 hat sie beispielsweise den Studierenden die neuesten Forschungsergebnisse, eine Fülle von Neudatierungen und Neuinterpretationen zur mittelalterlichen Architektur Österreichs vermittelt, an denen sie entscheidenden Anteil hat.[31] Spannende Exkursionen im In- und Ausland schärften unseren Blick für Stilphänomene und halfen diese auch fachterminologisch in Worte zu fassen. Selbst am Ende eines langen Exkursionstages zeigte

---

28 Die Titel waren damals bezeichnenderweise noch nicht gegendert.

29 Guide bleu, Autriche 1968.

30 Zum vollständigen Lehrprogramm vgl. Anm. 5, S. 39–42.

31 Renate Wagner-Rieger, Die mittelalterliche Architektur in Österreich, (hg. von Arthur Rosenauer, bearbeitet von Mario Schwarz), St. Pölten 1988 (1), 1991 (2). 3. Auflage Darmstadt 1993. – Weite Verbreitung fanden auch ihre wissenschaftlichen Beiträge zu den österreichischen Landesausstellungen wie 1000 Jahre Babenberger, Stift Lilienfeld 1976, Gotik in der Steiermark in Stift St. Lambrecht 1978, Die Zeit der Frühen Habsburger 1979.

unsere Professorin keine Ermüdungserscheinungen. Ich erinnere mich an eine Steiermarkexkursion, bei der wir noch im Mondlicht ausführlich die Fassade der barocken Wallfahrtskirche in Mariatrost beschreiben sollten. Einen bleibenden Eindruck hinterließ auch die Exkursion nach Südfrankreich mit Schwerpunkt Mittelalter, die Wagner-Rieger 1974 gemeinsam mit ihrem geschätzten Kollegen, dem Skulpturenspezialisten Prof. Gerhard Schmidt, durchführte.

Obwohl Architekturhistorikerin, nahm sie doch ein Bauwerk als Ganzes in den Blick, und dazu gehörten auch Bauplastik, Ornament und Ausstattung. Ein Schwerpunkt in der Lehre war der Widmung ihres Lehrstuhls entsprechend Österreich, aber eingebunden in die europäische Entwicklung. Stilfragen spielten eine große Rolle, doch nicht losgelöst von ihrer Verortung in Kunstlandschaften oder in Bezug gesetzt zu Bauherren, seien es monastische oder dynastische Repräsentanten. Wie in ihren breit angelegten Publikationen ging sie gern zu den Ursprüngen einer Formgelegenheit zurück, wie etwa bei der Schlossbau-Vorlesung, die beim mittelalterlichen Kastell ansetzte, sodass wir, wie ich mich erinnere, Schloss Versailles am Ende des Semesters gerade noch erreichten. Unser Wissensstand hatte sich aber erheblich erweitert. Trotz der großen Verdienste Wagner-Riegers für die Mittelalterforschung, die auf fruchtbaren Boden fiel und von ihren Schülern weiterentwickelt wurde[32], und trotz ihrer Liebe zur Renaissance und ihrer noch immer unverzichtbaren Beiträge zur Barockarchitektur ist ihr Name heute in erster Linie mit der Architektur des 19. Jahrhunderts verbunden.

## Kein »mieser Stilpantsch« – Die Rehabilitierung des Historismus

Renate Wagner-Rieger entdeckte ihr Interesse an der Architekturgeschichte des 19. Jahrhunderts, als sie 1959 mit populären Universitätsvorträgen betraut wurde. Tiefer tauchte sie in das Thema ein, als sie den Auftrag zur Verfassung des Architekturteiles im Band VII »Geschichte der Stadt Wien« (1770–1914) erhielt. Der den Rahmen sprengende Aufsatz bildete die Grundlage für das Buch *Wiens*

32 Lothar Schultes würdigt in der Rezension zur Publikation des ehemaligen Wagner-Rieger-Dissertanten Mario Schwarz das Verdienst der Wissenschaftlerin um die internationale Verankerung und Vernetzung der Ergebnisse zur Mittelalterforschung. – Lothar Schultes, Rezension zu: Mario Schwarz, Die Baukunst des 13. Jahrhunderts in Österreich, Wien/Köln/Weimar 2013, in: Jahrbuch des Oberösterreichischen Musealvereins 2015, S. 617–620. So stand Wagner-Rieger im Dialog mit Wissenschaftlern aus Ungarn (Thomas von Bogyay, Ernö Marosi), aus Slowenien (Marijan Zadnikar), der Tschechoslowakei (Dobroslav Libal) und Polen (Marian Kutzner).

*Architektur im 19. Jahrhundert* (1970).[33] Es ist ihrem Lehrer Karl Maria Swoboda gewidmet, den sie im Vorwort als Anreger für dieses bisher vernachlässigte Forschungsgebiet nennt. Wie es ihrem entwicklungsgeschichtlichen Denken entspricht, beginnt die Untersuchung nicht am Beginn des 19. Jahrhunderts, sondern setzt um 1770 an, einer Zeit, in der strenger Klassizismus neben spätbarocken Tendenzen zu konstatieren ist – eine Ambivalenz, die letztlich das ganze 19. Jahrhundert bestehen bleibt. Die »großzügig zusammenfassende Periodisierung« widerstrebt ihrem historischen Denken. Sie erkennt die »Verflechtung einer ganzen Reihe von Strömungen«. Dennoch bemüht sich Wagner-Rieger um klare Bezeichnung von Stilphänomenen wie »Barockklassizismus« im Gegensatz zum »Revolutionsklassizismus« (S. 11). Der Wiener Schule der Kunstgeschichte entspricht auch das typologische Denken, wie, um ein Beispiel zu nennen, bei der kunsthistorischen Kontextualisierung der Synagoge in der Seitenstettengasse von Joseph Kornhäusel (1782–1860): »ovaler, von einer mit einer Laterne erleuchteten Kuppel überspannter Raum, den eine nicht bis zur Decke reichende Säulengalerie umzieht. Sie dient als Träger der Balkone und Emporen und läßt sich als ein auf Palladio zurückreichendes, über Fischer von Erlach d. J. (Winterreitschule der Wiener Hofburg) vermitteltes Motiv ansprechen, das bei klassizistischen Festsälen wiederholt Verwendung findet«.[34]

International erregte Wagner-Rieger Aufmerksamkeit mit dem Vortrag »Stil und Überlieferung« am Kongress des Comité International d'Histoire de l'Art (CIHA) 1964 in Bonn.[35] Das Thema lag in der Luft. Sind zwar in der Wiederaufbauphase nach dem Zweiten Weltkrieg aus Unverständnis noch viele Bauten des 19. Jahrhunderts abgerissen worden, so besann man sich allmählich darauf, das, was übriggeblieben war, zu sichern. Dies entsprach dem internationalen Trend gegen das Prinzip der Flächensanierung, wie es in der Charta von Athen, verabschiedet 1933 am vierten Congrès Internationaux d'Architecture Moderne (CIAM), zur Beförderung der Moderne festgelegt worden war.[36] Die wissen-

33 Renate Wagner-Rieger, Wiens Architektur im 19. Jahrhundert, Wien 1970. – Renate Wagner-Rieger, Vom Klassizismus bis zur Secession, in: Geschichte der Architektur in Wien, Geschichte der Stadt Wien, VII/3, Wien 1973, S. 81–132. – Rezensionen (zitiert nach Nachlass R.W.R., Pressearchiv Karton 20): S. Dimitrou, in: Bauforum 4.Jg 71/24. – B. Lossky, in: Gazette des Beaux Arts, Chronique des Arts. Avril 1973. – Anneliese Lüders, 30.4.1971, Deutsche Presse Agentur, Kulturredaktion Hamburg. – John Maass, in Journal of the Society of Architectural History, May 1972, Nr. 2.

34 Renate Wagner-Rieger, zit. Anm. 33, S. 17, zit. nach Nachlass R.W.R., Pressearchiv Karton 20.

35 R. Wagner-Rieger, Stil und Überlieferung in der Kunst des Abendlandes, in: Akten des 21. Internationalen Kongresses für Kunstgeschichte in Bonn 1964, Bd. 1, Berlin 1967, S. 240–248.

36 Gegen Flächensanierung s. Referat Symposium IV, Europarat Berlin, s. Brief 5. Mai 1976. Nach-

schaftliche Erforschung der Gründerzeit stand erst am Beginn, ihr waren bis dahin, wie die Autorin rückblickend meinte, geschmackliche und emotionelle Vorurteile im Weg gestanden. Eine fundierte Begründung ihres kunsthistorischen Wertes war dringend notwendig. Erstmals erfolgt hier eine positive Bewertung. Wagner-Rieger ging an diese Aufgabe mit gewohnter Tatkraft heran. Nur aus der Sichtung des riesigen Denkmälerbestandes, quellenbasierter Grundlagenforschung und Fotodokumentation ließen sich grundsätzliche Überlegungen ableiten. Geprägt von der Wiener Schule der Kunstgeschichte erkennt sie auch im Historismus nicht einen »miesen Stilpantsch«[37], sondern aufeinanderfolgende Stilphasen, die sie formanalytisch herausarbeitet. Sie prägt Begriffe wie »Romantischer Historismus«, »Strenger Historismus« (Idee der Stilreinheit) und »Späthistorismus«. Nicht nur die Fachkollegen, auch die Tageszeitungen besprechen die »Rehabilitierung einer Epoche«.[38] Selbst einen methodisch völlig anders orientierten Architekturhistoriker wie Günther Bandmann konnte Wagner-Rieger mit dieser Periodisierung in Stilphasen überzeugen, wie er ihr in einem Brief am 4. Dezember 1967 versicherte:

> Als ich [den] Vortrag in Bonn hörte, wurde mir anhand ihrer vorzüglichen Aufnahmen gegenwärtig, daß man sehr wohl stilistische Bestimmungen rein formaler Natur für die verschiedenen Phasen in der Baukunst des 19. Jahrhunderts machen kann […] bin froh, einmal von Einzelheiten ins Allgemeine gehoben zu werden.« Bandmann schätzte ihre Fähigkeit »den Einzeltyp und seine Unterformen in größere Zusammenhänge zu bringen.[39]

---

lass R.W.R., Ordner Berlin 1976. – Unter Flächensanierung ist ein stadtplanerisches Konzept zu verstehen, das den großflächigen Abriss von Altbauten befürwortet, um durch ungehinderte Neubebauung die Städte den modernen verkehrsmäßigen Anforderungen entsprechend gestalten zu können. – Urs Kohlbrenner, Umbruch in den siebziger Jahren – Grundlagen und Modelle zur bewahrenden Stadterneuerung, in: Senatsverwaltung für Bau- und Wohnungswesen (Hg.), Stadterneuerung Berlin, Berlin Oktober 1990, S. 46.

37 Aus Brief von W.Kr./THY 15. Juni 1960 an CA-Dir.: »[…] Auf dem Standpunkt, daß das 19. Jahrhundert in Wien ohnedies nur einen ›miesen Stilpantsch‹ hervorgebracht hat, stehen nur die ewig Uninformierten, hinter den Entwicklungen Dreintrottenden (Feststellung von Direktor Dr. Alfred Schmeller, Kurier, 23. Mai 1970)«, zit. nach Nachlass R.W.R., Karton 13, Mappe 2.

38 Vgl. Die Presse, Nr. 6844, 30./31. Jänner 1971, S. 6.

39 Günter Bandmann an Renate Wagner-Rieger, Tübingen, 4.12.1967, Nachlass R.W.R., Ordner Korrespondenzen A–C. – S. auch Ders., Rezension von Renate Wagner-Rieger, Die Wiener Ringstraße – Bild einer Epoche: die Erweiterung der Inneren Stadt Wien unter Kaiser Franz Joseph, Wien 1969, in: Zeitschrift für Ästhetik und allgemeine Kunstwissenschaft 19 (1974) S. 133–138.

Der Erfolg ihres Auftrittes in Bonn war die Initialzündung für das großangelegte Projekt zur Erforschung der Wiener Ringstraße. Die Thyssen-Stiftung, die normalerweise keine Projekte außerhalb Deutschlands fördert, übernahm einen Großteil der Kosten, ergänzt ab 1972 vom österreichischen Ministerium für Wissenschaft und Forschung und der Stadt Wien. Gleichsam als Startschuss erschien der auch auf Englisch und Französisch übersetzte Band *Das Kunstwerk im Bild. Die Wiener Ringstraße – Bild einer Epoche*, Graz 1969. Zwischen 1969 und 1979 erschienen 11 Bände.[40]

---

40 Renate Wagner-Rieger (Hg.), Die Wiener Ringstraße – Bild einer Epoche. 1969 – 1982, 11 Bde. Die erschienenen Bände sind:

Band I: Das Kunstwerk im Bild. Einleitung von Renate Wagner-Rieger, Graz: Böhlau 1969.

Band II: Elisabeth Springer, Geschichte und Kulturleben der Wiener Ringstraße, Wiesbaden: Franz Steiner 1979.

Band III: Kurt Mollik/Hermann Reining/Rudolf Wurzer, Planung und Verwirklichung der Wiener Ringstraßenzone, Wiesbaden: Franz Steiner 1980.

Band IV: Alois Kieslinger: Die Steine der Wiener Ringstraße: Ihre technische und künstlerische Bedeutung, Wiesbaden: Franz Steiner 1972.

Band V: Franz Baltzarek/Alfred Hoffmann/Hannes Stekl, Wirtschaft und Gesellschaft der Wiener Stadterweiterung, Wiesbaden: Franz Steiner 1975.

Band VI: Elisabeth Lichtenberger, Wirtschaftsfunktion und Sozialstruktur der Wiener Ringstraße, Graz: Böhlau 1970.

Band VII: Klaus Eggert, Der Wohnbau der Wiener Ringstraße im Historismus 1855–1896, Wiesbaden: Franz Steiner 1976.

Band VIII: Die Bauten und ihre Architekten.

Band VIII/1: Von Hans Christoph Hoffmann/Walter Krause/Werner Kitlitschka, Das Wiener Opernhaus, Wiesbaden: Franz Steiner 1972.

Band VIII/2: Ulrike Planner-Steiner/Friedrich von Schmidt/Klaus Eggert, Gottfried Semper und Carl von Hasenauer, Wiesbaden: Franz Steiner 1978.

Band VIII/3: Norbert Wibiral/Renata Mikula, Heinrich von Ferstel, Wiesbaden: Franz Steiner 1974.

Band VIII/4: Renate Wagner-Rieger/Mara Reißberger, Theophil von Hansen, Wiesbaden: Franz Steiner 1980.

Band IX: Plastik.

Band IX/1: Gerhardt Kapner, Ringstraßendenkmäler, Wiesbaden: Franz Steiner 1973.

Band IX/2: Maria Pötzl-Malikova, Künstlerische Entwicklung 1890–1918, Wiesbaden: Franz Steiner 1976.

Band IX/3: Walter Krause, Von der Spätromantik bis zur Wende um 1900, Wiesbaden: Franz Steiner 1980.

Band XI: Manfred Wehdorn, Die Bautechnik der Wiener Ringstraße, Wiesbaden: Franz Steiner 1979.

## Sammlung des Wissens – Das Ringstraßenarchiv

Es gab damals wohl niemand besser geeigneten in Wien als Renate Wagner-Rieger, um dieses Unternehmen in Angriff zu nehmen. Entsprechend ihrer erprobten Arbeitsmethode, Sammeln und Auswerten möglichst vieler verfügbarer Quellen, und ihrem Organisationstalent gelang es ihr mit Hilfe eines motivierten Teams junger KunsthistorikerInnen, die grundlegenden Daten für die AutorInnen aufzubereiten. So entstand das Ringstraßenarchiv, das heute als Teil der Sammlungen der Universität Wien in den Räumen des Instituts für Kunstgeschichte untergebracht ist.[41] Es enthält tausende von hand- und maschingeschriebenen Karteikarten mit Angaben zu Bauwerken, Architekten, Bildhauern und Malern unter Nennung der Quellen, seien es Dokumente oder Zeitungsartikel. Das Sammeln solcher Quellen entsprach der Arbeitsmethode im vordigitalen Zeitalter. Die Thyssen-Stiftung wollte, dass die Quellensammlung an einem öffentlich leicht zugänglichen und mit der Epoche des Historismus verbundenen Ort untergebracht wird, damit die mit der Erforschung der Wiener Ringstraße begonnene Aufarbeitung der Epoche des Historismus österreichweit fortgesetzt werden könne. Wagner-Rieger plädierte für das historistische Schloss Grafenegg bei Krems, wo entsprechende Räumlichkeiten für ein Forschungs- und Dokumentationszentrum des Historismus zur Verfügung gestanden wären. In dem Ansuchen an das Wissenschaftsministerium wird auf bereits bestehende Einrichtungen in Prag und Budapest verwiesen und auf das Internationale Denkmalschutz-Symposium in Prag 1971, wo in einer Resolution die Mitgliedstaaten der UNESCO »zur Entfaltung der Forschungen und Inventarisationen, des Schutzes, der Konservierung und Erneuerung sowie der gesellschaftlichen Ausnützung der Denkmale aufgefordert« wurden.[42] Wagner-Rieger hat auf dem Kongress Wien vertreten. Bedauerlicherweise wurde das Projekt Grafenegg, das Klaus Eggert erstellt hatte, vom Bundesministerium für Wissenschaft und Forschung nicht genehmigt.[43]

41 https://bibliothek.univie.ac.at/sammlungen/wiener_ringstrassenarchiv.html (abgerufen am 10.7.2019).

42 Symposium über die Pflege der Kunstdenkmale des 19. und 20. Jahrhunderts – PRAHA 1860–1960, Prague Center of the Protection of Historical Monuments mit Unterstützung der UNESCO, 9.–10.09.1971, s. Nachlass R.W.R., Karton 15, Mappe 5.

43 Renate Wagner-Rieger an das Bundesministerium für Wissenschaft und Forschung mit angeschlossenem Projektvorschlag von Klaus Eggert, 14.01.1972, Kopie, R.W.R. Nachlass, Karton 13, Mappe 5.

## »Sorgenkinder« – Der Einsatz für Denkmalschutz und Altstadterhaltung

Die UNESCO-Resolution machte deutlich, dass die Voraussetzung für den Schutz der Bauten des Historismus ihre Erforschung und ästhetische Rehabilitierung ist.[44] Es ist daher selbstverständlich, dass Renate Wagner-Rieger sich argumentativ für die Erhaltung des architektonischen Erbes einsetzte. So hat sie durch ihr Engagement, wenn Gefahr in Verzug war, dass Gebäude abgerissen oder durch radikale ›Modernisierung‹ verunstaltet werden sollten, wesentlich zum Schutz des historischen Stadtbildes beigetragen. Auch diese Spuren gilt es aufzuzeigen. Zeugnis davon gibt heute ihre Korrespondenz mit dem Ministerium, dem Magistrat der Stadt Wien, dem Bundesdenkmalamt und renommierten Kollegen im Ausland, die sie um Unterstützung bat. Über Artikel in Tageszeitungen suchte sie eine breitere Öffentlichkeit zu erreichen und bewusstseinsbildend zu wirken, wie zum Beispiel in dem Beitrag »Der absurde Amoklauf gegen das Ornament«.[45] Darin zeigt sie auf, wie notwendig das Ornament, in welcher Stilform auch immer, für die intendierte Proportionierung einer historistischen Fassade ist. Die Autorin zieht einen Vergleich mit der flimmernden Wirkung eines impressionistischen Bildes. Erst das 1972 in Kraft getretene Altstadterhaltungsgesetz, an dem sie mitgewirkt hat, schuf für ihre Bemühungen eine rechtliche Basis. Wagner-Rieger vertrat auf internationalen Konferenzen österreichische Anliegen, unterstützte aber auch den Erhalt vom Abriss bedrohter Bauten im Ausland, wie u. a. der Dome von Berlin und Bremen.[46]

Im Europäischen Jahr der Denkmalpflege 1975 wird Wagner-Rieger als Vertreterin für das Nationalkomitee zur Internationalen Konferenz nach Zürich gesendet. Besonders setzte sie sich aber für ihre »Sorgenkinder« in Wien ein.[47] Es wurde ein Arbeitskreis am Institut für Kunstgeschichte gegründet, in dem Assistenten und Studierende vertreten waren. Die Universitätsprofessorin scheute sich nicht, mit den jungen Leuten auf der Ringstraße für den Erhalt des Hauses Schottenring 10, das der Architekt Carl Tietz (1831 – 1874) zur eigenen Nutzung

44 Sept. 1974: Das Ersuchen an Präsident Thalhammer, BDA, Bauten des 19. Jahrhunderts in den entstehenden Bänden der Kunsttopographie mehr zu berücksichtigen, wird von diesem positiv beantwortet. – Eva Frodl-Kraft soll dies umsetzen. Nachlass R.W.R., Karton 13.

45 »Das Entblättern der Hausfassaden führt noch nicht zu einer modernen Stadt«, in: Die Presse, Nr. 3643, 11. August 1960, S. 6.

46 1975 Brief an Domkirchenamt Berlin – plädiert für Erhaltung und Wiederherstellung des Berliner Domes in ursprünglichem Zustand, 1974 für Restaurierung und Erhaltung des Domes in Bremen – Gutachten, Nachlass R.W.R., Ordner Denkmalpflege A–G.

47 Brief an Ministerin Firnberg, R.W.R. Nachlass, Ordner Denkmalpflege A–G.

Abb. 9: Aufruf zur Demonstration.

Abb. 10: Demonstration auf der Ringstraße mit Renate Wagner-Rieger und Studierenden 1970.

DIE RINGSTRASSE - ERHALTET DIE RINGSTRASSE - DIE RINGSTRASSE

Wieder einmal soll die Spitzhacke zuschlagen !
Das Ringstrassenpalais Schottenring 1o soll abgerissen werden um durch einen Büroneubau ersetzt zu werden. Offene Briefe an den Besitzer, die Creditanstalt-Bankverein und Informationen der Presse haben bisher nichts genützt. Im Gegenteil : die CA ist, wie wir soeben aus einem Brief erfahren, fest entschlossen, aus finanziellen (!!!) Erwägungen das Gebäude zu demolieren.

Da an unserem Institut ein Schwerpunkt auf der Erforschung der Wiener Architektur des 19. Jhdts liegt, haben wir mit besonderem Interesse die Bemühungen des Denkmalamtes zu verfolgen und zu unterstützen.(Im konkreten Fall hat sich das Denkmalamt entschieden gegen einen Abbruch des Hauses Schottenring Nr. 1o ausgesprochen).

DAHER IST EINE WIRKUNGSVOLLE AKTION UNBEDINGT NOTWENDIG !!!!!

Wir planen eine ( ruhige ) Demonstration, die die Öffentlichkeit informieren soll und dazu beitragen wird,daß die Ringstrasse als Gesamtkunstwerk erhalten bleibt und nicht sukzessive kleinlichen, kurzsichtigen Geschäftsinteressen zum Opfer fällt.

<u>Ort:</u> Ecke Schottengasse 6 - Schottenring 2 (Creditanstalt)

<u>Zeit :</u> Dienstag 3o. Juni 197ɑ, 16 - 18 Uhr

errichtet hatte, zu demonstrieren, eine Aktion, die noch heute immer wieder in der Literatur erwähnt wird.[48] Mit dem kämpferischen Slogan »Rettet die Wiener Ringstraße« warben die Studierenden für die Protestaktion (Abb. 9 und 10). Tatsächlich wurde dadurch dem Bundesdenkmalamt der Rücken gestärkt, und die Bundesministerin für Wissenschaft und Forschung, Hertha Firnberg, verhinderte den Abriss des Baues durch die CA, die ein modernes Bürohaus errichten wollte. Heute werden die wiederhergestellten repräsentativen Räume durch die Botschaft von Katar genutzt.

Erfolgreich konnte 1970/71 durch ein Gutachten zur architekturgeschichtlichen Bedeutung auch der drohende Abbruch des sog. Palais Ferstel (1855/59), ein ehemaliges Bank- und Börsengebäude, auf der Freyung verhindert und in der Folge ein funktionierendes Revitalisierungskonzept durchgeführt werden.[49] Städtebauliche Eingriffe drohten auch durch den U-Bahn Bau. In der Folge wurde der Karlsplatz umgestaltet. Der Teich, in dessen Mitte die Skulptur von Henry Moore gesetzt wurde, sollte nach Vorstellungen des Magistrats nahezu die gesamte Fläche einnehmen. In diesem Fall konnte durch Intervention nur die Dimension verringert werden. Der Stadtbahnpavillon Otto Wagners blieb bestehen, wurde nur versetzt. Für den Erhalt des Ronacher-Theaters holte sich Renate Wagner-Rieger internationale Unterstützung durch ein Gutachten. Von den Denkmalschutzinitiativen der Architekturhistorikerin gibt der Briefwechsel mit Denkmalamt, Magistrat und Technischer Hochschule, aber auch mit Kollegen im In- und Ausland reiches Zeugnis.

1977 wurde der Abbruch der im Krieg schwer beschädigten und baulich heruntergekommenen Rossauer Kaserne erwogen. Renate Wagner-Rieger wies auf die Bedeutung als historisches Denkmal in Zusammenhang mit der Revolution von 1848 und im Kontext der Ringstraße hin. Sie hätte sich eine Nutzung für die Universität gewünscht.[50]

Noch ein Beispiel sei hier angeführt, das zeigt, wie sich die Universitätsprofessorin nicht scheute, auch dem ständigen Nörgler und ›Influencer‹ der Volksmeinung, Richard Nimmerrichter, genannt *Staberl*, die Bedeutung von Architektur zu erklären. Als Reaktion auf eine polemische Kolumne in der *Kronenzeitung*, in

48 Andreas Vass, Umbau: Der Ring als Landschaft, in: Österreichische Gesellschaft für Architektur (Hg.), UM_BAU 29, Theorien zum Bauen im Bestand, Basel 2018, S. 114–137, speziell S. 133.

49 Walter Gerhold, Zur Vorgeschichte der Revitalisierung, in: Österreichische Realitäten-Aktiengesellschaft Wien (Hg.), Bericht über die Revitalisierung des Palais Ferstel, Wien 1986, S. 41–46.

50 Renate Wagner-Rieger, Die Roßauer Kaserne in Wien und ihre Bedeutung, in: Österreichische Hochschulzeitung. Magazin für Wissenschaft und Wirtschaft, Heft 12 (1979), s. Nachlass R.W.R., Ordner Denkmalpflege R–Z.

der *Staberl* für die Entfernung der Sprossen an den Fenstern der Gemeindebauten der Zwischenkriegszeit plädierte, die das Fensterputzen erschweren würden und nur angebracht worden seien, um kaputte Scheiben billiger ersetzen zu können[51], entgegnete Wagner-Rieger:

> Die Aufteilung der Fenster in kleine Quadrate hat [...] mit Sparmaßnahmen überhaupt nichts zu tun – wäre ja wohl eine etwas problematische Form des Sparens. Vielmehr gehört diese Art kleinteiliger Fenster in die Auswirkung jener geometrischen Richtung des Jugendstils, die in Wien besonders gepflegt wurde und die etwa einem führenden Vertreter dieser Richtung, Josef Hofmann [sic], den Namen ›Quadratl-Hofmann‹ eingetragen hat. Hoffentlich genügt dieser Hinweis, um klarzumachen, dass man es hier mit einer Kunstform zu tun hat, die ganz bewußt und planmäßig der übrigen Außenerscheinung der blockhaft gestalteten Gemeindebauten eingefügt wurde, um das Kontinuum der Außenwand über die Fensteröffnungen hinweg zu wahren.« Die Bedeutung der Sprossenteilung sei, so Wagner-Rieger »bei solchen Häusern einsichtig, wo man die Sprossen entfernt hat. Diese Gepflogenheit, nach der dem Haus die ›Augen ausgekratzt‹ werden, um es ›pflegeleicht‹ zu machen, zerstört eine architektonische Gestaltung, ohne den Bau – wie vielleicht fälschlich gedacht wird – ›modern‹ zu machen.[52]

Wagner-Rieger bedauert in diesem Schreiben, dass *Staberl* seinen »zweifellos großen Einfluß auf die Leser der *Kronen Zeitung*« benutzt hätte, »um einer Tat das Wort zu reden, die für das Wiener Stadtbild äußerst nachteilige Folgen haben kann.«

Unterstützung bekam sie von Harald Sterk, dem Kulturjournalisten der *Arbeiterzeitung*, der am 28. Jänner 1978 schrieb: »Verbessert die Wohnungen, aber verschandelt nicht die Fassaden!«[53]

Noch ein Jahr vor ihrem Tod ersucht Gerhard Schmidt seine Kollegin »als im Kulturleben anerkannte Persönlichkeit« um Intervention gegen das Projekt einer Hochstraße als Autobahnzubringer am Flötzersteig.

---

51 Neue Kronenzeitung, Nr. 6334, 16. Jänner 1978, S. 2.

52 Wagner-Rieger an Nimmerrichter, 23.1.1978, Nachlass R.W.R., Ordner Denkmalpflege A–G.

53 Arbeiterzeitung, 28. Jänner 1978, Zeitungsausschnitt Nachlass R.W.R., Ordner Denkmalpflege A–G.

## Spuren sichtbar machen

Abschließend stellt sich die Frage, wie die vielfältigen, teilweise verschütteten und hier offen gelegten Spuren der Wissenschaftlerin Renate Wagner-Rieger langfristig sichtbar bleiben können. Dieser Beitrag konnte nur stichprobenartig Einblicke in den Nachlass von Renate Wagner-Rieger bieten, der einer systematischen Aufarbeitung bedarf. Aus der Korrespondenz wird deutlich, wie vernetzt die Wissenschaftlerin europaweit gewesen ist. Der Schwerpunkt liegt klar ersichtlich auf den Ländern der ehemaligen Donaumonarchie. Die KollegInnen, in den 1960er- und 1970er-Jahren noch durch den Eisernen Vorhang in ihrer Reisefreiheit eingeschränkt und abgeschnitten von den aktuellsten Forschungen im Westen, waren auf solche Kontakte angewiesen. Wagner-Rieger half mit Fotomaterial und Literaturkopien, vermittelte Kollegen auf Tagungen etc. Sie vermittelte aber auch vielversprechende Nachwuchswissenschaftler aus Wien wie Hellmut Lorenz, der später eine Professur für Architektur in Berlin und zuletzt in Wien innehaben sollte, an das *Centro Internazionale di Studi di Architettura Andrea Palladio in Vicenza*.

Es ist angesagt, den Blick wieder stärker auf die österreichische Historismusforschung im internationalen Kontext zu lenken. In diesem Zusammenhang ist es sinnvoll, das Ringstraßenarchiv am Institut für Kunstgeschichte, das als ein Vermächtnis und historisches Werkzeug der Wagner-Rieger'schen Arbeitsmethode erhalten geblieben ist, näher zu analysieren und eine Digitalisierung ins Auge zu fassen. Nicht zuletzt wäre es durchaus angemessen, der Wissenschaftlerin mit den traditionellen Formen der Memorialkultur zu gedenken, das Wagner-Rieger-Tor im Uni-Campus würdiger zu gestalten und eine Gedenktafel am Institut für Kunstgeschichte zu enthüllen.

Marija Wakounig

# Von fürstlichen Gnaden. Franz de Paula von und zu Liechtenstein

## Ein *lieu de mémoire* der Osteuropäischen Geschichte der Universität Wien?

Anlässlich des 75. Gründungsjubiläums des Instituts für Osteuropäische Geschichte an der Universität Wien im Jahr 1982 ließ der damalige Institutsvorstand Walter Leitsch (1926–2010) die so genannte Ahnengalerie des Institutes, d.h. die Bildergalerie der Gründungspersonen sowie bis dahin verstorbenen Vorstände, komplettieren. Als solche in Frage kamen: der russische Gelehrte und Eigentümer der Institutsgründungsbibliothek Vasilij A. Bil'basov (1838–1904)[1]; der Stifter der Bibliothek und somit Gründer des Instituts Franz de Paula von und zu Liechtenstein (1853–1938); der erste (provisorische) Vorstand des Instituts K(C)onstantin Josef Jireček (1854–1918); der wesentliche ›Motor‹ der Institutsgründung, erste Professor für Osteuropäische Geschichte an der Universität Wien und zweite Vorstand des Instituts Hans Uebersberger (1877–1962) mit deutschnationaler/nationalsozialistischer Einstellung; der Nachfolger von Uebersberger als Lehrkanzelinhaber und Institutsvorstand Martin Winkler (1893–1982) sowie der erste Nachkriegsinstitutsvorstand Heinrich Felix Schmid (1896–1962). Der 1940 ernannte Vorstand Hans Koch (1894–1959) hatte das Institut physisch wahrscheinlich nie betreten und wurde 1945 wegen seiner mehrfachen NS-Verstrickung formell entlassen[2]; vermutlich deswegen wies man ihm 1982 keinen Platz in der Ahnengalerie zu. Wesentliche Impulse

1 Vasilij A. Bil'basov bekam bereits zu seinen Lebzeiten einen Eintrag im renommierten Enciklopedičeskij slovar' Brokgauza i Efrona 3a, S. Peterburg 1892, S. 859f.

2 Zum Gründer und zu den Vorständen des Instituts s. die Beiträge von Marija Wakounig, Franz de Paula von und zu Liechtenstein, S. 13–37; Alojz Ivanišević/Oliver Jens Schmitt, Josef Konstantin Jireček (1854–1918), S. 41–89; Arnold Suppan/Marija Wakounig, Hans Uebersberger (1877–1962), S. 91–165; Christoph Augustynowicz, Martin Winkler (1893–1982), S. 199–225; Manfred Stoy, Heinrich Felix Schmid (1896–1963), S. 271–309; Andreas Kappeler, Hans Koch (1894–1959), S. 227–248, alle in: Arnold Suppan/Marija Wakounig/Georg Kastner (Hg.), Osteuropäische Geschichte in Wien. 100 Jahre Forschung und Lehre an der Universität, Innsbruck/Wien/Bozen 2007.

für die Ergänzung der Ahnengalerie bekam Leitsch infolge seiner umfassenden Recherchen für eine der ersten Institutsgeschichten der Universität Wien, die 1983 erschien und auf deren Titelblatt zwei Autoren aufschienen, Leitsch selbst und der ehemalige Bibliothekar des Instituts, Manfred Stoy, der für die Beschaffung des archivalischen und bibliographischen Materials der Monographie wesentlich war – die Formulierung stammte ausschließlich aus der Feder von Leitsch.[3]

Einen Relaunch erfuhr die Galerie des Instituts 2018 im Zuge des ›20-Jahr-Jubiläums des Campus der Universität Wien 1998–2018‹, an welchem sich das Institut gemeinsam mit dem benachbarten Institut für Slawistik unter dem Motto *Faszination östliches Europa: viel/fältig – groß/artig – herr/lich* mit einer Themenwoche (1.–6. Oktober 2018) und einer Ausstellung beteiligte.[4] Während der Vorbereitungsarbeiten fielen optisch sowohl die unterschiedlichen Rahmungen der Bilder als auch die unterschiedlichen Gravuren auf den Bildunterschriften auf, die auf mindestens drei verschiedene Entstehungsdaten hinwiesen. Als Erstem wurde möglicherweise Bil'basov zur 50-Jahrfeier des Instituts, die im 51. Jahr im Juni 1958 u.a. mit einem Festakt an der Universität Wien, einer Ausstellung im Haus-, Hof- und Staatsarchiv und einem Empfang im Wiener Rathaus mit internationaler Beteiligung würdevoll begangen wurde[5], ein Erinnerungsplatz mit folgender Bildunterschrift zugewiesen: »Seine Petersburger Büchersammlung ist der Grundstock unserer Bibliothek.« Die Bildunterschriften von Liechtenstein (»Qui hanc bibliothecam Studiis Historiae Orientalis munificentissime dedicavit«), Jireček (»Begründer und Vorstand des Instituts 1907–1918«), Uebersber-

3 Walter Leitsch/Manfred Stoy, Das Seminar für osteuropäische Geschichte der Universität Wien 1907–1948, Wiener Archiv für Geschichte des Slawentums und Osteuropas 11, Wien/Köln/Graz 1983, S. 14. Das Institut für Osteuropäische Geschichte änderte mehrere Male seinen Namen: Von seiner Gründung 1907 bis 1948 hieß es Seminar für osteuropäische Geschichte, von 1948 bis 1956 Seminar für osteuropäische Geschichte und Südostforschung, von 1956 bis 1978 Institut für osteuropäische Geschichte und Südostforschung, von 1978 bis 2000 Institut für Ost- und Südosteuropaforschung und seit 2000 Institut für Osteuropäische Geschichte.

4 Die Themenwoche und Ausstellung anlässlich des 20-Jahr-Jubiläums wurden seitens des Instituts für Osteuropäische Geschichte (IOG) von Marija Wakounig und seitens der Slawistik von Katharina Tyran geleitet und gemeinsam mit Ferdinand Kühnel und Anita Biricz (beide IOG) umgesetzt. https://iog.univie.ac.at/newsevents/einzelansicht/news/campus-20-faszination-oestliches-europa/?cHash=11e375e9e07ae1e553fb40d7d4d3505d&tx_news_pi1%5Baction%5D=detail&tx_news_pi1%5Bcontroller%5D=News (abgerufen am 22.6.2019). Vgl. auch den Bericht von Marija Wakounig https://iog.univie.ac.at/fileadmin/user_upload/i_iog/Campus20/Campus20_Bericht-IOG_Homepage.pdf (abgerufen am 23.6.2019).

5 Institutsarchiv (IA) Osteuropäische Geschichte, Mappe 50-Jahrfeier. – Stoy 2007, S. 298.

ger (»Vorstand des Instituts 1918–1934«) und Schmid (»Vorstand des Instituts 1948–1963«) sind wohl alle zum selben Zeitpunkt angefertigt worden; darauf weisen dasselbe Material und dieselbe Farbe der Aluminiumplättchen sowie dieselbe Schrift hin. Winklers zierlichere Bildunterschrift (»Vorstand des Instituts 1935–1939«) weicht davon ab und legt ein anderes Entstehungsdatum nahe.[6]

Die Erweiterung der Ahnengalerie um den 2010 verstorbenen Leitsch – Richard Plaschka (1925–2001) fügte man 2005 bildlich hinzu – wurde auch aufgrund neuer Forschungsergebnisse zum Gründer des Instituts Franz Liechtenstein und zu seinem Protegé Hans Uebersberger zum Anlass genommen[7], sämtliche Bildunterschriften auf ihre Faktizität hin zu prüfen und, sofern notwendig, diese zu demontieren und neue, den historischen Tatsachen entsprechende, fertigen und anbringen zu lassen.[8] Dabei stellten sich interessante Sachverhalte heraus, die durchaus in der Lage waren, sofern man sich die Lektüre der ersten (1983) und seit 2007 der um Biographien erweiterten zweiten Institutsgeschichte ersparen wollte[9], eine Meistererzählung zu generieren, die verkürzt lautet (und auf die weiter unten genauer eingegangen wird), »dass der übertrieben ehrgeizige Dozent (Uebersberger) einem finanzkräftigen Adeligen (Liechtenstein) ›sein‹ Institut aufgeschwatzt und den durchgeistigten Professor (Jireček) damit übertölpelt« hat.[10]

Um dieses Narrativ zu dekonstruieren und um Liechtensteins lateinische Bildunterschrift nicht bloß auf seine finanzielle Freigebigkeit beschränkt sein zu lassen, die den Ankauf der Bil'basov-Bibliothek für das Studium der osteuropäischen Geschichte ermöglichte, sollen im folgenden a) der ideelle und materielle Gründer als Person und Diplomat vorgestellt, b) seine Motive, Forschungen zur russischen Geschichte zu fördern und zu institutionalisieren umrissen und c) Überlegungen angestellt werden, ob sich Franz Liechtenstein als *lieu de mémoire* der Wiener Osteuropaforschung eignet.

---

6 Die Ahnengalerie befindet sich seit dem Umzug des Institutes von der Liebiggasse (1010 Wien) in den Hof 3 des Universitätscampus im Jahr 1998 im Seminarraum des IOG. Die Verbesserung und Erweiterung der Galerie konnten aus Mitteln der Universität Wien (Rektorat und Dekanat der Historisch-Kulturwissenschaftlichen Fakultät) bestritten werden, wofür an dieser Stelle den Verantwortlichen nochmals gedankt wird.

7 Marija Wakounig, Hans Uebersberger (1877–1962). Eine Gratwanderung: (S)eine Karriere im Fokus privater und öffentlich-beruflicher Spannungen, in: Karel Hruza (Hg.), Österreichische Historiker 3: Lebensläufe und Karrieren 1900–1945, Wien/Köln/Weimar 2019, S. 157–183.

8 Die demontierten Bildunterschriften wurden dem institutseigenen Archiv (AI), für das seit Dezember 1986 Marija Wakounig als ehrenamtliche Archivarin verantwortlich zeichnet, übergeben.

9 Suppan/Wakounig/Kastner 2007.

10 Wakounig 2019, S. 166.

## Zur Person und zur Profession von Franz Liechtenstein

Franz de Paula von und zu Liechtenstein (Abb. 1) wurde am 28. August 1853 auf Schloss Liechtenstein in Maria Enzersdorf als letztes von elf Kindern in die Familie des regierenden Fürsten Alois Josef II. (1796–1858) und seiner Gemahlin, Franziska (1813–1881) geboren. Nach dem frühen Tod des Vaters wurden sein um 13 Jahre älterer Bruder Fürst Johann II. (1840–1929) sowie seine Mutter zu Vormündern bestellt[11]; deren Stellvertreter, der Jurist und spätere Vorstand der fürstlichen Hofkanzlei Hermann Hampe (1837–1922), blieb Franz zeit seines Lebens verbunden.[12] Sowohl die Volksschule bei St. Anna als auch das Schottengymnasium absolvierte er als Privatist[13]; anschließend studierte er zwischen 1871 und 1878 an den Universitäten in Wien und Prag Rechtswissenschaften.[14] Die Prager Jahre scheint der Prinz eher abseits der Universität und vielfach in Gesellschaft von adeligen Bonvivants verbracht zu haben. Auf den Punkt gebracht hat das Dolce-farniente sein damaliger Begleiter Arthur Desfours-Walderode (1852–1917) in seiner Parabel von der Maus und dem Löwen, in der Franz als König des Tierreiches von einem unscheinbaren Nager, Desfours-Walderode, gerettet wurde.[15] Es waren private Kalamitäten, die den Prinzen 1878 zum raschen Studienabschluss und zur Flucht in den diplomatischen Dienst nach Belgien zwangen. Franz wechselte nur den Aufenthaltsort, nicht jedoch seinen Lebensstil; aus der Forschung nicht genau bekannten »familiären Gründen« verließ er nach nur einem Jahr Brüssel.[16] Bis zu seiner Ernennung

11 Geburts- und Taufschein der Pfarre Maria Enzersdorf, tomus III., fol. 94. Hausarchiv der Regierenden Fürsten von Liechtenstein in Vaduz (HFL Vaduz) 214. Vgl. auch http://data.matricula-online.eu/de/oesterreich/wien/maria-enzersdorf-am-gebirge/01-03/?pg=96 (abgerufen am 15.7.2019).

12 HFL Vaduz 352. Siehe ferner https://historisches-lexikon.li/Hampe,_Hermann_Edler_von (abgerufen am 2.5.2019).

13 Der heranwachsende Franz beschäftigte eine Armada an Erziehern und Privatlehrern. Siehe dazu u.a. Franziska Liechtenstein an Albrecht Zehle, Mödling 25. April 1868, HFL Vaduz 214. – Dieselbe an Fürst Johann, Wien 26. Oktober 1868 (Abschrift), HFL Vaduz 352.

14 Vgl. die Prüfungszeugnisse aus den Jahren 1872–1894, HFL Vaduz 214.

15 Desfours-Walderode an Liechtenstein, Brünn 2. Oktober 1900, HFL Vaduz 218. – Vgl. dazu auch Marija Wakounig, Der Fürst als Botschafter, in: Waltraud Heindl/György Litvan/Stefan Malfèr/Éva Somogyi (Hg.), Eliten und Außenseiter in Österreich und Ungarn, Wien/Köln/Weimar 2001, S. 117–137, hier S. 118f. – Marija Wakounig, Ein Grandseigneur der Diplomatie. Die Mission von Franz de Paula von und zu Liechtenstein in St. Petersburg 1894–1898, Europa Orientalis 1, Wien/Berlin 2007, S. 38f.

16 Zu den familiären Gründen vgl. HFL Vaduz 214. – Chotek an Haymerle, Brüssel 19. Juni 1879, Haus-, Hof- und Staatsarchiv (HHStA) Wien, Ministerium des Äußern, Departement 2/Geheime

als österreichisch-ungarischer Botschafter in St. Petersburg 1894 verbrachte er die Wintermonate mit Studienaufenthalten in der Toskana, Rom oder Paris, die wesentlich zur Reifung beitrugen, sein Interesse für historische Zusammenhänge weckten und den Blick für Kunstobjekte schärften. Außerdem verwaltete er seit Mitte der 1880er-Jahre die Liechtenstein'schen Güter in Mähren (Lednice/Eisgrub) sowie Niederösterreich (u. a. Valtice/Feldsberg).[17] Die Wiener Aufenthalte nützte der Prinz für Aktenstudien im Archiv des Auswärtigen Amtes und für die Vertretung seines Bruders im Wiener Hof- und Gesellschaftsleben.[18] Die Jahre zwischen 1879 und 1894 kamen zwar einer inneren Emigration und Selbstbeschränkung gleich, doch sie erwiesen sich als Vorbereitung für jene Aufgabe, die wie gemacht für ihn schien, nämlich die eines Botschafters, am besten auf dem damals wichtigsten und glattesten diplomatischen Parkett der Habsburgermonarchie, in St. Petersburg. Die dort vorgesehenen k.u.k. Diplomaten sollten finanziell unabhängig (sprich: vermögend), diplomatisch geschickt, umfassend gebildet, rhetorisch eloquent sowie präsentabel für die exaltierte St. Petersburger Gesellschaft sein und darüber hinaus über eine anpassungsfähige und robuste körperliche Konstitution verfügen.[19] Der österreichisch-ungarische Botschafter sollte – den unverhohlenen Wünschen des Gastlandes entsprechend – ab der zweiten Hälfte des 19. Jahrhunderts außerdem einer der besten aristokratischen Familien des Kaiserreiches entstammen und keineswegs ungarischer[20] oder polnischer[21] Herkunft sein. Obwohl Liechtenstein die diplomatische Prüfung sowie

Personalien, A-H/1. – Heinrich Lützow, Im diplomatischen Dienst der k.u.k. Monarchie, Wien 1971, S. 27. – Vgl. die Wechsel und Schuldscheine zwischen 1877 und 1881, HFL Vaduz 218.

17 Volker Press, Das Haus Liechtenstein in der europäischen Geschichte, in: Volker Press/Dietmar Willoweit (Hg.), Liechtenstein – Fürstliches Haus und staatliche Ordnung. Geschichtliche Grundlagen und moderne Perspektiven, München/Wien 1987, S. 15–85, hier S. 70f.

18 Vgl. die Presseerklärung von Liechtenstein, (Wien) 1894 August, HFL Vaduz 352.

19 Wakounig 2007b, S. 13–37.

20 Vgl. dazu Marija Wakounig, Dissens versus Konsens. Das Österreichbild in Russland während der franzisko-josephinischen Ära, in: Adam Wandruszka/Peter Urbanitsch (Hg.) Die Habsburger Monarchie 6/2: Die Habsburgermonarchie im System der internationalen Beziehungen, Wien 1993, S. 436–490, hier S. 441f. – Marija Wakounig, »The Right Man on the Right Place.« Adelige Diplomaten in St. Petersburg (1860–1899), in: Tagungsbericht des 21. Österreichischen Historikertages in Wien 1996, Wien 1998, S. 188–198, hier S. 190.

21 Gerhard Dabringer/Marija Wakounig, »So liegen einmal die Verhältnisse in Österreich, daß man nicht mit rechter Freude ans Werk geht.« Ein Vergleich der Kabinette Fürst Alfred Windisch-Graetz und Graf Kazimierz Badeni, in: Studia Austro-Polonica 5 (1996), S. 275–294, hier S. 284. – Marija Wakounig, »Das Sitzen zwischen zwei Stühlen.« Sozial-politische Entwicklungstendenzen in den Anfangsjahren der Ära Agenor Gołuchowski, in: Studia Historica Slovenica 2 (2002), S. 387–398, hier S. 388f.

Abb. 1: Franz de Paula von und zu Liechenstein (ca. 1895).

Erfahrung in der Praxis fehlten und ihm 1880 als Angehörigen eines anderen regierenden Hauses der Status der Exterritorialität verliehen worden war[22], entschieden sich Kaiser Franz Joseph I. und Außenminister Gustav Graf Kálnoky 1894 nach mehrmonatiger Suche und weil geeignetes Personal rar war, für ihn, weil er die oben erwähnten Voraussetzungen mehr als erfüllte.[23]

»Bis zum Rücktritt Kálnokys im Mai 1895 wegen der Affaire Agliardi[24] mehrten sich äußerst positive Nachrichten aus Russland über den österreichisch-

22 Am 3. Oktober 1880 verlieh Kaiser Franz Joseph dem Fürsten Johann, Prinz Franz und Prinzessin Therese die Exterritorialität. Nach dem Zusammenbruch der Monarchie wurde dieses Recht nur mehr dem regierenden Fürsten, nicht mehr jedoch Franz gewährt. Siehe dazu Eduard Liechtenstein, Liechtensteins Weg von Österreich zur Schweiz. Eine Rückschau auf meine Arbeit in der Nachkriegszeit 1918–1921, Vaduz 1946, S. 248, S. 252. – Zuletzt dazu Jan Županič, Lichtenštejnský rod v Rakousko-Uhersku. K otázce suverénního postavení dynastie, in: Časopis matice moravské 131 (2012), S. 63–71, hier S. 64f.

23 Zu den schleppenden Verhandlungen vgl. u.a. Wolkenstein an Kálnoky, St. Petersburg 3./15. August 1894, HHStA Wien, PA/X 103 Varia 1894. – Pallavicini an Kálnoky, St. Petersburg 11./23. August 1894, ebd. – AR/F4-194 Personalakt Liechtenstein, ebd.

24 Walter Rauscher, Zwischen Wien und St. Petersburg. Die österreichisch-ungarische Außenpolitik unter Gustav Graf Kálnoky 1881–1895, Wien/Köln/Weimar 1993, S. 208–211.

ungarischen Repräsentanten, sodass der Außenministerwechsel [zu Agenor Graf Gołuchowski] für die sichtlich verbesserten Beziehungen zwischen der Sängerbrücke (Pevčevskij most) und dem Ballhausplatz keine unmittelbare Gefahr bedeutete.«[25] Erst als Gołuchowski merkte, dass Liechtenstein in Russland eine zu selbständige und zu ausgleichende Diplomatie betrieb, kam es zur Trendumkehr. Obwohl der Außenminister dem Botschafter konzedierte, »the right man on the right place« zu sein[26], versäumte er keine Gelegenheit, diplomatische Errungenschaften zu hinterfragen und zu konterkarieren. Liechtenstein machte sich nämlich durch seine exzellente Stellung in St. Petersburg verdächtig. Besonders im Jahr 1897, als es ihm unter enormem Einsatz gelang, nach der Abreise der österreichisch-ungarischen Delegation aus St. Petersburg die wichtigen Verhandlungsergebnisse zwischen Kaiser Franz Joseph I. und Zar Nikolaj II. einerseits sowie zwischen den Außenministern Gołuchowski und Michail N. Murav'ev andrerseits in eine mündliche zehnjährige Entente umzuwandeln. Was war geschehen: Den k.u.k. Außenminister ließ ob des angenehmen Ambientes während der Kaiserentrevue seine ansonsten übliche Skepsis im Stich; eine Protokollierung und schriftliche Fixierung der täglich mehrstündigen Aussprachen muss er als Strapazierung der russischen Gastfreundschaft erachtet haben. Die Gastgeber wiederum waren sehr zufrieden, dass nichts Geschriebenes vorlag, weil die Ergebnisse objektiv zu sehr die österreichischen Wünsche berücksichtigten, nämlich eine möglichst lange Aufrechterhaltung des Status quo auf der Balkanhalbinsel und, falls dies nicht möglich wäre, ein freundschaftliches Einvernehmen zwischen Österreich-Ungarn und Russland über die Aufteilung der Erbmasse des europäischen Teils des Osmanischen Reiches – ohne jeweilige Eroberungsgedanken. Die Klärung des Status von Konstantinopel und der Meerengen, der russischen Bestrebungen, wurde zur europäischen Frage erklärt.[27] Erst in Wien realisierte Gołuchowski, dass er nichts Schriftliches vorzuweisen hatte. Einzig die Telegramme an die diplomatischen Vertretungen in Serbien, Bulgarien, Rumänien und Montenegro waren schriftliche Nachweise darüber, dass sowohl Kaiser Franz Joseph I. als auch Zar Nikolaj II. vollkommene Übereinstimmung über die Friedenserhaltung und das Prinzip, Recht und Ordnung in Südosteuropa zu erhalten, erzielt hatten.[28]

---

25 Wakounig 2007b, S. 18.

26 Wakounig 1998, S. 192f.

27 Gołuchowski an Pasetti, Wien 4. Mai 1897, HHStA Wien, PA I/474.

28 Peter Stein, Die Neuorientierung der österreichisch-ungarischen Außenpolitik 1895–1897. Ein Beitrag zur europäischen Bündnispolitik im ausgehenden 19. Jahrhundert, Göttinger Bausteine zur Geschichtswissenschaft 44, Göttingen/Zürich/Frankfurt 1972, S. 172 Anm. 581. – Ferner

Der Abschluss der mündlichen Entente verschärfte die Atmosphäre zwischen dem Außenminister und dem Botschafter; Gołuchowski gönnte Liechtenstein nicht den Erfolg, Liechtenstein hingegen überschätzte seinen Einfluss, so dass er ab 1897 als gestaltendes Subjekt der Beziehungen zwischen den beiden Kaiserreichen in Konflikt mit seinem Vorgesetzten geriet. Trotz gesundheitlicher Probleme und schwerwiegender Differenzen signalisierte der Prinz als einziger Diplomat in der Ära Gołuchowski die Bereitschaft, zum Wohle der Habsburgermonarchie und des Friedens auszuharren. Als einziger Diplomat wurde er nicht gebeten zu bleiben, als einziger wurde er nicht aufgefordert, ein Aide-mémoire zu verfassen, zu scharf war nämlich seine schriftliche Feststellung ausgefallen: »[N]ach österreichischen Begriffen bin ich als Botschafter nie das, was ich als freier Liechtenstein bin.«[29]

Liechtenstein zählte zu jenen Botschaftern, die die diplomatische Mission gesellschaftlich zu inszenieren verstanden[30], obwohl er eine zweifache Hypothek abzutragen hatte, um in der St. Petersburger Gesellschaft Fuß zu fassen, nämlich das schäbige Botschaftspalais[31], – das »tout bien que mal eingerichtet« war[32] – und sein lediger Status, kurz, es fehlte die Botschaftergemahlin. Liechtenstein ergriff jede Gelegenheit zur Zimmerflucht: Bereits ein paar Wochen nach seiner Ankunft in St. Petersburg war er ständiger Gast beim französischen und englischen Botschafter und nahm regelmäßig den Fünf-Uhr-Tee bei der einflussreichen Großfürstin Marija Pavlovna ein[33], über die er Eingang in den Salon der Naryškiny fand. Weil der Botschafter der Dame des Hauses herzlichst verbunden war, sich überdies die Botschaft und das Palais Naryškin beide in der Ser-

---

Liechtenstein an Gołuchowski, St. Petersburg 1./13. Jänner 1897, HHStA Wien, PA X/108 1C streng vertraulich. – Telegramme Gołuchowskis an Schiessl, Call, Aehrenthal und Kuczynski, St. Petersburg 29. April 1897, ebd., PA I/474. – Zur Mängelbehebung und zur Depesche von Gołuchowski vgl. Gołuchowski an Pasetti, Wien 4. Mai 1897, HHStA Wien, PA I/474. – Depesche Gołuchowskis an Liechtenstein, Wien 8. Mai 1897, ebd., PA X/474 geheim.

29 Liechtenstein an Fürstenberg, St. Petersburg 27. April/9. Mai 1898, HFL Vaduz 222.

30 Constantin Dumba, Dreibund- und Ententepolitik in der Alten und Neuen Welt, Zürich/Leipzig/Wien 1931, S. 88.

31 Rudolf Agstner, Das Palais Polowzow als k.u.k. Botschaft in Sankt Petersburg 1886–1914, in: MÖSTA 44 (1996), S. 1–24. – Marija Wakounig, Weder Glanz noch Glorie. Zum Ankauf des k.u.k. Botschaftspalais in St. Petersburg (1896), in: Guido Hausmann/Angela Rustemeyer (Hg.), Imperienvergleich. Beispiele und Ansätze aus osteuropäischer Perspektive, Festschrift für Andreas Kappeler, Forschungen zur osteuropäischen Geschichte 75, Wiesbaden 2009, S. 361–376.

32 Liechtenstein an Aehrenthal, St. Petersburg 3./15. Jänner 1895 Januar, HHStA Wien, Nachlass Aehrenthal. – Aehrenthal an Liechtenstein, Wien 24. Jänner 1895, HFL Vaduz 216.

33 Vgl. den Nachruf auf Marija Pavlovna, 1920, HFL Vaduz 36.

geevskaja befanden, wussten innerhalb von zwei Monaten die Eingeweihten, wo sie Informationen für Liechtenstein hinterlassen mussten, falls sie ihn zu Hause nicht antrafen. Aus dieser Beziehung ging 1897 der Sohn Vladimir hervor.[34]

Liechtensteins Botschaftertätigkeit zählte in der zweiten Hälfte des 19. Jahrhunderts zu den freundschaftlichsten in den Beziehungen zwischen dem Zaren- und dem Kaiserreich. Er war tatsächlich der richtige Mann am richtigen Ort zum richtigen Zeitpunkt. In der österreichisch-ungarischen Botschaft traf sich einmal monatlich die Crème de la Crème aus Diplomatie, Politik, Wissenschaft und Kultur und tafelte auf Kosten des Liechtenstein'schen Hauses. Dass der Botschafter seine gesellschaftliche und diplomatische Rolle in diesem Ausmaß und zum Vorteil der Habsburgermonarchie wahrnehmen konnte, ist ausschließlich seinem fürstlichen Haus zu verdanken: Erwähnenswert in diesem Zusammenhang sind die Feiern anlässlich der Kaiserkrönung des russischen Zarenpaares 1896 in Moskau[35], die Kaiserentrevue 1897[36] oder die aufwändige Adaptierung des Botschaftsgebäudes in St. Petersburg. Umso lächerlicher war der Rüffel, den ihm der Außenminister erteilte, als er für die Eröffnung des neuen Gebäudes 1898 ohne Bewilligung aus Wien eine neue Fahne kaufte, weil die alte schäbig und vom Mäusefraß durchlöchert war. Niemand dankte ihm dafür, dass er als erster österreichisch-ungarischer Diplomat eine Bibliothek in einer Botschaft stiftete (eine Art Vorgängerin der Bibliotheken in den österreichischen Kulturforen) oder dass er auf Kosten des Hauses Liechtenstein im Botschaftspalais eine Kapelle einrichten ließ.[37] Dem Außenamt lag mehr daran, eine konsequente Politik der Nadelstiche zu verfolgen.

## Liechtensteins Motive für die Erforschung der russischen Geschichte

Während seiner vierjährigen Tätigkeit erkannte Liechtenstein die unzureichenden Kenntnisse historischer Zusammenhänge und daraus resultierender bilateraler und multilateraler Fehlschlüsse nicht nur der in der russischen Hauptstadt akkreditierten Diplomaten und Militärs. In dieser Überzeugung bestärkt wurde er außerdem in seinen Gesprächen mit dem befreundeten russischen Diplomaten,

34 Detlev Schwennicke, Europäische Stammtafeln, Neue Folge 24: Rund um die Ostsee 3, Frankfurt am Main 2006, Tafel 6.

35 Wakounig 2007a, S. 253–282.

36 Wakounig 2007a, S. 181–203.

37 Wakounig 2009, S. 361–376.

Politiker und Gelehrten Aleksandr B. Graf Lobanov-Rostovskij (1824–1896)[38], der den österreichisch-ungarischen Botschafter auch in die Welt der Wissenschaft in Russland einführte, ihn mit russischen Editoren bekanntmachte und mit Quelleneditionen versorgte. Knapp bevor Liechtenstein 1898 demissionierte, erschien in St. Petersburg ein weiterer Band des *Sbornik imperatorskago russkago istoričeskago obščestva*, der die edierten Berichte französischer Diplomaten, die im 18. Jahrhundert am russischen Hof akkreditiert waren, enthielt.[39] Liechtenstein nahm diese Publikation zum Anlass, Georgij F. Štendman, den Sekretär der Russischen Historischen Gesellschaft und zugleich Herausgeber der Quellenedition, zu einem offiziellen Arbeitsessen in seine Botschafterresidenz einzuladen, um über das Procedere von relativ aktuellen und außenpolitisch möglicherweise brisanten diplomatischen Aktenpublikationen *en passant* nach Wien berichten zu können.[40] Der *Sbornik* und das Treffen mit Štendman sowie weiterführende Gespräche mit dem ehemaligen Reichssekretär und Förderer der Wissenschaft Aleksandr A. Polovcev (1832–1909)[41] dürften in Liechtenstein letztlich das Vorhaben eines Forschungsunternehmens bzw. -projektes, die diplomatischen Beziehungen zwischen den beiden Kaiserreichen mittels Grundlagenforschung systematisch aufzubereiten und diese der Wissenschaft, der interessierten Öffentlichkeit, dem diplomatischen Dienst und als Prävention von Auseinandersetzungen auch den Militärs zur Verfügung zu stellen, zum Reifen gebracht haben. Liechtenstein, der die Bestände des Außenministeriums ziemlich gut kannte – schließlich hatte er dort zwischen 1878/79 und 1894 etliche Zeit verbracht, bis er von Kálnoky entdeckt wurde –, wollte das Projekt in Wien realisieren.[42]

38 Enciklopedičeskij slovar' Brokgauza i Efrona 17/33, S. Peterburg' 1896, S. 883f. – Aleksej M. Ymanskij, Russkij ministr innostrannych del knjaz' A. B. Lobanov-Rostovskij, S. Peterburg' 1896, S. 24–26.

39 Die Quellenedition des *Sbornik* erschien von 1876–1906 in St. Petersburg, die Herausgeber waren G. F. Štendman und A. A. Polovcov. – Leitsch/Stoy 1983, S. 61.

40 Liechtenstein an Gołuchowski, St. Petersburg 2./14. Dezember 1898, HHStA Wien, PA X/110 111A.

41 Erik Amburger, Der Reichssekretär A. A. Polovcov als Privatunternehmer, in: Jahrbücher für Geschichte Osteuropas Neue Folge 18/3 (1970), S. 426–438. – Nora Mengel, Biographische Lexika-Projekte des 19. Jahrhunderts als *Werkstätten imperialer Narrative*, in: Martin Aust/Frithjof Benjamin Schenk (Hg.), Imperial Subjects. Autobiographische Praxis in den Vielvölkerreichen der Romanovs, Habsburger und Osmanen im 19. und frühen 20. Jahrhundert, Wien/Köln/Weimar 2015, S. 61–93, hier S. 71.

42 Wakounig 2007a, S. 245, S. 327. – Zu den Einzelheiten der Gründungsgeschichte des Instituts vgl. Leitsch/Stoy 1983, S. 60–82.

1899, nach seiner Rückkehr aus Russland, wandte sich der Prinz an den damaligen Direktor des Instituts für Österreichische Geschichtsforschung,

> Engelbert Mühlbacher, um einen ausgewiesenen Fachmann für Archivalien und Editionen, wenn möglich mit russischen Sprachkenntnissen, zu finden, damit dieser in Russland quellenorientierte diplomatische Forschungen seit den Anfängen der russisch-österreichischen Beziehungen betreiben möge.[43]

Der Direktor schlug den zweisprachigen Kärntner Hans Uebersberger, einen Absolventen des 22. Ausbildungskurses des Instituts für Österreichische Geschichtsforschung vor, auch weil er diesem trotz anderer slawischsprachiger Kandidaten zutraute, als Slowenischsprachiger das Russische rasch erlernen zu können, damit er zügig mit der vollständigen Edition (»um den Verdacht tendenziöser Verstümmelung zu vermeiden«[44]) von für Österreich relevanten Gesandtschaftsberichten, aber auch Instruktionen und Noten (17. und 18. Jahrhundert, mindestens bis 1815) beginnen könne. Uebersberger nahm die Chance wahr, von einem Prinzen aus einem souveränen Haus gefördert zu werden, und ließ kaum eine Gelegenheit verstreichen, diesem zu gefallen und ihn fortwährend inkorrekt als Fürst anzusprechen – was anfänglich auf fruchtbaren Boden gefallen sein mag.[45] Zwischen 1899 und 1906 hielt er sich auf Kosten Liechtensteins mehrere Male in Russland auf, wo er über Vermittlung seines Gönners Zugang zu einflussreichen Persönlichkeiten, zu Archiven und zu Bibliotheken bekam. In Moskau machte Uebersberger die überraschende Erkenntnis, dass die Berichte der kaiserlichen Gesandten vom Ende des 15. Jahrhunderts bis 1699 bereits herausgegeben waren.[46] Obwohl er die Edition als nicht besonders gelungen einschätzte und wohl lieber die Zeit nach Peter dem Großen bearbeitet hätte, setzte sich der Financier mit seinem Willen durch, die diplomatischen Beziehungen zwischen Österreich und Russland von Anfang an zu berücksichtigen.[47] Dies erwies sich nicht als Nachteil, schließlich legte Uebersberger bereits 1906 seine gedruckte Habilitation vor[48] – den versprochenen Fortsetzungsband

43 Wakounig 2019, S. 160.

44 Leitsch/Stoy 1983, S. 61. – Suppan/Wakounig 2007, S. 94.

45 Uebersberger schmeichelte Franz Prinz Liechtenstein mit dem Titel Fürst, obwohl diesem der Titel erst nach dem Tod seines Bruders Johann 1929 zustand, siehe Wakounig 2007a, S. 53, S. 56–66.

46 Leitsch/Stoy 1983, S. 62.

47 Leitsch/Stoy 1983, S. 63. – Suppan/Wakounig 2007, S. 94. – Wakounig 2019, S. 167.

48 Hans Uebersberger, Österreich und Rußland seit dem Ende des 15. Jahrhunderts. Band 1: Von 1488–1605, Wien 1906.

blieb er schuldig –, obwohl die fehlenden Russica in den Wiener Bibliotheken eine Erschwernis darstellten.

Parallel zur Fertigstellung seiner Habilitation hatte Uebersberger im Sommer 1905 die Witwe des russischen Gelehrten Bil'basov kennengelernt und Liechtenstein über den beabsichtigten Verkauf von dessen Bibliothek berichtet. Interessanterweise ließ er 1905/06 ein Memorandum über den *Mangel an Russica* drucken, legte es im März 1906 Liechtenstein und anderen zur Lektüre vor und lancierte darin geschickt:

> Vielleicht findet sich auch in Österreich private Wohltätigkeit, wenn, wie dies in nächster Zeit geschehen dürfte, die Bibliothek eines berühmten russischen Historikers zum Verkaufe angeboten wird, und macht dieselbe der österreichischen Unterrichtsverwaltung für die Wiener Universität zum Geschenke.[49]

Im Oktober 1906 teilte Uebersberger Jireček mit, dass mit der von Liechtenstein gekauften russischen Bibliothek ein Institut für osteuropäische Geschichte eingerichtet werde. In diesem sollte Jireček, der am Institut für Slawistik lehrende Mittelalter- und Südosteuropahistoriker, Vorstand sein und er selbst, der Osteuropahistoriker Uebersberger, »sein Gehilfe« werden. Uebersberger stellte die Institutsgründung als Fait accompli dar, obwohl die Summe von 40.000 Kronen von der Witwe erst im November akzeptiert und vom generösen Prinzen dem Ministerium für Kultus und Unterricht, das als Käufer auftrat, aus seinem Privatvermögen gestiftet wurde.[50]

Da die Briefe von Liechtenstein an Uebersberger nicht erhalten sind und man für die Rekonstruktion dieser Beziehung größtenteils auf Uebersbergers Korrespondenz angewiesen ist, ergab und ergibt sich bei der Frage, wer oder was für die Institutsgründung ausschlaggebend war, gewissermaßen eine archivalische Schieflage[51] und somit eine einmalige Gelegenheit für eine Meistererzählung.

---

49 Leitsch/Stoy 1983, S. 67–69.

50 Leitsch/Stoy 1983, S. 68–82.

51 Zur ambivalenten Beziehung zwischen Liechtenstein und Uebersberger vgl. die diesbezüglichen Korrespondenzen im HFL, im Archiv des AI und im Archiv der ÖAW, die von Leitsch/Stoy 1983, partiell durchgesehen und für die Institutsgeschichte herangezogen wurden. Zu den Aufenthalten von Uebersberger in St. Petersburg und Russland siehe ebd. S. 62f., S. 221f. – Suppan/Wakounig 2007, S. 94.

## Liechtenstein – Ein *lieu de mémoire* des Faches Osteuropäische Geschichte?

Walter Leitsch hat die Darstellung der Institutsgeschichte mit 1893 begonnen, mit jenem Jahr, als der von ihm sehr geschätzte Jireček von Prag nach Wien als Professor für Slawische Philologie und Altertumskunde an das Institut für Slawistik berufen wurde, wo er sein Prager Lehrprogramm weiterführte. Als Mastermind für die Einführung des »Fach[es] osteuropäische Geschichte an der Philosophischen Fakultät der Universität Wien« machte Leitsch den Slawisten Vatroslav Jagić (1838–1923) aus, der sich seit 1891 um eine zweite, ihn nicht konkurrenzierende, jedoch auf den historischen Kontext ausgerichtete Lehrkanzel am Institut für Slawistik bemühte.[52] Mit dieser Ouvertüre wurde die Gründungsgeschichte des Seminars für osteuropäische Geschichte strukturell mit der Slawistik und personell mit Jireček in Verbindung gebracht. Dass mit der ursprünglich hilfswissenschaftlich ausgerichteten Jireček-Professur 1893 an der Wiener Slawistik nicht das Fach Osteuropäische Geschichte begründet wurde, ist klar, schließlich hat er während seiner 24 Jahre dauernden »Tätigkeit in Wien fast nur mittelalterliche Geschichte Südosteuropas« gelesen[53], das bedeutet, auch nachdem er 1907 Vorstand am Seminar für osteuropäische Geschichte geworden war. Jirečeks Verdienste für das neugegründete Institut, das er bis zu seinem Tod 1918 leitete, hätten gewiss keine Schmälerung erfahren, wenn man ihn 1982 auf seiner Bildunterschrift nicht irreführend auch noch als »Begründer [...] des Instituts«, bezeichnet hätte, zumal er weder das Institut *ge*gründet noch das Fach Osteuropäische Geschichte *be*gründet hat. Dass ihn Uebersberger für die Vorstandschaft im neuen Institut gewann, war für beide Seiten profitabel: Jireček löste sich einerseits aus der »Umarmung« von Jagić, und Uebersberger konnte sowohl auf einen international anerkannten Vorstand verweisen als sich auch sicher sein, dass ihm dieser »die Fachkenntnis der Osteuropäischen Geschichte« nicht strittig machen und »plötzlich russische oder polnische Geschichte lehren und forschen würde«.[54]

Wer hatte nun die Idee für die Institutionalisierung der osteuropäischen Geschichte an der Universität Wien? Etwa der spätere tschechoslowakische Präsident Tomáš G. Masaryk, der am 29. Jänner 1892 in seinem Vortrag vor dem Reichsrat »(n)ur nebenbei bemerkt[e, dass er] es geradezu unbegreiflich [findet],

52 Leitsch/Stoy 1983, S. 15f.

53 Leitsch/Stoy 1983, S. 17. – Wakounig 2019, S. 164.

54 Wakounig 2019, S. 165.

daß in Wien, in der Zentrale des Reiches, nicht eine Lehrkanzel für Geschichte der slavischen Völker existirt«[55]; oder Jagić oder gar Jireček, der die aufsehenerregende Rede mit dem Datum 28. Jänner 1892 (nachträglich?) in seinen privaten Aufzeichnungen notierte?[56] Die Einrichtung einer Lehrkanzel war nicht gleichbedeutend mit der Institutionalisierung der osteuropäischen Geschichte, die außer wissenschaftlichem und administrativem Personal und Budget auch eine einschlägige Bibliothek und entsprechende Räume erforderlich machte. Bereits Jireček hatte 1893 seinen Posten von Prag nach Wien an die Slawistik und 1907 an die Osteuropäische Geschichte mitgenommen, mit Gehaltsaufbesserungen selbstverständlich, d.h. seine Professur wurde zwar transferiert, setzte jedoch keine Institutionalisierung voraus, sondern bedeutete vielmehr zweimal einen Verlust für jene Institute, an welchen sie in Prag und Wien ursprünglich angesiedelt war, weil sie nicht nachbesetzt wurde.[57] Sowohl dem auch in der Wissenschaftsgesellschaft Österreichs bestens vernetzten Liechtenstein wie auch dem karrierebewussten Uebersberger muss klar gewesen sein, dass ein eigenständiges Institut innerhalb der Universität Wien oder gar der Akademie der Wissenschaften nur dann möglich wäre, wenn für dessen Existenz begründetes Interesse und vor allem eine Grundausstattung etwa in Gestalt einer Bibliothek vorhanden wären und dass mit einer Lehrkanzel in irgendeinem Institut kein Staat zu machen sei.

In der Forschung wird kontrovers darüber diskutiert, ob Liechtensteins Stiftung politisch oder wissenschaftlich motiviert war.[58] Weder seine im Dezember 1900 formulierte Überlegung: »Eben weil West-Europa die historische Entwicklung Russlands bisher nicht kennt und aus Werken à la Kleinschmidt nicht lernen kann, hielt[e] ich es für die Erziehung unserer Diplomaten für höchst nützlich, daß endlich das Ergebnis gründlicher Forschungen aus russischen Quellen ihnen die Augen öffne«[59], noch die im Juni 1903 gemachte Feststellung,

55 http://alex.onb.ac.at/cgi-content/alex?aid=spa&datum=0011&page=5892&size=40 (abgerufen am 2.6.2019). – Zitiert bei Leitsch/Stoy 1983, S. 15f.

56 Leitsch/Stoy 1983, S. 205 Anm. 3.

57 Leitsch/Stoy 1983 S. 19, S. 206 Anm. 34. – Wakounig 2019, S. 164.

58 Vgl. dazu Leitsch/Stoy 1983, S. 88, die Uebersberger eine übertriebene Politisierung des Instituts/Lehrstuhls vorhalten. – Ähnlich auch Andreas Kappeler, Osteuropa und Osteuropäische Geschichte aus Züricher, Kölner und Wiener Sicht, in: Dittmar Dahlmann (Hg.), Hundert Jahre Osteuropäische Geschichte. Vergangenheit, Gegenwart und Zukunft, Quellen und Studien zur Geschichte des östlichen Europa 68, Stuttgart 2005, S. 149–158, hier S. 149. – Kontrastierend Gerd Voigt, Rußland in der deutschen Geschichtsschreibung 1843–1945, Quellen und Studien zur Geschichte Osteuropas 30, Berlin 1994, S. 89.

59 Liechtenstein an Hampe, Florenz 16. Dezember 1900, HFL, 352. – Bei dem von Liechtenstein

dass »Rußland und die russische Geschichte dem westeuropäischen Publikum meist nur durch tendenziöse, gehässige, oft mit unglaublicher Ignoranz geschriebene Berliner und Leipziger Machwerke vermittelt werden«[60], können als politische Statements eingestuft werden.

Liechtenstein verdankte seine Funktionen in verschiedenen Gremien gewiss auch seiner Herkunft und seinem Mäzenatentum, dass er jedoch von der wissenschaftlichen Materie viel Ahnung hatte[61], davon zeugen u.a. seine von ihm 1902 bis 1929 bekleidete Obmannschaft der Kommission für Neuere Geschichte Österreichs an der Kaiserlichen Akademie der Wissenschaften in Wien, deren Ehrenmitglied er 1914 wurde. Er war keineswegs der einzige Nichthistoriker an der Spitze dieser Kommission, sondern wohl auch derjenige, der die Entstehung und Publikation der *Neuen österreichischen Biographie* und der *Archivalien zur neueren Geschichte Österreichs* förderte.[62] 1906 zum Beispiel erschien als Band zwei die von Hans Uebersberger verfasste Habilitationsschrift *Österreich und Rußland seit dem Ende des 15. Jahrhunderts. Band 1: Von 1488–1605*. Es war dies die erste Habilitation für Osteuropäische Geschichte in Wien, obwohl das Fach noch gar nicht bestanden und die institutionelle Verankerung im fortgeschrittenen *statu nascendi* war. Liechtenstein hat die Schrift nicht nur ideell angeregt, sondern auch ermöglicht, indem er seit 1899 sämtliche Forschungsreisen Uebersbergers nach Russland, Rom, Görz usw. und den Druck aus der Privatschatulle finanziert hatte. Der Prinz nahm nicht nur regen Anteil an den Fortschritten seines Protegés[63], sondern las mit kritischem Interesse, wie das obige Zitat beweist, im Deutschen Kaiserreich publizierte Bücher über Russland. Daraus resultiert, dass er anders als Uebersberger im 1902 gegründeten Berliner Lehrstuhl für Osteuropäische Geschichte kein Vorbild für Wien erkennen konnte, sondern »eine

---

erwähnten Werk handelt es sich um Arthur Kleinschmiedt, Drei Jahrhunderte russischer Geschichte, Berlin 1898.

60 Liechtenstein an Aehrenthal, Wien 4. Juni 1903, Nachlass Aehrenthal. Siehe dazu Solomon Wank/Christine M. Grafinger/Franz Adlgasser (Hg.), Aus dem Nachlaß Aehrenthal. Briefe und Dokumente zur österreichisch-ungarischen Innen- und Außenpolitik 1885–1912 1: 1885–1906, Quellen zur Geschichte des 19. und 20. Jahrhunderts 6, Graz 1994, S. 297f. – Wakounig 2007a, S. 79.

61 Theodor Brückler, Thronfolger Franz Ferdinand als Denkmalpfleger. Die »Kunstakten« der Militärkanzlei im Österreichischen Staatsarchiv (Kriegsarchiv), Studien zu Denkmalschutz und Denkmalpflege 20, Wien/Köln/Weimar 2009, S. 16–20, S. 24, S. 135, S. 485f.

62 Zur Geschichte der Kommission vgl. Fritz Fellner, »... ein wahrhaft patriotisches Werk«. Die Kommission für Neuere Geschichte Österreichs 1897–2000, Veröffentlichungen der Kommission für Neuere Geschichte Österreichs 91, Wien/Köln/Weimar 2001. http://www.oesterreichische-geschichte.at/?page_id=146 (abgerufen am 1.7.2019).

63 Leitsch/Stoy 1983, S. 67.

Institution mit einzigartigem Status« anstrebte.[64] Uebersberger, der großen Anteil an der Realisierung des Seminars hatte, versuchte sich ab 1914, als er bereits tief im deutschnationalen Fahrwasser stand, als treibende Kraft[65], nahezu als Gründer des Instituts zu profilieren und in den frühen 1930-er Jahren die obskure Behauptung zu verbreiten, dass seit den 1890-er Jahren

> die Gefahr eines Krieges mit dem nach Westen und Südwesten, vor allem zu den Meerengen drängenden russischen Koloss für Deutschland und Österreich – trotz aller Bemühungen von deutscher Seite, mit dem russischen Nachbarn ein gutes Verhältnis zu bewahren – immer größer [wurde]. Das erforderte aber auch eine geistige Rüstung durch die Kenntnis Rußlands, vor allem seiner Geschichte, seiner Expansionspolitik, seines Staatsaufbaues, seiner geistigen und politischen Strömungen und seiner innenpolitischen Spannungen. Zu diesem Zwecke wurde 1902 das Seminar für osteuropäische Geschichte und Landeskunde an der Universität Berlin und 1907 das Seminar für osteuropäische Geschichte an der Universität Wien geschaffen.[66]

Diese und ähnliche einander widersprechenden Äußerungen haben wesentlich dazu beigetragen, die Gründung des Wiener Seminars für osteuropäische Geschichte als politischen Willensakt von Liechtenstein zu interpretieren.[67] Dieser hätte so ein »know-your-enemy-Unternehmen« nicht einmal geistig unterstützt.[68]

64 Zum Vorbild des 1902 in Berlin gegründeten Instituts und zur gänzlich im deutschnationalen Fahrwasser befindlichen Meinung Uebersbergers über Institutsgründungsmotive von Berlin und Wien vgl. Leitsch/Stoy 1983, S. 88.

65 Uebersberger an (N.N.), Wien 2. September 1916, HFL, Korrespondenz Franz I. de Paula–Uebersberger: »Auf meinen Bericht hin entschloß sich Fürst Franz Liechtenstein, diese Bibliothek für Österreich zu erwerben und dem Unterrichtsministerium beziehungsweise der Wiener Universität zur Einrichtung eines ähnlichen Institutes, wie es das Berliner ist, zu spenden.« – Das Zitat auch bei Leitsch/Stoy 1983, S. 69. Dieser Satz ist eine Überzeichnung der Rolle Uebersbergers; außerdem war Prinz Franz zu diesem Zeitpunkt auch nicht Fürst von Liechtenstein.

66 Zitat bei Leitsch/Stoy 1983, S. 88, S. 228 Anm. 88. – Wakounig 2019, S. 162f.

67 Zuletzt ähnlich Oliver Jens Schmitt, Balkanforschung an der Universität Wien, in: Margarete Grandner/Thomas König (Hg.), Reichweiten und Außensichten. Die Universität Wien als Schnittstelle wissenschaftlicher Entwicklung und gesellschaftlicher Umbrüche, Wien 2015, S. 61–98, hier S. 75: »Es handelte sich um ein stark politisch geprägtes Unterfangen, bei dem der frühere österreichisch-ungarische Botschafter in St. Petersburg, Fürst Franz de Paula von Liechtenstein, eine bedeutsame Rolle spielte.«

68 Voigt 1994, S. 87 Anm. 12, hält fest, dass Uebersberger bereits 1913 beim 12. Deutschen Historikertag in Wien, mit seinem Referat, in dem Russland als »tödlicher Erbfeind« der Donaumonarchie dargestellt wurde, Eindruck schindete. – Wakounig 2007a, S. 42–56.

Die grundlegende Erforschung der russischen Geschichte war das entscheidende *initial incentive* für die Idee und letztlich auch für die Institutionalisierung der Osteuropäischen Geschichte in Wien 1907. Es war auch geographisch ein weiter Weg, den zuerst Franz Liechtenstein und nach ihm Uebersberger mehrere Male hinter sich gebracht haben. Dass das Fach von Beginn an mit »zwei Teilgebieten der osteuropäischen Geschichte [osteuropäische und südosteuropäische] in zeitlicher Tiefe und thematischer Breite startete«, war so zwar nicht intendiert, aber eine optimale Ausgangslage *pro futuro* und der zunehmenden Entfremdung zwischen den beiden slawistischen Lehrkanzelinhabern Jagić und Jireček geschuldet.[69]

Um abschließend zur Einleitung zurückzukehren: Die Gründung des Instituts wurde dem vermögenden Franz Liechtenstein weder von seinem sehr ehrgeizigen Protegé Uebersberger eingeredet, noch hat dieser den großen Südosteuropaforscher Jireček für die Leitung ›seines‹ Institutes überfahren.[70] Liechtensteins Korrespondenz und die Auswertung verschiedener Archivalien, die seine vielfältigen Tätigkeiten im Dienste der Wissenschaft enthalten, weisen nach, dass die Idee zur Erforschung der russischen Geschichte und auch einer Institutionalisierung derselben bereits Mitte der 1890-er Jahre ihren Ausgang in St. Petersburg genommen hat.[71] Diese Erkenntnis war auch einer der wesentlichen Beweggründe, das ›20-Jahr-Jubiläum des Campus 1998–2018‹ für eine Erneuerung und Erweiterung der Ahnengalerie des Instituts für Osteuropäische Geschichte (Abb. 2) zu nützen. Die Bildunterschriften bei Bil'basov und Liechtenstein wurden noch belassen; geändert und den historischen Tatsachen angepasst wurden jedoch Jirečeks und Uebersbergers Beschreibungen: Während Ersterem die Bezeichnung »Begründer« genommen und der »Vorstand 1907–1918« beibehalten wurde, wurden Letzterem zu seiner ursprünglichen Bezeichnung »Vorstand des Instituts 1918–1934« auch die beiden Funktionen »Dekan 1924/1925« und »Rektor 1930/1931« hinzugraviert.

Ob sich der Mäzen Liechtenstein als Mnemotop bzw. als klassisches *lieu de mémoire* für die Osteuropäische Geschichte in Wien im Sinne von Pierre Nora

69 Wakounig 2019, S. 166.

70 Vgl. die zu geringe Quellenkritik bezüglich der subjektiven Tagebucheintragungen von Jireček bei Leitsch/Stoy 1983, S. 72, S. 75, S. 78 usw. Zu den unterschiedlichen und anlassbedingten, von Uebersberger im Laufe der Jahre kolportierten »Legenden« der Institutsgründung siehe ebd., S. 127f.

71 Vgl. dazu Liechtenstein an Hampe, Florenz 16. Dezember 1900, HFL 352. Zitiert auch bei Wakounig 2007a, S. 79; Liechtenstein an Aehrenthal, Wien 4. Juni 1900, HHStA Wien, Nachlass Aehrenthal. – Wank/Grafinger/Adlgasser 1994, S. 297f. – Suppan/Wakounig 2007, S. 91.

Abb. 2: Aktuelle Ahnengalerie im Seminarraum des Instituts für Osteuropäische Geschichte: links von Kaiser Franz Joseph: Vasilij A. Bil'basov, Franz de Paula von und zu Liechtenstein; rechts von Kaiser Franz Joseph: K(C)onstantin Josef Jireček, Hans Uebersberger und Martin Winkler.

eignet[72], ist nicht eindeutig. Es wäre wohl passender gewesen, die Bil'basov-Bibliothek als solchen auszumachen, wenn nicht bereits vor der offiziellen Gründung am 14. August 1907 nicht-fachrelevante Bücher ausgeschieden worden wären, wenn sie nicht Teil der Universitätsbibliothek (UOG 1975) und 2013 durch die Zusammenlegung der Fachbibliotheken für Osteuropäische Geschichte und Slawistik nicht dort aufgegangen wäre, wo sich Jagić diese 1906/07 gewünscht hätte und u.a. deswegen dem Institut die Zustimmung verweigerte[73], nämlich im Bereich der slawistischen als Bereicherung. Da es jedoch ohne Franz Liechtensteins Bestrebungen und ohne seine großzügige Stiftung – das dem Ministerium für Kultus und Unterricht den Ankauf der Bil'basov-Bibliothek ermöglichte und den Weg frei machte für die keineswegs einfache Gründung des Seminars für osteuropäische Geschichte – das Fach an der Universität Wien entweder gar nicht oder erst sehr viel später gegeben hätte, erscheint es angemessen, ihn als *lieu de mémoire* der Osteuropäischen Geschichte anzuerkennen.

---

72 Pierre Nora, Zwischen Geschichte und Gedächtnis, Berlin 1990, S. 7.

73 Leitsch/Stoy 1983, S. 77–90.

Claudia Theune

# Grenzfall

## Eine »Tatort«-Folge mit fachlich-archäologischer Expertise

Das Jahr 2015 stand für die Universität Wien ganz im Zeichen ihres 650-jährigen Gründungsjubiläums. Über etliche Monate hinweg gedachte die Universität im Rahmen einer Vielzahl von Festveranstaltungen und wissenschaftlichen Präsentationen ihrer langen und bedeutenden Geschichte. Insbesondere informierten und diskutierten zahlreiche FachvertreterInnen der Universität gemeinsam mit nationalen und internationalen Kooperationspartnern in zahlreichen wissenschaftlichen Konferenzen, Ausstellungen oder Buchpublikationen über aktuelle Forschungen. Ein wesentlicher Punkt der spezifisch wissenschaftlichen Aktivitäten war sicherlich auch eine Standortbestimmung der Universität. Die Präsentationen der Geschichte und Tradition von Forschungen, Fächern und Fakultäten in der frühen Zeit der Universität bzw. insbesondere der letzten 150 Jahre waren Mittelpunkt diverser Veranstaltungen. Aber auch ein Blick nach vorn, in die Zukunft und auf künftige Herausforderungen der Universität, standen im Fokus. Ehrendoktorate wurden vergeben und endlich auch einige Wissenschaftlerinnen in dem männlich dominierten Arkadenhof geehrt.

Es war zudem ein wichtiges Ziel, die größte Universität im deutschsprachigen Raum mit ihrem überaus breiten Fächerspektrum besser in der Stadt Wien, in Österreich und darüber hinaus bekannt zu machen, wird doch immer wieder konstatiert, dass viele EinwohnerInnen der Stadt Wien oder auch in Österreich relativ wenig über die Universität Wien, die fachliche Breite an Disziplinen, ihre fachspezifischen und transdisziplinären Forschungen und die Ausbildung der rund 90.000 Studierenden wissen. So sollte die Universität in ihrer Diversität und mit ihren Leistungen in unterschiedlichen Medien, die eine breite Öffentlichkeit erreichen, vielfältig präsentiert werden.

Die Universität Wien öffnete zum Beispiel ihre Räumlichkeiten für Balletteinlagen der Wiener Philharmoniker, die beim Neujahrskonzert 2015 gezeigt wurden und damit weltweit ein Millionenpublikum erreichten. Eine neue Dahliensorte wurde gezüchtet und im Frühjahr 2015 im vielbesuchten Botanischen Garten der Universität der Öffentlichkeit vorgestellt. In wunderbaren Aufführungen spielten und sangen rund 140 MusikerInnen und 400 ChorsängerInnen sowie acht SolistInnen die 8. Sinfonie (Sinfonie der 1000) von Gustav Mahler im Wiener Konzerthaus; in der Aula der alten Universität wurde zudem die 7. Sinfonie von Ludwig van Beethoven aufgeführt. Auf dem Campus auf dem Gelände des alten Allgemeinen Krankenhauses fand eine große Leistungsschau und ein großes Universitätsfest statt. In der Stadt Wien waren überall Plakate angebracht, die auf das Jubiläumsjahr, die Aufgaben und Leistungen der Universität hinwiesen.

Alle diese Aktivitäten erforderten eine lange und intensive Vorbereitungsphase, damit dann im Frühjahr und Sommer 2015 die Ergebnisse präsentiert werden konnten. Zu den schon lange im Vorfeld geplanten Veranstaltungen gehörte auch eine vom ORF produzierte Folge der überaus populären Krimiserie »Tatort« mit den beiden österreichischen Ermittlern Moritz Eisner und Bibi Fellner, gespielt von Harald Krassnitzer und Adele Neuhauser. In dieser Folge wirkten auch fiktive ArchäologInnen der Universität Wien maßgeblich an der Aufklärung des Mordfalles mit. Einige Studierende erhielten zudem die Chance, als StatistInnen in dem Film mitzuspielen.

Motivation für diese Initiative der Universität Wien war der Gedanke, die Vielfalt und die wissenschaftlichen Stärken der kleinen Fächer einer breiten Öffentlichkeit bekannt zu machen. Die Universität Wien zeichnet sich durch eine Vielzahl von Disziplinen mit relativ geringen Studierendenzahlen, den sogenannten kleinen Fächern, aus. An der Universität Wien können in der Historisch-Kulturwissenschaftlichen Fakultät neben den drei archäologischen Fächern (Urgeschichte und Historische Archäologie, Klassische Archäologie, Ägyptologie) auch Disziplinen wie Alte Geschichte, Byzantinistik und Neogräzistik oder Judaistik angeführt werden, in der Philologisch-Kulturwissenschaftlichen Fakultät kommen noch zahlreiche weitere Fächer wie Hungarologie, Finnistik, Nederlandistik, Orientalistik oder Koreanologie dazu. Die besonderen Forschungsleistungen dieser Fächer werden nicht immer im vollen Umfang wahrgenommen; bzw. werden deren Leistungen in der Forschung und der Ausbildung von der Politik, insbesondere der Regierung, eher nach der Anzahl der positiv absolvierten Abschlüsse und weniger nach bedeutenden wissenschaftlichen Erkenntnissen beurteilt. Dabei sind gerade die sehr spezifischen Forschungsergebnisse in diesen Fächern oft fundierte Grundlage für weitere Forschungen in den großen Fächern wie Geschichte, Politikwissenschaft und Soziologie sowie andere mehr.

In der »Tatort«-Folge »Grenzfall« werden nun eine Ausgrabung, Arbeitsweisen und Auswertungsstrategien der Archäologie in die Rahmenhandlung eingebettet. Quasi nebenbei und wohl für viele ZuschauerInnen nicht vordergründig, sondern eher unbewusst, wird in der Folge gezeigt, dass wissenschaftliche Er-

Abb. 1: Die Thaya, Grenzfluss zwischen Österreich und Tschechien, spielt in der »Tatort«-Folge »Grenzfall« eine wichtige Rolle.

kenntnisse in der Archäologie – hier stellvertretend für die Vielzahl der kleinen Fächer – nicht nur dem Selbstzweck von Forschungen für FachkollegInnen bzw. interessierte Laien dienen, sondern dass die Resultate auch für andere gesellschaftliche Bereiche wertvoll und relevant sein können. Durch die Einbindung einer fiktiven archäologischen Ausgrabung einer neolithischen Kultstätte, der Darstellung der Dokumentationen und der Vorstellung von Analysemethoden bei der Auswertung der Ausgrabungsdaten konnten wesentliche Aspekte des Faches einem breiten Publikum nähergebracht werden. Und schlussendlich tragen auch die Resultate der archäologischen Forschungen und Analysemethoden zur Lösung des Falles bei.

Damit hebt sich diese Darstellung deutlich und wohltuend von klischeebehafteten Filmen und auch teilweise von Dokumentationen ab, bei denen oft eine Schatzsuche und scheinbar geheimnisvolle Rätsel der Vergangenheit im Vordergrund der Präsentation von Archäologie stehen. In der »Tatort«-Folge erhalten die ZuschauerInnen ein deutlich mehr der Realität entsprechendes Bild von den Arbeitsweisen und Inhalten der Archäologie.

Das Rektorat der Universität Wien trat zunächst mit den Verantwortlichen des ORF in Kontakt, um eine Zusammenarbeit in die Wege zu leiten. Die fortwährende Fachexpertise wurde durch die Autorin dieses Beitrages gewährleistet, ich war von Beginn an mit dem Drehbuchautor und Regisseur Rupert Henning und dem Team des ORF in engem Kontakt und wurde immer wieder zu Rate gezogen, wenn es um Fragen der Plausibilität der Darstellung der Archäologie ging.

In einem der ersten Gespräche erklärte ich Grundlagen der Archäologie und äußerte auch den Satz, dass in der Archäologie nichts unvergänglicher sei als ein Loch. Ich erläuterte, dass ArchäologInnen sehr gut Eingrabungen aller Art zeitlich und kontextuell verorten können, da sich das Material einer verfüllten Grube oder eines Loches stets von der Umgebung abgrenze und so bei Ausgrabungen immer sichtbar ist. Diverse kleinste und größere Funde erlauben dann eine Datierung und Interpretation der Grube bzw. des Loches. Dieser Satz hat dann auch im Rahmen einer Schlüsselszene Eingang in das Drehbuch gefunden.

Die Produktion der »Tatort«-Folge begann schon rund 18 Monate vor der Aussendung. So fand das erste Gespräch mit Rupert Henning weit im Vorfeld im Herbst 2013 statt. Damals wurde zunächst erörtert, wo überhaupt Möglichkeiten und Stärken bei den Analysemethoden liegen, wo gegebenenfalls ArchäologInnen bei einem Kriminal- bzw. Mordfall zur Lösung des Falles beitragen könnten. Ich hatte das Privileg, die erste Fassung des Drehbuchs zu lesen und im Hinblick auf die Archäologie kommentieren zu können. Auch die Auswahl des Drehortes sowohl im Waldviertel an der Thaya als auch an der Universität Wien wurde gemeinsam akkordiert. Und stets wurde überprüft, ob allgemeine archäologische Aspekte und Arbeitsweisen plausibel dargestellt werden und wie sie im Film umzusetzen seien. Im Laufe der Produktion mussten dann einige Anpassungen vorgenommen werden. So war zunächst geplant, dass eine große neolithische Siedlung ausgegraben wird, wo die für den Kriminalfall relevanten Befunde und Funde entdeckt, dokumentiert und geborgen werden. Der eigentliche Drehort an der Thaya war jedoch zu klein für eine realistische Darstellung einer Ausgrabung der ehemals sehr großen und langen Häuser der Jungsteinzeit (oder »Neolithikum«). Als Alternative für die kleiner dimensionierte Fundstelle stand dann eine jungsteinzeitliche Kultstelle im Mittelpunkt der fiktiven Grabung.

Die eigentliche Handlung der »Tatort«-Folge basiert auf einer wahren Begebenheit. Es ist eine in der Zeit des Kalten Krieges und der Gegenwart verwobene Geschichte um das Verschwinden eines österreichischen Spitzels Ende der 1960er-Jahre an der Thaya im Waldviertel, dem Grenzfluss zwischen der damaligen Tschechoslowakei und Österreich, und gegenwärtigen Nachforschungen um die Ereignisse bzw. den Versuch, diese Nachforschungen mit aller Macht – auch mit einem Mord – zu be- bzw. verhindern. Der reale Hintergrund wurde im

Abb. 2: Aufbau und Einrichtung der fiktiven archäologischen Grabung einer neolithischen Kultstätte direkt am Thayaufer, Blick von der Burgruine Kollmitz.

Rahmen einer Reportage zu zwei schon 1956 verschwundenen Männern in der Sendereihe »Hörbilder« auf Ö1 im Jahre 2011 gesendet, welche auch Harald Krassnitzer und Rupert Henning hörten. Beide hatten unabhängig voneinander Interesse, diese Geschichte als Handlungsstrang für eine »Tatort«-Folge umzusetzen. In der »Tatort«-Folge »Grenzfall« entsprechen einige Aspekte nicht der historischen Realität; so werden die Ereignisse in die späten 1960er-Jahren des Prager Frühlings verlegt. Während damals tatsächlich zwei Männer verschwanden, geht es in dem Film um das Verschwinden eines Mannes. Der Film selbst arbeitet mit sehr vielen – in Schwarz-Weiß – gedrehten Rückblenden und verbindet so eng miteinander das Geschehen der Zeit des Kalten Krieges mit der Filmgegenwart. In der Folge wird somit ein Stück Zeitgeschichte thematisiert, welches auch die sicherlich unbequemen und nicht einfach aufzuarbeitenden Verstrickungen zwischen West und Ost aufzeigt.

Die Geschichte bzw. der Kriminalfall beginnt während einer Ausgrabung am Ufer der Thaya, wo eine neolithische Kultstätte freigelegt wird. Auf der Thaya treibt ein Kanu mit einem toten bzw. ermordeten tschechoslowakischen Geheimdienstmitarbeiter. In Höhe der Ausgrabungsstätte kippt das Kanu um und der Mann versinkt im Fluss. Die leitende Archäologin sieht dies und informiert die Polizei. Im Laufe des Films stellt sich heraus, dass der Vater des Toten während des Kalten Krieges tschechoslowakischer Führungsoffizier von drei österreichischen Spitzeln aus dem Waldviertel war. Als einer der drei im Rahmen der sogenannten Operation Grenzstein[1] nicht weiter für die tschechoslowakische Seite arbeiten wollte, wurden er und sein Hund auf der nördlichen, d.h. tschechoslowakischen Seite des Flusses erschossen. Daraufhin fügten sich die anderen beiden und sagten zu, weiter für den tschechoslowakischen Geheimdienst zu arbeiten. Sie bekamen zudem den Auftrag, den toten Hund auf österreichischer Seite zu vergraben. Die tschechoslowakischen Grenzsoldaten transportierten den toten österreichischen Spitzel ab. Er galt seitdem als verschwunden.

Der Sohn des toten Spitzels recherchiert in der Filmgegenwart (2014) die Vorfälle und die Umstände rund um das Verschwinden seines Vaters. Nach dem Mordfall auf der Thaya ermitteln auch die Kommissare Eisner und Fellner, wobei zudem tschechische KollegInnen einbezogen werden, um auch Informationen zu den Jahrzehnte zurückliegenden Ereignissen in den Archiven auf der anderen Seite der Grenze zu erhalten. Es stellt sich heraus, dass die beiden anderen österreichischen ehemaligen Spitzel noch leben. Auf einen wird ein Mordanschlag verübt, da verhindert werden soll, dass er die Wahrheit über die damaligen Geschehnisse preisgibt und gesteht, während des Kalten Krieges für die andere Seite gearbeitet zu haben.

Entscheidende Hinweise, die zur Lösung des Falles führen, werden bei der Ausgrabung an der Thaya gefunden bzw. dann auch durch die akribische, in der Archäologie übliche Dokumentation entdeckt. In dem neolithischen Befund finden die ArchäologInnen nämlich einen Hund, der mit einer Kugel aus einer tschechoslowakischen Ordonanzwaffe erschossen worden ist, womit ein erster Hinweis auf die Verknüpfung von Filmgegenwart und Vergangenheit der 1960er-Jahre gegeben ist. Weitere Indizien, die entscheidend zur Aufklärung des Falles beitragen, sind Spuren von Perlmutt in der Grube, in der der Hund lag. Diese Perlmuttreste stammen aus dem westlichen Atlantik, können also ebenfalls nicht neolithisch sein, sondern müssen zumindest aus der Zeit nach der Entdeckung Amerikas durch Kolumbus stammen. Im Waldviertel gibt es zudem eine Perlmuttverarbeitungswerkstatt, die wegen der Unwirtschaftlichkeit lokaler Muschelvorkommen auch schon in den 1960er-Jahren atlantische Muscheln verarbeitete. Da einer der drei damaligen Spitzel eine Ausbildung in der Perl-

1 Igor Lukes, KAMEN: A Cold War Dangle Operation with an American Dimension, 1948–52, in: Studies in Intelligence Vol. 55, No. 1 (2011), https://www.cia.gov/library/center-for-the-study-of-intelligence/csi-publications/csi-studies/studies/vol.-55-no.-1/pdfs/CleanedLukes-Operation Kamen-Web.pdf (abgerufen am 7.5.2019).

Abb. 3: Fiktive archäologische Ausgrabung mit einer in eine neolithische Grube eingebrachten Hundebestattung aus dem 20. Jahrhundert.

muttschnitzerei absolviert hat, liegt ein entscheidender Hinweis auf einen der damals Beteiligten vor.

Neben diesen für die Lösung des Falles wesentlichen archäologischen Untersuchungsmethoden gibt es etliche weitere Einstellungen, bei denen ArchäologInnen mit ihrem Equipment bei der Arbeit zu sehen sind. Die Archäologie ist also häufig in der Filmfolge präsent, wenn auch für die meisten ZuschauerInnen wohl eher unterschwellig bzw. unbewusst.

Einen Tag vor der Ausstrahlung der Sendung in Deutschland und Österreich wurde ich von der Frankfurter Allgemeinen Zeitung angerufen, die regelmäßig Experten zu den »Tatort«-Folgen befragt, ob die Darstellung des Umfeldes, hier also der Archäologie, realistisch sei.[2] Es ging um Fragen, ob man in der Archäologie gut und zuverlässig sowohl Funde wie Bodenschichten datieren könne und ob es realistisch sei, dass in der Region an der Thaya überhaupt Ausgrabungen stattfinden. Beides konnte ich positiv beantworten. Möglichst exakte Datierungen sind eine der wesentlichen Grundlagen der Archäologie, um Befunde und

2 https://www.faz.net/aktuell/feuilleton/medien/tatort/wiener-tatort-grenzfall-im-realitaets-check-13467756.html (abgerufen am 14.4.2019).

Funde in einen zeitlichen, räumlichen und strukturellen Kontext zu setzen. Ausgrabungen im Waldviertel bzw. auf beiden Seiten der Thaya haben zahlreiche Erkenntnisse zu den Menschen und ihrer Umwelt in der Urgeschichte, aber auch in der Frühgeschichte und im Mittelalter gebracht. Zudem wurde gefragt, ob Resultate von Grabungen häufiger dazu beitragen, Kriminalfälle zu lösen. Dies geschieht in der Realität zwar nicht so häufig, jedoch wäre aus heutiger Sicht zu ergänzen, dass der sehr systematische, gründliche und exakte Blick auf kleinste Spuren und Indizien und deren akribische Dokumentation und Analyse Basis für neue Erkenntnisse ist. Dies gilt sowohl für die Archäologie wie für die Kriminalistik, heute wird dies unter dem Stichwort Forensik subsumiert. Hinzu kommt, dass in den letzten Jahren vermehrt ArchäologInnen etwa bei Ausgrabungen von Massengräbern tätig sind, um letztendlich auch Indizien oder Beweise für ein Gerichtsverfahren zu den Todesumständen der Getöteten zu erhalten.

Weitere Fragen wurden dem Radiojournalisten Ernst Weber gestellt, der die zuvor genannte Reportage zu den beiden Todesfällen an der Thaya aus dem Jahr 1956 recherchierte und damit ein Stück unbequeme Geschichte aus der Zeit des Kalten Krieges, nämlich Spitzeltätigkeiten von österreichischen BürgerInnen für den Ostblock in der Grenzregion, in der Sendereihe »Hörbilder« einer breiteren Öffentlichkeit präsentierte. Ergänzend fügte der Historiker Stefan Karner (ehemals für das Ludwig-Boltzmann-Institut für Kriegsfolgenforschung tätig) hinzu, dass es nicht allzu selten geschah, dass AgentInnen, die nicht mehr ›gebraucht‹ wurden, beseitigt, also getötet, wurden. Alles in allem ist also festzustellen, dass Rupert Henning und sein Team sich sehr gut über die historischen und fachlichen Rahmenbedingungen informiert und die daraus gewonnenen Erkenntnisse in der »Tatort«-Folge umgesetzt haben.

Frühzeitig war geplant, die Ausstrahlung der Folge im Rahmen eines Public Viewing für die Universitätsangehörigen zu ermöglichen. Gezeigt wurde die Folge am Sonntag, den 8. März 2015 in einem rund 400 Personen fassenden Hörsaal auf dem Campus der Universität Wien im Beisein von Rupert Henning und einigen SchauspielerInnen bzw. Mitgliedern des Produktionsteams. Neben einführenden Worten zu der Produktion und der Präsentation der Archäologie als Stellvertreterin der kleinen Fächer erzählte der Regisseur von der Produktion aus seiner Perspektive und moderierte ein Quiz, wobei der Hauptpreis ein Besuch am Set der nächsten »Tatort«-Produktion war.

Das gemeinschaftliche Anschauen eines Films ist nicht nur im Kino weit verbreitet und gehört zu unseren Freizeitaktivitäten. Seit einiger Zeit finden sich auch kleinere und größere Gruppen bzw. Freundeskreise zusammen, die die sonntagabendlichen Kriminalfilme, allen voran die »Tatort«-Folgen, gemeinsam ansehen. Dies geschieht sogar unter dem Stichwort »Gemeinsam ermitteln« nicht nur im heimischen und privaten Wohnzimmer, sondern auch in Gasthäusern.[3] So kann man auch das gemeinsame Anschauen der »Tatort«-Folge »Grenzfall« einordnen. Um ein zumindest ansatzweise typisches Umfeld eines Fernsehabends in einem heimischen Wohnzimmer oder in einem Gasthaus herzustellen, wurden Popcorn und Chips für die ZuschauerInnen im Hörsaal kostenfrei bereitgestellt.

Die »Tatort«-Folge »Grenzfall« sahen insgesamt deutlich über 10 Millionen Menschen in Österreich und Deutschland. Der Marktanteil lag bei rund 32% bzw. gut 1 Million ZuschauerInnen in Österreich[4] und knapp 27% (knapp 10 Millionen ZuschauerInnen) in Deutschland.[5] Der Film erreichte also sehr viele Menschen, die gleichsam mit der Kriminalgeschichte und den Verstrickungen und Spitzeltätigkeiten im Kalten Krieg zwischen West und Ost auch archäologische Arbeitsweisen vermittelt bekamen und denen ein kleiner Einblick in die Universität Wien geboten wurde. Es bleibt dahingestellt, ob die archäologischen Arbeitsweisen und Methoden, die schließlich mit zur Lösung des Falls beigetragen haben, im Gedächtnis der ZuschauerInnen bewusst geblieben sind, sie bilden doch nur einen Rahmen für die Geschichte.

Die »Tatort«-Folge Grenzfall erhielt unterschiedliche Kritiken[6] von den ZuschauerInnen, die zum einen die sprachliche Verständlichkeit des österreichischen Deutsch betraf. Andererseits wurde der Kontext im Zusammenhang mit den Vorkommnissen aus dem Kalten Krieg diskutiert. Im Grunde wurde positiv bewertet, dass ein solches Thema im Mittelpunkt der Folge stand, jedoch ist aus den Kommentaren auch herauszuhören, dass die verkürzte Darstellung ohne ein fundiertes Hintergrundwissen nicht leicht zu verstehen ist. Der »zusammengeschaufelte Ausgrabungs-›Tatort‹«[7], wie es in einer Besprechung des deutschen Magazins »Der Spiegel« heißt, also die Darstellung der archäologischen Arbeits-

---

3 Sören Berkowicz, Kollektives Fernsehen im öffentlichen Raum. Public Viewing im Zeitalter einer individualisierten Gesellschaft. Diplomica Verlag. Hamburg 2012, 42–56.

4 https://derstandard.at/2000028935802/ORF-Quoten-Hattrick-fuer-den-Austro-Tatort (Zugriff 14.4.2019).

5 https://de.wikipedia.org/wiki/Tatort:_Grenzfall (abgerufen am 14.4.2019).

6 Siehe z.B. https://tatort-fans.de/tatort-folge-938-grenzfall (abgerufen am 7.5.2019). – https://www.tatort-fundus.de/web/folgen/chrono/ab-2010/2015/938-grenzfall/schattenboxen-mit-der-zeitgeschichte.html (abgerufen am 7.5.2019).

7 https://www.spiegel.de/kultur/tv/tatort-grenzfall-mit-krassnitzer-schwache-story-famose-dialoge-a-1020762.html (abgerufen am 14.4.2019).

weisen, fand allgemein Zustimmung, wie ich auch aus zahlreichen persönlichen Kommentaren erfahren konnte.

# Abbildungsverzeichnis

*Irmgard Hein & Kristina Hutter*
Abb. 1–3, 5 und 8: Fotos: Kristina Hutter
Abb. 4: Archiv der Universität Wien, Bildarchiv. Foto Fayer Wien, Signatur 106.I.1422
Abb. 6 und 7: Fotos: Irmgard Hein

*Gerhard Langer*
Abb. 1–4: Fotos: Gerhard Langer

*Fritz Blakolmer*
Abb. 1: Foto: Kristina Klein, Institut für Klassische Archäologie, Universität Wien
Abb. 2: Foto: Fritz Blakolmer
Abb. 3: Foto: Heide Zahradnik
Abb. 4: Foto: Karl R. Krierer; bearbeitet von Kristina Klein
Abb. 5: Foto: Clemens Kneringer, Institut für Klassische Archäologie, Universität Wien

*Ekkehard Weber*
Abb. 1 und 2: Fotos: Ekkehard Weber

*Hubert D. Szemethy*
Abb. 1 und 2: Universität Tübingen, Institut für Klassische Archäologie, Fotos: Thomas Zachmann
Abb. 3: Universität Wien, Institut für Klassische Archäologie, Foto: Kristina Klein
Abb. 4: Foto: Christa Schauer
Abb. 5: Universität Wien, Institut für Kunstgeschichte, Foto: René Alexander Steyer
Abb. 6: Foto: Heinz Köfinger, nach: http://www.kultur-klosterneuburg.at/Bereiche/Dokumentation/ONLINE/BEDEUTENDE_KLBGer/BORMANN_Eugen/Index.html (abgerufen am 28.3.2020)
Abb. 7, 8, 10: Fotos: Hubert D. Szemethy
Abb. 9: Aus: Freytag & Berndt's Buchplan von Wien, 1:15.000. Mit Straßenverzeichnis, Wien [1939], Sektoren 8 x, y 9–10.

Abb. 11: ÖAW – ÖAI (Österreichische Akademie der Wissenschaften – Österreichisches Archäologisches Institut), Inv.Nr. A-W-OAI-N II 3625

*Birgit Bühler*

Abb. 1 und 2: Fotos: Birgit Bühler

Abb. 3: Nach: Awaren in Europa 1985, S. 74 Abb. 75 Kat.Nr. XX/7

Abb. 4: Nach: Josef Hampel, Alterthümer des frühen Mittelalters in Ungarn, Braunschweig 1905, Band 3, Taf. 292. 294

Abb. 5: Kunsthistorisches Museum Wien, Antikensammlung, Inv. Nr. VII B 10. Foto: Birgit Bühler

Abb. 6: Kunsthistorisches Museum Wien, Antikensammlung, Inv. Nr. VII B 79, 80 und 82. Foto: Nicola Sautner (Universität Wien, Institut für Urgeschichte und Historische Archäologie)

*Thomas Wallnig*

Abb. 1: Foto: Chiara Petrolini

*Simone Killen*

Abb. 1: © Bwag/CC-BY-SA-4.0

Abb. 2: © Andreas Praefcke/CC-BY-SA-3.0

Abb. 3: ÖNB Wien: Signatur PORT_00107285_01

Abb. 4: ÖNB Wien: Signatur PORT_00107284_01

Abb. 5: ÖNB Wien: Signatur 56722a D

Abb. 6: Foto: Simone Killen

Abb. 7: Foto: Kristina Klein

*Daniel Luger*

Abb. 1: WStLA (Wiener Stadt- und Landesarchiv), Sign. 3.3.15.3.FC1.60.FL5906

Abb. 2 und 3: Fotos: Daniel Luger

Abb. 4: WStLA, Sign. 3.3.15.3.FC1.60.FL61505: Schrägluftaufnahme (Juli 1973)

Abb. 5. WStLA, M.Abt. 350, A1 – Allgemeine Registratur: 3535/1971, unpag.

*Maria Wirth*

Abb. 1: Archiv der Universität Wien

Abb. 2: Fonds zur Förderung der wissenschaftlichen Forschung (FWF)

Abb. 3: Foto: Peter Gugerell (https://commons.wikimedia.org/wiki/File:Wien_22_Hertha_Firnberg_Schule_e.jpg)

Abb. 4: Foto: Hertha Firnberg Schulen für Wirtschaft und Tourismus

*Ingeborg Schemper-Sparholz*

Abb. 1: Universität Wien, Institut für Kunstgeschichte, Foto: Gudrun Vogler

Abb. 2 und 6: Fotos: Ingeborg Schemper
Abb. 3: Universität Wien, Institut für Kunstgeschichte, Foto: Karl Pani
Abb. 4, 7 und 8: Familienalbum Michael Wagner
Abb. 5 und 10: Universität Wien, Institut für Kunstgeschichte, Archiv, Fotosammlung
Abb. 9: Universität Wien, Institut für Kunstgeschichte, Nachlass R.W.R.

*Marija Wakounig*
Abb. 1: Foto aus der Ahnengalerie im Seminarraum des Instituts für Osteuropäische Geschichte, Fotograf: nicht bekannt, Foto: Marija Wakounig
Abb. 2: Foto: Marija Wakounig

*Claudia Theune*
Abb. 1–3: Fotos: Claudia Theune

## Verzeichnis der AutorInnen und HerausgeberInnen

Fritz Blakolmer (Institut für Klassische Archäologie der Universität Wien):
fritz.blakolmer@univie.ac.at

Birgit Bühler (Vienna Institute for Archaeological Science – VIAS, Universität Wien):
birgit.buehler@univie.ac.at

Irmgard Hein (Institut für Ägyptologie der Universität Wien):
irmgard.hein@univie.ac.at

Kristina Hutter (Institut für Ägyptologie der Universität Wien):
kristina.hutter@univie.ac.at

Simone Killen (ehemals Institut für Numismatik und Geldgeschichte der Universität Wien; nun Kommission für Alte Geschichte und Epigraphik des Deutschen Archäologischen Instituts, München):
simone.killen@dainst.de

Marianne Klemun (Institut für Geschichte der Universität Wien):
marianne.klemun@univie.ac.at

Gerhard Langer (Institut für Judaistik der Universität Wien):
gerhard.langer@univie.ac.at

Daniel Luger (Institut für Österreichische Geschichtsforschung; Institut für Geschichte der Universität Wien):
daniel.luger@univie.ac.at

Ingeborg Schemper-Sparholz (Institut für Kunstgeschichte der Universität Wien):
ingeborg.schemper@univie.ac.at

Hubert D. Szemethy (Institut für Alte Geschichte und Altertumskunde, Papyrologie und Epigraphik der Universität Wien):
hubert.szemethy@univie.ac.at

Claudia Theune (Institut für Urgeschichte und Historische Archäologie der Universität Wien):
claudia.theune@univie.ac.at

Marija Wakounig (Institut für Osteuropäische Geschichte der Universität Wien):
marija.wakounig@univie.ac.at

Thomas Wallnig (Institut für Österreichische Geschichtsforschung; Institut für Geschichte der Universität Wien):
thomas.wallnig@univie.ac.at

Ekkehard Weber (Institut für Alte Geschichte und Altertumskunde, Papyrologie und Epigraphik der Universität Wien):
ekkehard.weber@univie.ac.at

Maria Wirth (Institut für Zeitgeschichte der Universität Wien):
maria.wirth@univie.ac.at

# Personenregister

# Ortsregister

**Das Spätwerk des Jungen Wien zeichnet sich durch politische Stellungnahmen, religiöse Themen und kulturkritische Diagnosen aus.**

Barbara Beßlich

**Das Junge Wien im Alter**
Spätwerke (neben) der Moderne (1905–1938)

2020. 408 Seiten, gebunden
€ 55,00 D | € 57,00 A
ISBN 978-3-205-21239-3
**E-Book** € 44,99 D | € 46,30 A

Die Dichter des Jungen Wien leisteten auch nach 1905 ihren Beitrag zur Literatur der Moderne – ein Umstand, der bisher von der Forschung unberücksichtigt geblieben ist. Die vorliegende Studie möchte dem abhelfen und untersucht das fiktionale und weltanschauungsliterarische Spätwerk der älter gewordenen Jungwiener und beachtet dabei sowohl die kanonisierten Schriftsteller (Hofmannsthal und Schnitzler) als auch deren unbekanntere Kollegen. Während das Frühwerk des Jungen Wien berühmt geworden ist für seine formbewusste und ästhetizistische Selbstbespiegelung, zeichnet sich das bisher forscherisch vernachlässigte Spätwerk durch politische Stellungnahmen, religiöse Themen und kulturkritische Diagnosen aus. Das Spätwerk des Jungen Wien hadert mit dem Untergang der Monarchie, mit sozialen Verschiebungen in der Gesellschaft, der neuen geopolitischen Kartierung Europas nach dem Ersten Weltkrieg und öffnet sich teils auch dem Populären.

böhlau

Preisstand 1.7.2021

## Das Heldendenkmal im Äusseren Burgtor der Wiener Hofburg als zentraler Gedächtnisort Österreichs

Heidemarie Uhl | Richard Hufschmied | Dieter A. Binder

**Gedächtnisort der Republik**
Das Österreichische Heldendenkmal im Äußeren Burgtor der Wiener Hofburg
Geschichte – Kontroversen – Perspektiven

2020. 464 Seiten mit 392 farb. und s/w Abb., gebunden
€ 65,00 D | € 67,00 A
ISBN 978-3-205-20905-8
**E-Book** € 54,99 D | € 56,60 A

Das Heldendenkmal im Äußeren Burgtor der Wiener Hofburg, 1934 für die Gefallenen des Ersten Weltkriegs errichtet, ist der zentrale Ort staatlich-militärischen Gedenkens in der Republik Österreich.

Die Gedenkstätte für die Gefallenen des Ersten Weltkriegs und die Habsburgische Armee wurde 1934 als Prestigeprojekt des Dollfuß-Schuschnigg-Regimes errichtet. Nach 1945 werden hier die geschichtspolitischen Widersprüche und Konflikte der Zweiten Republik manifest. Das offizielle Österreich gedachte hier sowohl der im Zweiten Weltkrieg gefallenen Wehrmachtssoldaten als auch dem Widerstand gegen das NS-Regime. Die konfliktreiche Geschichte des zentralen Gedächtnisortes der Republik bis zur gegenwärtigen Neugestaltung wird mit in den Beiträgen von Dieter A. Binder, Stefan Gugerel, Richard Hufschmied, Richard Kurdiovsky, Richard Lein, Peter Pirker, Anna Stuhlpfarrer und Heidemarie Uhl rekonstruiert.

böhlau

Preisstand 1.7.2021